职业院校电类"十三五"
微课版规划教材

U0300178

电工技术基础

第4版 | 微课版

曾令琴 丁燕 / 主编

段京奎 / 副主编

人民邮电出版社

北京

图书在版编目（CIP）数据

电工技术基础：微课版 / 曾令琴，丁燕主编. -- 4版. -- 北京 ：人民邮电出版社，2019.11（2023.7重印）
职业院校电类"十三五"微课版规划教材
ISBN 978-7-115-49821-2

Ⅰ．①电… Ⅱ．①曾… ②丁… Ⅲ．①电工技术－高等职业教育－教材 Ⅳ．①TM

中国版本图书馆CIP数据核字(2018)第241242号

内 容 提 要

本书是在第 3 版基础上重新修订的实用性很强的，通俗易懂、以技能培养为主线的工科通用教材。全书内容共分 9 个单元：第 1 单元～第 3 单元是"必需为尺、够用为度"的交直流电路理论与实践及电路测量基本知识；第 4 单元～第 9 单元是"注重实践"的电工技术部分，包括磁路与变压器、异步电动机及其控制技术、直流电动机、电力系统及低压电器控制电路、安全用电与防雷，以及照明电路。

本书可作为高职高专院校、高级技工学校相关专业的教材，也可供相关工程技术人员和电工技术爱好者阅读参考。

◆ 主　　编　曾令琴　丁　燕
　　副 主 编　段京奎
　　责任编辑　王丽美
　　责任印制　马振武

◆ 人民邮电出版社出版发行　　北京市丰台区成寿寺路 11 号
　　邮编　100164　　电子邮件　315@ptpress.com.cn
　　网址　http://www.ptpress.com.cn
　　三河市祥达印刷包装有限公司印刷

◆ 开本：787×1092　1/16
　　印张：14.25　　　　　　　　　2019 年 11 月第 4 版
　　字数：334 千字　　　　　　　 2023 年 7 月河北第 10 次印刷

定价：43.00 元

读者服务热线：(010)81055256　印装质量热线：(010)81055316
反盗版热线：(010)81055315
广告经营许可证：京东市监广登字 20170147 号

第4版 前言

近年来，随着我国科学技术的进步和电工技术行业的发展，电工产品不断更新，电气设备日新月异。为了跟进电工技术的发展，编者结合近几年的教学改革实践和广大读者的反馈意见，在《电工技术基础（第3版）》的基础上，又一次对书中内容进行了全面修订，以更好地服务于教学。

本书贯彻党的二十大报告中"深入实施人才强国战略。培养造就大批德才兼备的高素质人才，是国家和民族长远发展大计。功以才成，业由才广。"努力培养造就更多大师和卓越工程师、大国工匠、高技能人才。

本次修订保持了第3版教材的体系，但对其中的内容进行了与时俱进的更新，特别是对书中重要知识点都进行了微课制作，并插入到相应的内容中，使微课版内容在编排上更加适应多数学校规定的教学时数，便于教师的教和学生的学。本书突出了以下特色。

1. 本着对使用本书的教师和学生负责任的态度，我们对《电工技术基础（第3版）》中存在的某些叙述不太妥当或不准确的地方进行了重新编写，对少许错漏之处进行了修订，以保证本书内容的正确性和指导作用。对已经过时的数据做了更新，以保证本书内容的先进性。

2. 微课是教师针对教材内容精心准备的精致教学内容，每个微课针对一个知识点，针对性强，重点、难点分析透彻。微课辅助课堂教学，是高职教育教学的重大变革，它既可提高教学效率，满足学生自主学习的需要，也为教师的教学提供了新的方式和契机。编者近年来运用微课辅助"电路分析基础"和"电子技术基础"课程的教学实践，强烈感觉到微课对教师的教和学生的学所产生的巨大促进作用。因此，编者为《电工技术基础（第4版）》制作了高质量的微课，以二维码的形式插入相关知识点旁，读者可通过手机等移动终端扫描观看。

3. 本书第4版的修订工作，凝聚了编者多年来进行教学研究和教学改革的经验和体会，其中理论内容和实践教学内容相互联系、各有侧重，使学生职业技能的培养教育贯穿于整个教学过程，可操作性和适用性很强。

4. 编者对《电工技术基础（第4版）》的课件同时做了全面修订，以求把更高质量的教学课件交给教师们使用，为广大读者提供更好的服务。

本书的修订是在各相关院校的支持下完成的。本书由黄河水利职业技术学院曾令琴、丁燕任主编，河南质量工程职业学院段京奎任副主编。黄河水利职业技术学院的张天鹏参与了本书的修订工作，黄河水利职业技术学院的闫曾对微课视频进行了剪辑与制作。全书由曾令琴统稿。

本书作为微课版教材，定会给读者带来不一样的感受，希望能得到广大读者的认可和欢迎。若书中出现疏漏或不妥之处，敬请读者提出宝贵意见。

编　者

2023年5月

目 录

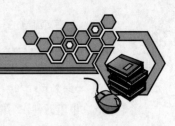

第1单元
电路基本元器件的认识

电路元器件是构成电路的基础，熟悉各类电路元器件的性能、特点和用途，对研发、设计、安装、调试电路十分重要。通过对电路元器件的认识，可使学生更好地熟悉常用电路元器件和及时了解最新电路元器件，进而加深对电路模型的深入理解，不断丰富自己的电路元器件知识，更好地掌握电路理论，提高实际应用能力。

1.1 电阻的识别、应用与测量

知识目标

了解电阻器及其在电路中的作用，掌握电阻器标称值的识别方法；理解电阻元件与电阻器的区别，掌握电阻定律。

技能目标

掌握实际工程应用中电阻器的选择方法以及电阻器的测量方法。

1.1.1 电阻概述

不同材料的物质载体通过相同电流时呈现的阻力差异很大，如云母、塑料等对电流呈现的电阻极大，导电性能几乎为零，这类物质称为绝缘体；铜、铝等对电流呈现的阻力很小，说明它们的导电性能很好，这类物质称为导体；硅和锗等通过一定电流时呈现的电阻通常介于导体和绝缘体之间，称为半导体。

电阻概述

从本质上来看，物质电阻的大小取决于物质本身的结构。工程实际应用中，导体的电阻取决于其电阻率的大小、导体的长度以及截面积，即

$$R = \rho \frac{l}{S}$$

$$(1.1)$$

式（1.1）是导体电阻的决定式，称为电阻定律。式中：ρ 是导体的电阻率，单位是 $\Omega \cdot m$（欧·米）；l 是导体的长度，单位是 m（米）；S 是导体的截面积，单位是 m^2（平方米）。在上述国际单位制下，电阻 R 的单位是 Ω（欧姆，简称欧）。

工程上常采用 $k\Omega$（千欧）、$M\Omega$（兆欧）作单位，它们和基本单位 Ω 之间的换算关系为

$$1k\Omega=10^3\Omega$$
$$1M\Omega=10^3k\Omega=10^6\Omega$$

导体的电阻率ρ随温度的变化而变化。因此，电气行业常用材料在 20℃时的电阻率作为计算依据，如表 1.1 所示。

表 1.1　　　　　　　　　　常用材料在 20℃时的电阻率

材料名称	电阻率 $\rho/（\Omega \cdot m）$
银	1.6×10^{-8}
铜	1.7×10^{-8}
铝	2.9×10^{-8}
铁	1.0×10^{-7}
锡	1.1×10^{-7}
钢	2.5×10^{-7}
锰铜	4.4×10^{-7}
康铜	5.0×10^{-7}
镍铬合金	1.0×10^{-6}
铁铬铝合金	1.4×10^{-6}
铝镍铁合金	1.6×10^{-6}
石墨	$（8 \sim 13） \times 10^{-6}$

金属材料及其他大多数材料的电阻率随温度变化并不明显，所以通常认为它们的电阻值不随温度变化。但是，实际工程应用中也有随温度上升电阻值明显增大的热敏现象，如半导体陶瓷材料利用本身具有的热敏性可制作成热敏电阻。热敏电阻的特点是电阻值随温度的变化而发生明显的变化。热敏电阻可在电路中用于温度补偿，也可在温度测量电路和控制电路中用作感温元件。

若材料的电阻值随照射光线的强弱变化而变化，则把这类材料称作光敏材料，用光敏材料制作的电阻称作光敏电阻。光敏电阻广泛应用于各种光控电路，如对灯光的控制、对灯光的调节，也可用于光控开关。

某些特殊金属、合金和化合物，在温度降到绝对零度附近某一特定温度时，它们的电阻率突然减小到无法测量的现象叫作超导现象，能够发生超导现象的物质叫作超导体。例如，在大的电磁铁或电机中，通过线圈的电流很强，为了避免产生过多的热量，线圈就必须用较粗的导线绕制或采取冷却措施。如果用超导体做线圈，就可以避免这种缺点。另外，电缆采用超导体材料制作时，超导电缆埋在地下，损耗小，有利于节约能量、保护环境和节约土地。超导现象在高能物理领域也有重要应用，用超导线圈制成的电磁铁能产生强大的磁场，对于核聚变时约束等离子体和粒子加速器实验装置都有很大用处。目前阻碍超导现象大规模应用的主要问题是它要求低温。如果能得到在室温下工作的超导材料，可能会使整个工业的发展发生巨变。对新的超导材料的研究工作，我国目前走在世界前列。

【例 1.1】　在商场买回一捆长度 l=100m、横截面积 S=1mm^2 的铜芯绝缘导线，求这捆导线的

电阻。（电阻率可查表 1.1）

【解】 $S=1\text{mm}^2=1\times10^{-6}\text{m}^2$，$l=100\text{m}$，查表 1.1 可知铜的电阻率 $\rho=1.7\times10^{-8}\Omega\cdot\text{m}$，则

$$R=\rho\frac{l}{S}=1.7\times10^{-8}\times\frac{10^2}{10^{-6}}=1.7\ （\Omega）$$

1.1.2 电阻器

电阻器是实用电路中最常用和必不可少的元器件之一，在电路中主要用来限流、分压、分流。电阻器的种类很多，按用途分，有精密电阻器、高频电阻器、高压电阻器、大功率电阻器、热敏电阻器和限流电阻器等；从结构上分，电阻器可分为固定电阻器和可变电阻器两大类。电阻器中，碳膜电阻器、金属膜电阻器、线绕电阻器、敏感电阻器使用较多。

电阻器

1. 电阻器的符号

国家标准规定电阻器图形及符号如图 1.1 所示。

（a）固定电阻器　　（b）压敏电阻器　　（c）微调电阻器　　（d）电位器

图 1.1　电阻器图形与符号

2. 电阻器的参数

电阻器的参数包括标称阻值、额定功率、精度、最高工作温度、最高工作电压、噪声参数及高频特性等。在挑选电阻器的时候主要考虑其阻值、额定功率及精度，而其他参数，如最高工作温度、高频特性等只在特定的电气条件下才予以考虑。

（1）标称阻值和允许误差

电阻器表面标示的阻值称为标称阻值。电阻器的实际阻值对于标称阻值的允许最大误差范围称为允许误差。标称阻值按误差等级分类，国家规定有 E24、E12 和 E6 系列，电阻器的标称阻值及允许误差如表 1.2 所示。

表 1.2　　　　　　　　　　　　普通电阻器标称阻值系列

阻值系列	允许误差	偏差等级	标称值
E24	±5%	I	1.0，1.1，1.2，1.3，1.5，1.6，1.8，2.0，2.2，2.4，2.7，3.0，3.3，3.6，3.9，4.3，4.7，5.1，5.6，6.2，6.8，7.5，8.2，9.1
E12	±10%	II	1.0，1.2，1.5，1.8，2.2，2.4，2.7，3.3，3.6，3.9，4.7，5.6，6.8，8.2
E6	±20%	III	1.0，1.5，2.2，3.3，3.9，4.7，5.6，6.8，8.2

注：标称值的意思是阻值的有效数字必须从这个系列选取，具体值可以放大或缩小 10 的整数倍。例如有效数字 2.2，放大可以得到 220Ω 的电阻值，缩小可以得到 22mΩ 的电阻值。

（2）额定功率

电阻器上有电流流过时会发热，如果温度过高就会被烧毁。在环境温度下电阻器长期稳定工作所能承受的最大功率称为额定功率。不同类型电阻器的额定功率系列如表 1.3 所示。

表 1.3　　　　　　　　　　　　　　　电阻器额定功率系列　　　　　　　　　　　　　　单位：W

线绕电阻器额定功率系列	非线绕电阻器额定功率系列
0.05，0.125，0.25，1，2，4，8，12，16，25，40，75，100，250，500	0.05，0.125，0.5，1，2，5，10，25，50，100

在电路原理图中，电阻器的功率必须标注出来。如果在电阻器符号上没有额定功率标志，说明对功率没有要求。图 1.2 所示为电阻器所能承受最大功率的对应符号表示法。不过，近些年来图 1.2 所示符号渐被废弃，此处仅供参考。

3．电阻器标称值的识别

电阻器上标示的电阻值称为标称阻值，简称标称值。国家标准规定电阻器阻值标示方法有 4 种：直接标示法、文字符号标示法、色环标示法和贴片电阻器的数码标示法。

（1）直接标示法

直接标示法（简称直标法）是指在电阻器表面用数字、单位标志符号和百分数直接标出电阻器的阻值和允许误差。符号规定如下：欧姆用"Ω"表示，千欧用"kΩ"表示，兆欧用"MΩ"表示；允许误差直接用百分数表示，若电阻器上未注允许误差，均视为±20%，如图 1.3 所示。

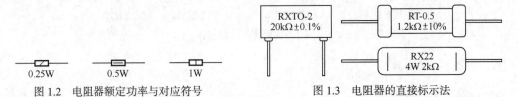

图 1.2　电阻器额定功率与对应符号　　　　　　图 1.3　电阻器的直接标示法

直接标示法中电阻值的单位标志符号如表 1.4 所示。

表 1.4　　　　　　　　　　　　　　　电阻值的单位标志符号

文字符号	单位及进位数	文字符号	单位及进位数
R	Ω（$10^0\Omega$）	G	$G\Omega$（$10^9\Omega$）
k	$k\Omega$（$10^3\Omega$）	T	$T\Omega$（$10^{12}\Omega$）
M	$M\Omega$（$10^6\Omega$）		

（2）文字符号标示法

文字符号标示法是用数字、单位符号有规律的组合表示电阻器阻值的方法，如表 1.5 所示。

表 1.5　　　　　　　　　　　　　　　文字符号标示法示例

标称阻值	标志符号	标称阻值	标志符号
0.1Ω	R10	10kΩ	10k
0.33Ω	R33	12kΩ	12k
1Ω	1R0	100kΩ	100k
10Ω	10R	332kΩ	332k
33.2Ω	33R2	1MΩ	1M0
100Ω	100R	3.3MΩ	3M3
1kΩ	1k0	1GΩ	1G0
3.3kΩ	3k3	1TΩ	1T0

文字符号标示法遇到小数时，常以 R、k、M 取代小数点，如 R10 表示 0.1Ω，R33 表示 0.33Ω；3k3 表示 3.3kΩ，100k 表示 100kΩ；3M3 表示 3.3MΩ，1G0 表示 1GΩ 等。

文字符号标示法中，表示允许误差的文字符号有 D、F、G、J、K、M，与它们相对应的允许误差分别为 ±0.5%、±1%、±2%、±5%、±10%、±20%。

例如，电阻器上标示的文字符号是 50RJ，表示该电阻的阻值是 50Ω，允许误差为 ±5%。

（3）色环标示法

目前，国产或进口电视机、收录机广泛采用色环电阻，其优点是在装配、调试和修理过程中，不用拨动元件即可在任意角度看清色环，读出阻值，使用很方便。

实际中体积较小的小功率固定电阻器和一些合成电阻器，其阻值和误差通常都采用色环来标示，因此，色环标示法（简称色标法）是一种应熟练掌握的基本技能。

色环标示法的色环有四色环和五色环两种。普通电阻器采用四色环标示，精密电阻器采用五色环标示。

表 1.6 列出了色环颜色所表示的数字和允许误差。

表 1.6　　　　　　　　　　　　色环颜色所表示的数字和允许误差

色环颜色	第 1 道色环	第 2 道色环	第 3 道色环	倍乘	允许误差
黑	0	0	0	10^0	—
棕	1	1	1	10^1	±1%
红	2	2	2	10^2	±2%
橙	3	3	3	10^3	—
黄	4	4	4	10^4	—
绿	5	5	5	10^5	±0.5%
蓝	6	6	6	10^6	±0.25%
紫	7	7	7	10^7	±0.1%
灰	8	8	8	10^8	—
白	9	9	9	10^9	—
金	—	—	—	10^{-1}	±5%
银	—	—	—	10^{-2}	±10%

在色环电阻器的识别中，找出第 1 道色环是很重要的：四色环标示中，第 4 道色环一般是金色或银色的，由此可推出第 1 道色环；五色环标示中，第 1 道色环与电阻的引脚距离最短，由此可识别出第 1 道色环。

采用色环标示的电阻器，颜色醒目，标志清晰，不易褪色，从不同的角度都能看清阻值和允许误差。目前国际上广泛采用色环标示法。

例如一个五色环电阻，第 1、2 道色环均为橙色，第 3、4 道色环均为红色，第 5 道色环为棕色，则其阻值为 $332×10^2Ω$，允许误差是 ±1%。

（4）贴片电阻器的数码标示法

目前，高集成度的电路板上常常采用贴片电阻器，这种电阻器体积很小，分布电感和分布电容也都很小，由于高频特性好，因此特别适用于高频电路。贴片电阻器一般用自动安装机安装，对电路板的设计精度有很高的要求，是新一代电路板设计的首选器件。

贴片电阻器的标示方法与前面所讲的 3 种方法不太一样，贴片电阻器上用 3 位数码表示标称值，因此称作数码标示法，如图 1.4 所示。

数码标示法中的数码，从左到右，第 1、2 位为有效值，第 3 位为倍乘，即 10 的几次方，单位为 Ω。如图 1.4 中标有"223"的贴片电阻器，前两位是电阻值的有效值，后一位表示有效值的倍乘是 10^3，因此读作 22kΩ；标有"680"的贴片电阻器，前两位表示电阻值的有效值是 68，后一位 0 表示倍乘是 10^0，因

图 1.4 贴片电阻器的数码标示法

此读作 68Ω；如果贴片电阻器的阻值中包含小数点，则标示中带有"R"，R 前的数值是整数部分的值，R 后的数值则为小数值，如标有"R068""8R20"的两个贴片电阻器，其中"R068"的阻值读作 0.068Ω；"8R20"的阻值读作 8.2Ω。

1.1.3 电阻元件

电阻定律中的电阻率 ρ 总是随温度而变化，所以在长度、截面积均不变时，实际电阻器的阻值也会随温度的改变而发生变化；由金属丝绕制而成的线绕电阻客观上存在电感；两个平行导体间通常存在分布电容，所以说，任何一个实际电阻器的电特性总是多元而复杂的。

电阻元件

工程实际中，如果电阻器上出现的电容、电感性质通常状态下能够忽略不计，则该电阻器可抽象为一个理想的电阻元件。

理想电阻元件只具有耗能的电特性，是工程实际中电阻器的理想化和近似。理想电阻元件的特征：①电阻元件是耗能元件，它将电能转换成热能后消耗掉，能量转换的过程不会逆转；②电阻元件的参数 R 是确切的常数，其端电压和通过它的电流符合欧姆定理的即时对应关系，没有时间的超前和滞后。

上述特征表明，电阻元件是电特性单一、数值上确切的理想电路元件。

电路理论中，为了精确计算和分析电路，常把实际元件模型化，电阻元件就是实际电阻器的理想化电路模型。

电路理论中，电路图上的电阻 R 和电气工程图纸上的电阻 R，均为理想电阻元件。

理想电阻元件上的电压、电流关系符合欧姆定律，即 $U=IR$ 或 $I=U/R$。电阻元件上总是消耗电能的，电阻元件上消耗的功率 $P=UI=I^2R=U^2/R$。

1.1.4 电阻的应用

电阻在电路中常用来进行电压、电流的控制和传送，起分压、分流、限流等作用。

电阻的应用

1. 利用电阻的串联可扩大电压表量程

实用电工技术中，小功率的电阻器均可视为理想电阻元件。图 1.5 所示为直流磁电系电压表，通常由小量程的标准表头与分压器组成。

电阻串联电路的特点：各串联电阻上通过的电流相等；各电阻上的端电压之和等于电路的路

端电压；串联等效电阻等于各串联电阻之和；串联电阻可以分压，且各串联电阻上分得电压的多少与其阻值成正比。

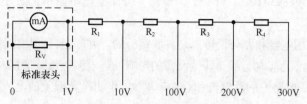

图 1.5　电压表扩大量程示意图

标准表头中的电阻一般较小，因此表头电路的量程很小。为了扩大电压表量程，利用增大分压器数值的方法来扩大测量值。如已知该电压表的标准表头由 50μA 的电流表和电阻 R_V 并联构成，表头电路的量程为 1V。

若使该表头成为多量程电压表，且最大量程为 300V，分压器与测量机构的总电阻值应为 $300/(50 \times 10^{-6}) = 6 \times 10^{6}(\Omega) = 6(M\Omega)$，图 1.5 中各量程分压电阻的阻值分别为

$$R_1 = \frac{10-1}{50 \times 10^{-6}} = 180 \text{ (k}\Omega\text{)}$$

$$R_2 = \frac{100-10}{50 \times 10^{-6}} = 1.8 \text{ (M}\Omega\text{)}$$

$$R_3 = \frac{200-100}{50 \times 10^{-6}} = 2 \text{ (M}\Omega\text{)}$$

$$R_4 = \frac{300-200}{50 \times 10^{-6}} = 2 \text{ (M}\Omega\text{)}$$

工程实际中利用串联电阻的方法解决问题的例子很多。例如，在负载额定电压低于电源电压的情况下，通常采用串联电阻的方法，让串联电阻分得一部分电压，以保证负载上加的电压不超过其额定值；如果需要调节电路中的电流，一般也可以在电路中串接一个变阻器进行调节。

2. 利用电阻的并联可扩大电流表量程

图 1.6 所示为实用中多量程毫安表的表头电路系统。其中标准表头是 50μA 的电流表，与表头内阻 R_0 串联后，允许的表头支路电压最大值是 1V。

电阻并联电路的特点：电阻相并联后，各并联电阻两端的端电压相等；各并联电阻上流过的电流之和等于电路中的总电流；并联等效电阻等于各个并联电阻倒数和的倒数；并联电阻可以分流，且各并联电阻上通过的电流值和其阻值成反比。

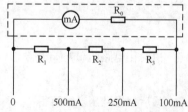

图 1.6　利用电阻并联扩大电流表量程

为扩大该电流表的量程，采用了在标准表头上并联电阻的方法来实现。

量程由 50μA 扩大为 100mA 时，在标准表头上并联一个分流器（$R_1+R_2+R_3$），并联电阻可以分流，分流器分得的电流为 100−0.05=99.95（mA），根据标准表头的端电压 1V 以及分流器通过的电流，可计算出与测量机构相并联的分流器电阻阻值（$R_1+R_2+R_3$）为 $1/(99.95 \times 10^{-3}) \approx 10(\Omega)$。量程由 100mA 扩大为 250mA 时，在标准表头上并联的分流器为（R_1+R_2），分流器分得的电流为 250−0.05=249.95（mA），根据标准表头的端电压 1V 以及分流器通过的电流，可计算出与测量机

构相并联的分流器电阻阻值（R_1+R_2）应为 $1/（249.95×10^{-3}）≈4（Ω）$。量程由 250mA 扩大为 500mA 时，在标准表头并联的分流器为 R_1，R_1 上分得的总电流为 500−0.05=499.95（mA），可计算出分流器电阻阻值 R_1 应为 $1/（499.95×10^{-3}）≈2（Ω）$。显然，分流器电阻阻值的大小与电流表的量程大小成反比。

日常生活中，家用电器和办公设备都是并联运行的。并联运行的用电器端电压相同，因此任何一个用电器的工作情况基本上不受其他设备的影响。当电网上负载增加时，并联的负载电阻增大，其等效电阻减小，电路中的总电流和总功率增大，但每个负载上的电流和功率基本保持不变。

3. 混联电阻的应用

实用中若手头现有的电阻不少，但其阻值均不符合要求时，可把现有电阻相串联或相并联代替所需电阻；如果串、并联后仍不能满足需要，可用电阻的混联方法获得所需的电阻值。

【例 1.2】 计算图 1.7（a）所示电路中的电流 I。已知电路中 $R_1=10Ω$，$R_2=8Ω$，$R_3=2Ω$，$R_4=6Ω$，路端电压 $U=140V$。

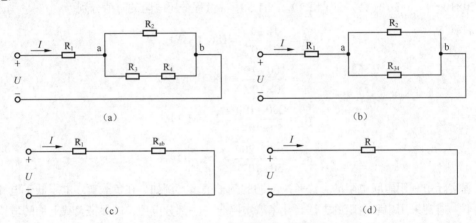

图 1.7　例 1.2 电路图及简化电路图

【解】 由简化电路图 1.7（b）得

$$R_{34}=R_3+R_4=2+6=8（Ω）$$

由简化电路图 1.7（c）得

$$R_{ab}=\frac{R_2R_{34}}{R_2+R_{34}}=\frac{8×8}{8+8}=4（Ω）$$

由简化电路图 1.7（d）得

$$R=R_1+R_{ab}=10+4=14（Ω）$$

最后根据欧姆定律可得

$$I=\frac{U}{R}=\frac{140}{14}=10（A）$$

【例 1.3】 计算 1Ω 电阻和 40Ω 电阻的串联等效电阻值和并联等效电阻值。

【解】
$$R_{串}=1+40=41（Ω）$$

$$R_{并}=\frac{1×40}{1+40}≈0.98（Ω）$$

由例 1.3 可看出，当两个阻值相差很大的电阻串联连接时，其等效电阻约等于大电阻的阻值。因此，在电阻串联电路的分析过程中，应注意大电阻是电路中的主要矛盾。当这两个电阻相并联时，等效电阻约等于小电阻的阻值，即电阻并联电路的分析中小电阻是主要矛盾。

1.1.5　电阻的选用

电阻器有多种类型，选择哪一种材料和结构的电阻器，应根据电路的具体要求而定。

电阻的选用

1.　固定电阻器的选择原则

高频电路应选用分布电感和分布电容小的非线绕电阻器，如碳膜电阻器、金属氧化膜电阻器、合金电阻器、防腐蚀镀膜电阻器等。高增益小信号放大电路应选用低噪声电阻器，如金属膜电阻器、碳膜电阻器和线绕电阻器，而不能使用噪声较大的合成碳膜电阻器和有机实心电阻器。对性能要求不高的电子线路（如收音机、普通电视机等）可选用碳膜电阻器；对整机质量和工作稳定性、可靠性要求较高的电路可选用金属膜电阻器。仪器、仪表电路应选用精密电阻器或线绕电阻器。热敏电阻器的特点是电阻值随温度的变化而发生明显的变化，主要在电路中用于温度补偿，也可在温度测量电路和控制电路中作为感温元件。贴片电阻器属于新一代电阻元件，是超小型电子元器件，通常用于高频电路中。

所选电阻器的阻值应接近应用电路中计算值的标称值，通常应优先选用标准系列的电阻器。一般电路使用的电阻器阻值允许误差为±（5%～10%）。精密仪器及特殊电路中使用的电阻器，应选用精密电阻器，对精密度为 1%以内的电阻，如 0.01%、0.1%、0.5%这些量级的电阻应采用无感电阻。所选电阻器的额定功率，要符合应用电路中对电阻器功率容量的要求，一般不应随意加大和减小电阻的功率。若电路要求功率型电阻器，其额定功率可按实际电路要求功率的 1～2 倍进行选择。

2.　电位器的选用原则

电位器的种类、形式很多，常见的有碳膜电位器、线绕电位器、直滑式电位器、方形电位器等，选用原则如下。

① 无线电电子设备和家用电器中广泛选用碳膜电位器，这种电位器主要由马蹄形电阻片和滑动臂构成，其结构简单，阻值随滑动触点位置的改变而改变。另外，碳膜电位器的阻值范围较宽（100Ω～4.7MΩ），工作噪声小，稳定性好，品种多。

② 线绕电位器由合金电阻丝绕在环状骨架上制成，其优点是能承受大功率且精度高，电阻的耐热性和耐磨性较好。这种电位器常用在万用表和电阻箱中作为分压器和限流器，但因其固有电容和固有电感较大，故不宜用于高频电路中。

③ 直滑式电位器的外形为长方体，电阻体为板条形，通过滑动触头改变阻值。直滑式电位器多用于收录机和电视机中，其功率较小，阻值范围为 470Ω～2.2MΩ。

④ 方形电位器是一种新型电位器，采用碳精接点，耐磨性好，装有插入式焊片和插入式支架，能直接插入印制电路板，不用另设支架。这种电位器常用于电视机的亮度、对比度和色饱和度的调节，阻值范围为 470Ω～2.2MΩ。

选择电位器时，还要根据具体电路的要求合理选择其参数，如一般情况下所选用电阻器的额定功率要大于在电路中电阻实际消耗功率的两倍，以保证电阻器使用的安全可靠性；大功率电阻器可代替小功率电阻器，但用于保险的电阻器例外；金属膜电阻器可代替碳膜电阻器；固定电阻器与半可调电阻器可相互代替使用等。

1.1.6 电阻的检测技术

1. 普通电阻器的检测

首先要看电阻器引线有无折断及外壳烧焦现象，然后用万用表检测电阻的好坏并测量其阻值。

电阻的检测技术

把图1.8所示的指针式万用表或数字万用表的电阻挡置于相应的欧姆挡，调零后用表笔分别接于电阻器两引线，观测其阻值。若万用表任何挡位测量的阻值均为无穷大，表明电阻器开路，已经损坏；若测量数值与标称值相差很大，说明电阻器损坏不能再用了，如上述两种情况均不存在，说明电阻器是好的，只要量程选择合适，就会获得较高精确度的值。

2. 热敏电阻器的检测

目前在电路中应用较多的是负温度系数热敏电阻。欲判断热敏电阻器性能的好坏，可在测量其电阻的同时，用手指捏在热敏电阻器上，使其温度升高，或者利用电烙铁对其加热（注意不要让电烙铁接触到热敏电阻）。若测试热敏电阻器的阻值随温度而变化，说明其性能良好；若不随温度变化或变化很小，说明已损坏或性能不好。

图1.8 指针式万用表和数字万用表

3. 电位器的检测

电位器的总阻值要符合标称数值，电位器的中心滑动端与电阻体之间要接触良好，其动噪声和静噪声应尽量小，其开关动作应准确可靠。电位器通常采用指针式万用表进行检测。

检测时，先测量电位器的总阻值，即两端片之间的阻值应为标称值，然后再测量它的中心端片与电阻体的接触情况。将一支表笔接电位器的中心焊接片，另一支表笔接其余两端片中的任意一个，慢慢将调节手柄从一个极端位置旋转至另一个极端位置，其阻值则应从零（或标称值）连续变化到标称值（或零）。在整个旋转过程中，万用表的指针不应有跳动现象。在电位器手柄旋转的过程中，应感觉平滑，松紧适中，不应有异常响声。开关接通时，开关两端之间的阻值应为零；开关断开时，其阻值应为无穷大。

4. 用直流电桥测量电阻

图1.9（a）所示的直流电桥是专门用来精确测量电阻的电工仪表。根据结构不同，直流电桥分为单臂电桥、双臂电桥和单双臂电桥。单臂电桥比较适合测量 $1 \sim 10^6 \Omega$ 的中值电阻；双臂电桥适合测量 1Ω 以下的低值电阻。图1.9（a）所示的直流单臂电桥又称为惠斯通电桥，测量原理图

如图 1.9（b）所示。其中的 R_x、R_2、R_3、R_4 为直流单臂电桥的 4 个桥臂，R_x 是被测电阻，其余 3 个桥臂连接成标准可调电阻。电桥的一条对角线 ac 与直流电源相接，另外一条对角线 bd 与电桥的检流计相连。

（a）直流单臂电桥　　　　　　　　　　　（b）测量原理图

图 1.9　直流单臂电桥产品与测量原理图

在实际的单臂电桥线路中，测量原理图中的可调电阻阻值 R_2 和 R_3 的比值是一个相对固定的比例系数，这两个电阻所在的桥臂称为比例臂，即 R_2/R_3 的值在出厂时就已固定。而 R_4 的阻值可以通过面板上的几个旋钮由零开始连续调节，称为比较臂。实际测量时，调节读数盘的转换开关，使得检流计的电流为零，即 $U_{bd}=0$，这时电桥处于平衡状态。电桥平衡时，$R_xR_3=R_2R_4$，其中的 R_2、R_3 和 R_4 可直接从电桥面板上读出，则

$$R_x = \frac{R_2}{R_3}R_4 \tag{1.2}$$

用直流单臂电桥测量电阻的方法和步骤如下。

（1）机械调零

将检流计锁扣打开，解除锁扣后，若检流计指针不指向中间"0"的位置，则调节调零旋钮，使指针指向中间"0"的位置。机械调零后，用万用表粗测被测量元件或器件的电阻，然后用较粗较短的连接导线将被测元件与 R_x 的接线柱连接。

（2）选择比率

根据粗测电阻的大小，选择适当的比率。为使电桥的 4 个调节电阻都能被充分利用，保证测量结果的 4 位有效数字，一般被测电阻为 10Ω 以下时选择比率 0.001；10～100Ω 时选择比率 0.01；100Ω～1kΩ 时选择比率 0.1；1～10kΩ 时选择比率 1；10～100kΩ 时选择比率 10；100kΩ～1MΩ 时选择比率 100；1MΩ 以上时选择比率 1000。

（3）测量电阻

旋转比较臂的电阻旋钮，使比较臂电阻的阻值与粗测电阻值和比率的乘积相等。再按下电源按钮 B，顺时针转过一定位置后将电桥电源接通；轻按检流计的按钮 G，看检流计指针偏转情况。若检流计指针向"+"方向（向右）偏转，则需增大比较臂电阻；若检流计指针向"−"方向（向左）偏转，则需减小比较臂电阻，直至电桥平衡。

（4）读数与断开测量电路

先看比较臂电阻的大小 R_4 和比率旋钮所在位置的比率 K，然后计算被测元件的电阻值

$R_x=KR_4$。读取数据后，应断开电桥测量电路。注意断开电桥测量电路时应首先逆时针转动并松开检流计按钮 G，然后逆时针转动并松开电桥电源按钮 B，最后才拆下被测元件。断开电桥测量电路的先后顺序不能调换，否则会损坏电桥上的检流计。

拆除被测元件后，应将检流计锁扣锁上，以防搬动过程中损坏检流计。

📖 问题与思考

1. 温度一定时，电阻的大小取决于哪些方面？温度发生变化时，导体的电阻会随之发生变化吗？

2. 把一段电阻为 10Ω 的导线对折起来使用，其电阻值如何变化？如果把它拉长一倍，其电阻值又会如何变化？

3. 电阻在电路中主要应用于哪些方面？碳膜电阻器、金属膜电阻器、精密电阻器和线绕电阻器通常应用于哪些场合？高频电路中能选用线绕电阻器吗？

4. 用直流单臂电桥测量某元件电阻时，选择比率是 0.01，比较臂的 "×1000" 旋钮置于位置 "9"，"×100" 旋钮置于位置 "0"，"×10" 旋钮置于位置 "3"，"×1" 旋钮置于位置 "6"，电桥检流计的指针指 "0"。被测元件的电阻值多大？

技能训练

1. 根据已学内容，练习并掌握用万用表测电阻的方法。
2. 练习用直流单臂电桥测电阻的方法。

1.2 电感的识别、应用与测量

知识目标
了解电感器及其在电路中的作用，理解电感元件与电感器的区别，掌握电感标称值的识别方法，理解电感器技术参数的意义。

技能目标
掌握实际工程应用中电感器的使用方法，掌握电感器的检测技术。

1.2.1 电感器

电感器是构成电路的基本元件之一，其基本工作特性是通低频、阻高频。电感器在交流电路中常用于扼流、降压、谐振等。

电感器通电后，把接收到的电能转换为磁场能存储在线圈周围。因此，建立磁场、储存磁能是电感器的主要工作方式。

按结构的不同，电感器可分为固定电感器和可变电感器两大类。

1. 固定电感器

常用的固定电感器如图 1.10 所示。固定电感器实际上就是固定线圈，其分类方法有以下几种：

按导磁性质可分为空心线圈、磁芯线圈和铜芯线圈等；按用途可分为高频电感线圈、低频电感线圈、调谐线圈、退耦线圈、提升线圈和稳频线圈等；按结构特点可分为单层线圈、多层线圈、蜂房式线圈、磁芯式线圈等。

（a）低频电感线圈　　　　　（b）高频电感线圈

（c）贴片电感器　　（d）电感电抗器　　（e）滤波电感器

图 1.10　常用固定电感器

普通固定电感器还包括滤波电感器、贴片电感器和电感电抗器等。制作工艺上一般是将漆包线绕在磁芯上，再用环氧树脂或塑料封装而成，分立式和卧式两种，其电感量一般为 0.1～3000μH，允许误差分为Ⅰ、Ⅱ、Ⅲ3 挡，即±5%、±10%、±20%，工作频率为 10kHz～200MHz。普通固定电感器的电感量采用直接标示法和色环标示法表示。普通固定电感器具有体积小、质量轻、结构牢固和安装使用方便等优点，因而广泛用于收录机、电视机等电子设备中，在电路中用于滤波、陷波、扼流、振荡、延迟等。

低频电感器一般由铁心和绕组等构成。其结构有封闭式和开启式两种，封闭式的结构防潮性能较好。低频电感器常与电容器组成滤波电路，以滤除整流后残存的交流成分。

高频电感器在高频电路中用来阻碍高频电流的通过。在电路中，高频电感器常与电容器串联组成滤波电路，起到分开高频和低频信号的作用。

随着技术的不断进步，电感器在封装方式上发生了很大的变化。在一些主板或显卡上已看不到由铜丝缠绕的"轮胎"式线圈，取而代之的是体积较小的封装立式电感器或是黑色塑料封装的屏蔽式电感器，如图 1.11 所示。

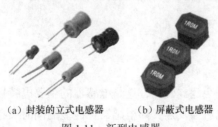

（a）封装的立式电感器　　（b）屏蔽式电感器

图 1.11　新型电感器

2. 可变电感器

可变电感器通常是在线圈中插入磁芯（或铜芯），改变磁芯的位置就可以达到改变电感量的目的。如收音机中周就是一个可变电感线圈，其电感量可在一定的范围内调节。它还能与可变电容组成调谐器，用于改变收音机中的谐振频率。

常用可变电感器如图 1.12 所示。

图 1.12　常用可变电感器

3. 微调电感器

微调电感器用于小范围改变电感量，从而调整局部电路的参数。

4. 电感器的使用

在使用电感器时，注意通过电感器的工作电流应小于它的允许电流；否则，电感器将发热，使其性能变坏甚至烧损。

因为电感器是磁感应元件，所以在安装电感器时，要注意电感器之间的相互位置。应使相互靠近的电感器轴线位置互相垂直，最大限度地减小线圈磁场之间的相互影响。

电感器的使用

5. 电感器的型号及命名方法

电感器的型号及命名方法如图 1.13 所示。

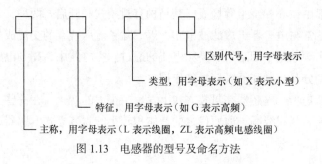

区别代号，用字母表示

类型，用字母表示（如 X 表示小型）

特征，用字母表示（如 G 表示高频）

主称，用字母表示（L 表示线圈，ZL 表示高频电感线圈）

图 1.13　电感器的型号及命名方法

1.2.2　电感元件

实际电感器通电后其周围会建立磁场，这是电感器的主要电特性——储磁；同时电感器是由漆包线绕制而成的，因此通电后会发热，即电感器在储能的同时又存在着耗能特性；高频环境下工作的电感器还存在着匝间分布电容和层间分布电容效应。显然，实际电感器的电特性多元而复杂。

电学中的电路图和工程实际中的电气图纸上标出的都是理想元件构成的电路模型。电路模型中的电阻元件，是电阻器的理想模型；电感元件是电感器的理想模型；电容元件是电容器的理想模型。

电感元件

建立"电路模型"，首先应对实际元器件进行模型化处理，使得不同的实体电路元器件只要具有相同的电磁性能，在一定条件下就可以用同一个理想电路元件来模拟，显然降低了实际电路的绘图难度。而且，同一个实体电路元器件，处在不同的应用条件和环境下，其电路模型可具有不同的形式。有时模型比较简单，仅由一种元件构成；有时比较复杂，可用几种理想元件的不同组合构成。这种对实际电路进行模型化处理的方法，对工程实际中的分析和计算带来了极大的方便。显然，理想元器件建模的指导思想：抓住实际元器件问题中存在的主要因素，忽略次要矛盾。

例如，电感器在直流电路中由于通过的电流恒定，所以电流的磁场也恒定不变，因此不存在电磁感应现象，电容效应也可忽略不计，这时可用一个只具有耗能特性的电阻元件来模拟；低频电子线路中，如对电路模型精度要求不高，可采用一个只具有建立磁场特性的电感元件来模拟；如对精度要求较高，可采用电阻元件和电感元件的串联组合来模拟其真实电特性；高频交流工作条件下，可把电感元件和电阻元件相串联后，再与电容元件相并联来模拟其真实电特性。

由此可知，同一实体电路元器件，其电磁特性多元且复杂，用它们直接进行分析和计算显然难度很大；经过模型化处理的理想电路元件，电特性单一而确切，用它们及它们的组合表示真实电路的电特性，必定给实际电路的分析和计算带来极大的方便。

1. 电感元件的串联和并联

如果将两个电感（也称自感系数）分别为 L_1 和 L_2 的线圈相串联，其串联等效电感为

$$L=L_1+L_2 \tag{1.3}$$

若将两个或两个以上的电感元件相并联，它们的并联等效电感减小，即

$$L = \frac{L_1 L_2}{L_1 + L_2} \tag{1.4}$$

这两个等效电感的计算公式，针对的是每只线圈的磁场各自隔离而不相接触的情况。

2. 耦合线圈的串联与并联

当两个线圈的磁场互相影响时，称它们具有磁耦合现象，耦合的松紧程度取决于两个线圈的几何尺寸、线圈的匝数、相互位置及线圈所处位置媒质的磁导率。

耦合线圈的串联与并联

（1）磁导率

磁导率 μ 是用来衡量物质导磁性能的物理量，单位是 H/m（亨利/米）。自然界的物质根据其导磁性能的不同可分为铁磁物质（铁、镍、硅钢、铸钢、坡莫合金等）和非铁磁物质（空气、木材、铜、铝等）两大类。

为了便于比较各类物质的导磁性能，通常以真空的磁导率作为衡量的标准。实验测得真空的磁导率 $\mu_0 = 4\pi \times 10^{-7}$ H/m，且为一常量。各种物质的磁导率与真空的磁导率的比值能够很好地反映它们的导磁性能，这个比值称为相对磁导率，用 μ_r 表示，即

$$\mu_r = \frac{\mu}{\mu_0} \tag{1.5}$$

显然，相对磁导率 μ_r 是一个无量纲的数。非铁磁物质的相对磁导率 $\mu_\mathrm{r} \approx 1$。而铁磁物质的 $\mu_\mathrm{r} \geq 1$，且各种铁磁物质之间的相对磁导率差别也很大。例如，铸铁的相对磁导率 μ_r 为 200～400；铸钢的相对磁导率 μ_r 一般为 500～2200；硅钢片的相对磁导率 μ_r 通常达 7000～10000；坡莫合金的相对磁导率 μ_r 则可高达 20000～200000。可见，在电流和其他条件不变的情况下，铁心线圈的磁场要比空心线圈的磁场强得多。因此，电工技术中为了在小电流情况下获得强磁场，就经常选择导磁性能好的材料作为线圈的铁心。

（2）耦合系数

两个电感线圈的磁场相互影响大，称耦合紧；相互影响小，称耦合松。两个电感线圈耦合的松紧程度通常用耦合系数 k 表示，其定义为

$$k = \frac{M}{\sqrt{L_1 L_2}} \tag{1.6}$$

式中的 M 称为互感系数，存在于任意两个耦合线圈之间，互感系数的大小取决于两线圈的电感及它们之间的相互位置，单位是 H（亨利，简称亨）。

当两个互感线圈中一个线圈的磁场全部穿过另一个线圈时，称为全耦合，耦合系数 $k=1$。但是，一般情况下总会或多或少地存在一些漏磁通，通常耦合系数 $k<1$；若漏磁通很小且可忽略不计，$k=1$；若两线圈之间磁场互不影响，则它们之间无耦合，互感系数 $M=0$，耦合系数 $k=0$。显然，耦合系数 k 的变化范围是 $0 \leq k \leq 1$。

（3）同名端

线圈的绕向对互感有直接影响。但在实际应用中，线圈通常是密封的，无法看到其绕向，在电路图中也不采用将线圈绕向绘出的方法。为了解决这一问题，工程实际电路中，通常采用"同名端"标记来表示绕向一致的线圈端子。

在同一芯子上，两线圈绕向一致的端子是同名端。当两互感线圈的电流同时由同名端流入（或流出）时，两电流的磁场相互增强，反之相互削弱。同名端通常用"●"或"*"标记。图 1.14 表示了绕向和同名端的关系。

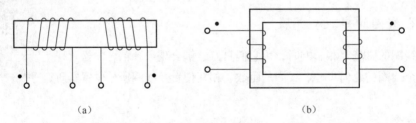

（a）   （b）

图 1.14　两线圈绕向与同名端的关系

（4）两个耦合线圈的串联

具有互感的两个线圈在串联连接时有两种情况：一种是连接的两个端子为异名端，这种连接方法称为顺接串联；另一种是连接的两个端子为同名端，这种接法为反接串联，如图 1.15 所示。

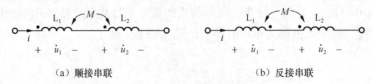

（a）顺接串联　　　　　　　　　（b）反接串联

图 1.15　耦合线圈的串联

耦合线圈顺接串联时，其等效电感为

$$L_{顺}=L_1+L_2+2M \tag{1.7}$$

耦合线圈反接串联时，其等效电感为

$$L_{反}=L_1+L_2-2M \tag{1.8}$$

显然，具有互感的两个线圈在顺接串联时的等效电感 $L_{顺}$ 大于无互感情况下两线圈的等效电感 $L=L_1+L_2$；反接串联时的等效电感 $L_{反}$ 小于无互感情况下两线圈的等效电感 $L=L_1+L_2$。这一结论可以在实际工作中用来判断两个线圈的同名端。

（5）两个耦合线圈的并联

具有互感的两个线圈直接并联时也有两种情况：一种是同名端在同侧；另一种是同名端在异侧，如图 1.16 所示。

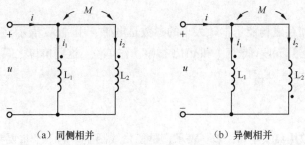

（a）同侧相并　　　　　　　　　（b）异侧相并

图 1.16　互感线圈的并联

当两个耦合线圈同侧相并时，其等效电感为

$$L_{同} = \frac{L_1L_2 - M^2}{L_1 + L_2 - 2M} \tag{1.9}$$

两个耦合线圈异侧相并时，其等效电感为

$$L_{异} = \frac{L_1L_2 - M^2}{L_1 + L_2 + 2M} \tag{1.10}$$

工程实际应用中，为了在小电流情况下获得强磁场，通常采取将两个耦合线圈顺接串联和同侧相并的方法。但连接时误将端子接反，可能会出现过电流而引起线圈烧毁的事故。

1.2.3　电感标称值的标示方法

1. 标称值和误差

电感器上标注的电感大小是它的标称值，表示了线圈本身的固有特性即储存磁能的本领，同时也反映了电感器通过变化电流时产生感应电动势的能力。线圈的电感主要取决于线圈的匝数、结构及绕制方法等。

电感的误差是指线圈的实际电感与标称值的差异，对振荡线圈的要求较高，允许误差为 0.2%～0.5%；对耦合扼流线圈要求则较低，一般为 10%～15%。

电感标称值的标示方法

2. 标示方法

电感器的标称电感和误差的常见标示方法有直接标示法和色环标示法。直接标示法类似于电阻器的直接标示法，目前大部分国产固定电感器将电感、误差采用直接标示法直接标示在电感器上。色环标示法与电阻器的色环标示法类似，只是单位用 μH（微亨）。

1.2.4 电感器的技术参数

电感器性能的好坏，与它所采用的铜线粗细、绕线方式、有无磁芯有关系。电感器的主要技术参数有以下 3 个。

1. 电感 L

衡量一个电感器储存磁场能量本领大小的参数是电感，用"L"表示，国际单位制中用 H（亨）、mH（毫亨）和 μH（微亨）作单位。这些单位之间的换算关系为 $1H=10^3mH=10^6\mu H$。

电感器的技术参数

2. 品质因数

电感器的品质因数用英文字母"Q"表示，是衡量线圈质量的一个重要参数。品质因数 Q 数值上等于它谐振时的感抗与其铜损耗直流电阻的比值，即 $Q=\omega_0 L/R$。品质因数越高，线圈的铜损耗越小。在选频电路中，Q 值越高，电路的选频性能就越好。

3. 分布电容

分布电容是指电感线圈匝与匝之间、线圈与地以及屏蔽盒之间存在的寄生电容。分布电容可使品质因数减小、稳定性变差。为此，可采用多股线，或将线圈绕成蜂房式，对天线线圈则采用间绕法，以减小分布电容的数值。

1.2.5 电感器的检测

在检测电感器时，首先要进行外观检查，看线圈有无松散，引脚有无折断、生锈现象。然后用万用表的欧姆挡测线圈的直流电阻，该阻值若无穷大，说明线圈（或与引出线间）有断路；若比正常值小很多，说明有局部短路；若为零，则线圈被完全短路。对于有金属屏蔽罩的电感器，还需检查它的线圈与屏蔽罩之间是否短路；对于有磁芯的可调电感器，应检查螺纹配合是否完好。

电感器的检测

📖 问题与思考

1. 两个线圈之间的耦合系数 $k=1$ 和 $k=0$ 时，分别表示两个线圈之间是怎样的关系？

2. 耦合线圈的串联和并联实际应用中常用哪几种形式？其等效电感分别为多少？如果实际中不慎将线圈的端子接反了，会出现什么现象？

3. 制作无互感电阻器时，常采取把电阻丝对折后再双线缠绕的工艺，是什么道理？

4. 电感器的技术参数主要有哪些？何为电感线圈的品质因数？

1.3　电容的识别、应用与测量

知识目标

了解电容器及其在电路中的作用，理解电容元件与电容器的区别，掌握电容标称值的识别方法，理解电容器技术参数的意义。

技能目标

了解工程实际中电容器的应用以及选用方法，掌握电容器的检测技术。

电容器

1.3.1　电容器

电容器在电路中通常用于隔直流、阻低频、通高频、级间耦合、旁路或滤波等，在调谐电路中和电感器一起可构成谐振电路。电容器的正常工作方式是充、放电。电容器是电子设备中不可缺少的元器件。

常用电容器的图形符号如表 1.7 所示。

表 1.7　　　　　　　　　　　　　常用电容器的图形符号

图形符号	⊣⊢	⁺⊣⊩	≠	≠	≠ ≠
名称	电容器	电解电容器	可变电容器	微调电容器	同轴双可变电容器

电容器按结构可分为固定电容器和可变电容器，可变电容器中又有半可变（微调）电容器和全可变电容器之分。

1.　固定电容器

固定电容器包含纸介电容器、有机薄膜电容器、瓷介电容器、云母电容器、玻璃釉电容器和电解电容器等，其产品实物如图 1.17 所示。

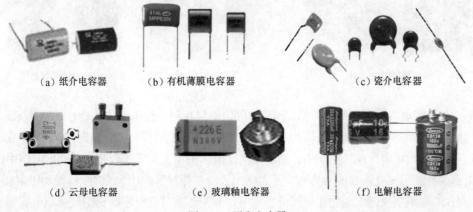

（a）纸介电容器　　　　　（b）有机薄膜电容器　　　　　（c）瓷介电容器

（d）云母电容器　　　　　（e）玻璃釉电容器　　　　　（f）电解电容器

图 1.17　固定电容器

① 纸介电容器的电极用铝箔或锡箔做成，绝缘介质用浸过蜡的纸相叠后卷成圆柱体密封而成。其特点是容量大，构造简单，成本低，但热稳定性差，损耗大，易吸湿，适合在低频电路中

作为旁路电容和隔直电容。金属纸介电容器（CJ 型）的两层电极是将金属蒸发后附着在纸上形成金属薄膜，其体积小，特点是被高压击穿后有自愈作用。

② 有机薄膜电容器（CB 或 CL 型）是用聚苯乙烯、聚四氟乙烯、聚碳酸酯或涤纶等有机薄膜代替纸介，以金属箔或金属化薄膜作电极卷绕封装而成的。其特点是体积小，耐压高，损耗小，绝缘电阻大，稳定性好，但是温度系数较大，适宜用在高压电路、谐振回路、滤波电路中。

③ 瓷介电容器（CC 型）以陶瓷材料作介质，在介质表面上烧渗银层作电极，有管状和圆片状。其特点是结构简单，绝缘性能好，稳定性较高，介质损耗小，固有电感小，耐热性好，但其机械强度低，容量不大，适宜用在高频高压电路中和温度补偿电路中。

④ 云母电容器（CY 型）是以云母为介质，上面喷覆银层或用金属箔作电极后封装而成的。其特点是绝缘性好，耐高温，介质损耗极小，固有电感小，因此其工作频率高，稳定性好，工作耐压高，应用广泛，适宜用在高频电路中和高压设备中。

⑤ 玻璃釉电容器（CI 型）用玻璃釉粉加工成的薄片作为介质，其特点是介电常数大，体积也比同容量的瓷介电容器小，损耗更小。与云母电容器和瓷介电容器相比，它更适合在高温下工作，广泛用于小型电子仪器中的交直流电路、高频电路和脉冲电路中。

⑥ 电解电容器是目前用得较多的大容量电容器，它体积小，耐压高，其介质为正极金属片表面上形成的一层氧化膜，负极为液体、半液体或胶状的电解液。因电解电容器为有极性电容，故只能工作在直流状态下。新出厂的电解电容器的长脚为正极，短脚为负极，在电容器的表面上还印有负极标志。如果使用中电解电容器极性接反，则通过其内部的电流过大，导致其过热击穿，温度升高产生的气体甚至会引起电容器外壳爆裂。

目前铝电解电容器用得较多，但漏电流现象较为突出。相比之下，钽、铌、钛电解电容器的漏电现象通常可忽略，且体积小，成本高，通常用在性能要求较高的电路中。

2. 可变电容器

可变电容器有空气可变电容器、薄膜介质可变电容器和微调电容器等几种类型，如图 1.18 所示。

（a）空气可变电容器　　　　　　（b）薄膜介质可变电容器　　　　（c）微调电容器

图 1.18　可变电容器

① 空气可变电容器以空气为介质，用一组固定的定片和一组可旋转的动片（两组金属片）为电极，两组金属片互相绝缘。根据动片和定片的组数不同，空气可变电容器又有单联、双联、多联之分。其特点是稳定性高，损耗小，精确度高，但体积大，常用于收音机的调谐电路中。

② 薄膜介质可变电容器的动片和定片之间用云母或塑料薄膜作为介质，外面加以封装。由于动片和定片之间距离接近，因此在相同的容量下，薄膜介质可变电容器比空气可变电容器的体积小，质量也轻。常用的薄膜介质密封单联和双联电容器在便携式收音机中广泛使用。

③ 微调电容器有云母、瓷介和瓷介拉线等几种类型，其容量的调节范围极小，一般仅为几皮法至几十皮法，常在电路中用于补偿和校正等。

3. 新型电容器

新型电容器是近些年出现的新产品、新器件，包括片状电容器和独石电容器等，其产品外形如图 1.19 所示。

（a）片状电容器　　　　　　　　　　　（b）独石电容器

图 1.19　新型电容器

（1）片状电容器

① 片状陶瓷电容器。这是片状电容器中产量最大的一种，有 3216 型和 3215 型两种。片状陶瓷电容器的容量范围宽（1～47800pF），耐压值为 25V、50V，常用于混合集成电路和电子手表电路中。

② 片状钽电容器。这种新型电容器体积小，容量大。其正极使用钽棒并露出一部分，另一端是负极。片状钽电容器容量范围为 0.1～100μF，其耐压值常用的是 16V 和 35V。它广泛应用在台式计算机、手机、数码照相机和精密电子仪器等的电路中。

（2）独石电容器

独石电容器是以碳酸钡为主材料烧结而成的一种瓷介电容器，其容量比一般瓷介电容器大（10pF～10μF），具有体积小、耐高温、绝缘性好、成本低等优点，因而得到广泛应用。独石电容器不仅可替代云母电容器和纸介电容器，还取代了某些钽电容器，广泛应用于小型和超小型电子设备，如用在液晶手表和微型仪器中。

4. 电容器的型号命名法

根据国标 GB/T 2470—1995《电子设备用固定电阻器、固定电容器型号命名方法》的规定，电容器的产品型号一般由 4 部分组成，各部分的含义如表 1.8 所示。

表 1.8　　　　　　　　　　　　　　电容器型号命名法

第一部分：主称		第二部分：材料		第三部分：分类特征					第四部分：序号
（用字母表示）		（用字母表示）		（用数字或字母表示）					
符号	意义	符号	意义	符号	意义				说明
					瓷介	云母	有机	电解	
C	电容器	C	瓷介	1	圆片	—	非密封	箔式	对主称、材料相同，仅性能指标、尺寸大小有差异，但基本不影响互换使用的产品，给予同一序号；若性能指标、尺寸大小明显影响互换使用，则在序号后面用大写字母作为区别代号
		I	玻璃釉	2	管形	非密封	非密封	箔式	
		O	玻璃膜	3	迭片	密封	密封	烧结粉液体	
		Y	云母	4	独石	密封	密封	烧结粉固体	

第一部分：主称 (用字母表示)		第二部分：材料 (用字母表示)		第三部分：分类特征 (用数字或字母表示)					第四部分：序号
符号	意义	符号	意义	符号	意义				说明
					瓷介	云母	有机	电解	
C	电容器	V	云母纸	5	穿心	—	穿心	—	对主称、材料相同，仅性能指标、尺寸大小有差异，但基本不影响互换使用的产品，给予同一序号；若性能指标、尺寸大小明显影响互换使用，则在序号后面用大写字母作为区别代号
		Z	纸介	6	—	—	—	—	
		J	金属化纸	7	—	—	—	无极性	
		B	聚苯乙烯	8	高压	高压	高压	—	
		F	聚四氟乙烯	9	—	—	特殊	特殊	
		L	涤纶						
		S	聚碳酸酯						
		Q	漆膜	T	铁电				
		H	复合介质	W	微调				
		D	铝电解	J	金属化				
		A	钽电解	X	小型				
		G	合金电解	S	独石				
		N	铌电解	D	低压				
		T	钛电解	M	密封				
		M	压敏	Y	高压				
		E	其他材料	C	穿心式				

例如，某电容器的型号为 CJX-250-0.33-±10%，则其含义：C——主称是电容器；J——材料为金属化纸；X——特征为小型；250-0.33-±10%——序号，表示该电容器耐压值为250V，标称电容量是 0.33μF，允许误差是±10%。

1.3.2 电容元件

电容元件是电容器的理想化和近似，也是基本的理想电路元件之一。

电容元件只具有储存电能的电特性。理想电容元件存储的电荷量与其极间电压呈线性关系，即库伏特性是一条通过坐标原点的直线；电容元件的电容量 C 是常数。

1. 电容量

电容量是衡量电容器储能本领的参数，用 C 表示。电容量简称电容，显然电容不仅表示一个电气元件，同时也表示一个电路参量。电容量的国际单位制单位是 F（法拉，简称法），较小的单位还有μF（微法）、nF（纳法）和 pF（皮法）。这些单位之间的换算关系为

$$1F=10^6μF=10^9nF=10^{12}pF$$

2. 电容元件的串联和并联

实际应用中，根据需要常常要对电容进行串联和并联。当几个电容相串联时，它们的等效电

容量是减小的，其计算方法类似于电阻的并联公式，即

$$C = \cfrac{1}{\cfrac{1}{C_1} + \cfrac{1}{C_2} + \cdots + \cfrac{1}{C_n}}$$

（1.11）

当几个电容相并联时，它们的等效电容量是增大的，其计算公式类似于电阻的串联公式，即

$$C = C_1 + C_2 + \cdots + C_n$$

（1.12）

电路中的三大基本元件 R、L、C 都是理想电路元件，它们概括了实际电路中电气设备的全部电特性，其电路图形符号及文字符号如图 1.20 所示。

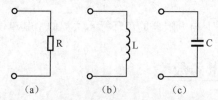

图 1.20　理想电路元件图形符号及文字符号

图 1.20（a）所示为电阻元件，是实际电路中耗能特性的抽象和反映。

图 1.20（b）所示为电感元件，是实际电路中建立磁场、储存磁能电特性的抽象和反映。

图 1.20（c）所示是电容元件，是实际电路中建立电场、储存电能电特性的抽象和反映。

电容标称值的识别

1.3.3　电容标称值的识别

1. 电容器的标称容量与允许误差

电容器上标注的电容量值称为标称容量。电容器的标称容量与其实际容量之差，再除以标称值所得的百分比，就是允许误差。允许误差一般分为 8 个等级，如表 1.9 所示。

表 1.9　　　　　　　　　　　常用电容器的允许误差等级

等级	01	02	I	II	III	IV	V	VI
允许误差	1%	±2%	±5%	±10%	±20%	+20% ~ −30%	+50% ~ −20%	+100% ~ −10%

允许误差的标示方法一般有 3 种。

① 将容量的允许误差直接标示在电容器上。

② 用罗马数字 I、II、III 分别表示±5%、±10%、±20%。

③ 用英文字母表示误差等级。用 J、K、M、N 分别表示±5%、±10%、±20%、±30%；用 D、F、G 分别表示±0.5%、±1%、±2%；用 P、S、Z 分别表示±100% ~ 0%、±（50% ~ 20%）、±（80% ~ 20%）。

2. 电容器的标称容量识别方法

（1）直接标示法

在产品的表面上直接标示出产品的主要参数和技术指标。例如，在电容器上标注 33μF±5%、32V。

（2）文字符号法

将需要标示的主要参数与技术性能用文字、数字、符号有规律地组合标注在产品的表面上。采用文字符号法时，将容量的整数部分写在容量单位标志符号前面，小数部分放在单位符号后面。例如，3.3pF 标示为 3p3，1000pF 标示为 1n，6800pF 标示为 6n8，2.2μF 标示为 2μ2。

（3）数字标示法

体积较小的电容器常用数字标示法。一般用 3 位整数，第一位、第二位为有效数字，第三位表示有效数字后面零的个数，单位为 pF，但是当第三位数是 9 时表示 10^{-1}。例如，"243"表示容量为 24000pF，而"339"表示容量为 $33×10^{-1}$pF（3.3pF）。

（4）色环标示法

电容器的色环标示法原则上与电阻器的色环标示法类似，其单位为 pF。

1.3.4　电容器的技术参数

电容器的技术参数

1．额定耐压

额定耐压指在规定温度范围下，电容器正常工作时能承受的最大直流电压。固定电容器的耐压系列值有 1.6V、4V、6.3V、10V、16V、25V、32V*、40V、50V、63V、100V、125V*、160V、250V、300V*、400V、450V*、500V、1000V 等（带"*"号者只限于电解电容使用）。耐压值一般直接标在电容器上，但有些电解电容器在正极根部用色点来表示耐压等级，如 6.3V 用棕色，10V 用红色，16V 用灰色。电容器在使用时不允许超过这个耐压值，若超过此值，电容器就可能损坏或被击穿，甚至爆裂。

2．绝缘电阻

绝缘电阻指加到电容器上的直流电压和漏电流的比值，又称漏阻。漏阻越低，漏电流越大，介质耗能越大，电容器的性能就越差，寿命也越短。

1.3.5　电容器的选用

1．不同电路应选用不同种类的电容器

在电源滤波和退耦电路中应选用电解电容器；在高频电路和高压电路中应选用瓷介电容器和云母电容器；在谐振电路中可选用云母电容器、陶瓷电容器和有机薄膜电容器等；用于隔直流时可选用纸介电容器、涤纶电容器、云母电容器、电解电容器等；用在谐振回路时可选用空气可变电容器或小型密封可变电容器。

2．耐压选择

电容器的额定电压应高于其实际工作电压的 10%～20%，以确保电容器不被击穿损坏。

3．在允许误差的范围内选择

业余制作电路时一般不考虑电容的允许误差；对于用在振荡和延时电路中的电容器，其允许误差应尽可能小（一般小于 5%）；低频耦合电路中的电容误差可以稍大一些（一般为 10% ~ 20%）。

4. 电容器的代换

代换的电容器要与原电容器的容量基本相同（对于旁路和耦合电容，容量可比原电容大一些）；耐压值要不低于原电容器的额定电压。在高频电路中，电容器的代换一定要考虑其频率特性，频率特性应满足电路的频率要求。

1.3.6　电容器的检测

用万用表的欧姆挡可判断电容器的短路、断路和漏电等故障。

电容器的检测

1. 电解电容器的检测

对电解电容器的性能检测，最主要的是容量和漏电流的测量。对正、负极标志脱落的电容器，还应进行极性判别。

用万用表测量电解电容器的漏电流时，可用万用表电阻挡测电阻的方法，量程可以用估测的方法选择。例如，估测一个 100μF/250V 的电容可用一个 100μF/25V 的电容来参照，只要它们指针摆动最大幅度一样，即可断定容量一样；估测皮法级电容容量大小要用 "R×10k" 挡，但只能测到 1000pF 以上的电容。对 1000pF 或容量稍大一点的电容，只要表针稍有摆动，即可认为容量够了。万用表的黑表笔应接电容器的 "+" 极，红表笔接电容器的 "–" 极，此时表针迅速向右摆动，然后慢慢退回，待指针不动时其指示的值越大表示电容器的漏电流越小；若指针根本不向右摆，说明电容器内部已断路或电解质已干涸而失去容量。

用上述方法还可以鉴别电容器的正、负极。对失掉正、负极标志的电解电容器，可先假定某极为 "+"，让其与万用表的黑表笔相接，另一个电极与万用表的红表笔相接，同时观察并记住表针向右摆动的幅度；将电容放电后，把两只表笔对调重新进行上述测量。哪一次测量中，表针最后停留的摆动幅度较小，说明该次对其正、负极的假设是对的。

2. 对中、小容量电容器的检测

中、小容量电容器的特点是无正、负极之分，绝缘电阻很大，因而其漏电流很小。若用万用表的电阻挡直接测量其绝缘电阻，则表针摆动范围极小不易观察，用此法主要是检查电容器的断路情况。

对于 0.01μF 以上的电容器，必须根据容量的大小，分别选择万用表的合适量程，才能正确加以判断。例如，测 300μF 以上的电容器可选择 "R×10k" 或 "R×1k" 挡；测 0.47 ~ 10μF 的电容器可用 "R×1k" 挡；测 0.01 ~ 0.47μF 的电容器可用 "R×10k" 挡等。具体方法：用两表笔分别接触电容器的两根引线（注意双手不能同时接触电容器的两极），若表针不动，将表针对调再测，若仍不动说明电容器断路。

对于 0.01μF 以下的电容器，不能用万用表的欧姆挡判断其是否断路，只能用其他仪表（如 Q 表）进行鉴别。

3. 可变电容器的检测

对可变电容器主要是检测它是否发生碰片（短接）现象。选择万用表的电阻"R×1"挡，将表笔分别接在可变电容器的动片和定片的连接片上。旋转电容器动片至某一位置时，若发现有直通（即表针指零）现象，说明可变电容器的动片和定片之间有碰片现象，应予以排除后再使用。

📖 问题与思考

1. 电容器的基本工作方式是什么？电容器在电路中具有什么特点？通常用于哪些场合？

2. 电容器标称值的识别方法有哪几种？

3. 电容器相串联和相并联时，其等效电容量是增大还是减小？

4. 通常电解电容器如何测试？对于 0.01μF 以上的电容器如何测试？对于 0.01μF 以下的电容器，又该如何测试？

1.4 认识直流电源

知识目标

理解理想电压源和理想电流源的特征；掌握实际电源模型之间的相互转换条件。

技能目标

掌握实验室中双路直流稳压电源的使用方法。

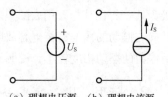
理想电压源和理想电流源

1.4.1 理想电压源和理想电流源

电路图中的电源都是理想电压源和理想电流源，其电路图形符号如图 1.21 所示。

图 1.21（a）所示为理想电压源，简称电压源。理想电压源提供的电压值恒定，不受外电路影响，其提供的电流由它和外电路共同决定。

图 1.21（b）所示为理想电流源，简称电流源。理想电流源提供的电流值恒定，其端电压由它和外电路共同决定。

（a）理想电压源　（b）理想电流源

图 1.21　理想电源的电路图形符号

理想电压源与理想电流源都是有源二端元件（电路理论中无源二端元件有电阻、电感和电容），由于它们自身可向电路提供电能，因此是独立源。

1.4.2 实际电源与电源模型

实际电源既不同于理想电压源，又不同于理想电流源，即前面讲到的理想电压源和理想电流源在实际当中是不存在的。实际电源的性能只是在一定的范围内与理想电源相接近。

电源是向负载提供电能的装置，以提供电压为主要工作方式的电源称为电压源。实际电压源

实际电源与电源模型

总是存在内阻的，因此，实际电压源的电路模型应是一个理想电压源和一个电阻相串联的组合，如图 1.22（a）所示。

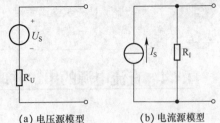

以提供电流为主要工作方式的电源称为电流源。实际电流源的内阻总是一个有限值，因此，实际电流源的电路模型是一个理想电流源与一个电阻元件的并联组合，如图 1.22（b）所示。

(a) 电压源模型　　(b) 电流源模型

显然，实际电压源的内阻越小，输出的电压值越稳定，因此，我们总是希望电源的内阻越小越好，当内阻为零时，就成为理想电压源。实际电流源的内阻越大，提供的电流越稳定，当实际电流源的内阻趋近于无穷大时，就成为理想电流源。

图 1.22　实际电源的两种电路模型

1.4.3　电源模型之间的等效互换

电路理论中，任何一个实际电源，既可以用与内阻相串联的电压源作为它的电路模型，也可以用一个与内阻相并联的电流源作为它的电路模型。因此，这两种实际电源的电路模型，在一定条件下是可以等效互换的。

图 1.23 所示为实际电源与负载所构成的电路。假设图 1.23（a）和图 1.23（b）两个电路中的负载电阻相同，通过负载电阻的电流 I 相等、负载两端的电压 U 相等时，我们就称图 1.23（a）电路的电压源模型和图 1.23（b）电路的电流源模型对负载电阻作用效果相等，简称等效。根据上述等效条件我们可以对电路推导如下，对于图 1.23（a）电路：

$$U_S = U + IR_U \tag{1.13}$$

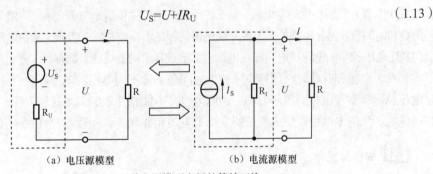

(a) 电压源模型　　　　　　(b) 电流源模型

图 1.23　两种电源模型之间的等效互换

对于图 1.23（b）电路：

$$I_S = U/R_I + I \tag{1.14}$$

将式（1.14）等号两端同乘以 R_I，得到

$$R_I I_S = U + IR_I \tag{1.15}$$

比较式（1.13）和式（1.15），两式都反映了负载端电压 U 与通过负载的电流 I 之间的关系，由于两个电源模型对负载等效，则式（1.13）和式（1.15）中的各项应完全相同。于是我们可得到两种电源模型等效互换的条件是

$$\left.\begin{array}{l} U_S = I_S R_I \\ R_U = R_I \end{array}\right\} \quad 或 \quad \left.\begin{array}{l} I_S = U_S / R_U \\ R_I = R_U \end{array}\right\} \tag{1.16}$$

注意　　在进行上述等效变换时，一定要让电压源由"－"到"＋"的方向与电流源中电流的方向保持一致。

1.4.4　直流电源的串、并联

1.　直流电源的串联

实际应用中，当现有的直流电源不能满足负载所需电压要求时，可以将两个或两个以上的电源相串联后向电路供电，几个电源相串联可以提高供电电压。

几个电源相串联后，提供的总电压等于各个串联电源的电压值之和，内阻等于各串联电源的内阻之和。但需要注意的是，各串联电源的额定电流应相同。否则，额定电流较小的串联电源就会在工作中发生过热现象而不能承受。

直流电源的串、并联

当几个电池相串联时，应注意不同品牌、不同容量或者新旧不一的电池是不能相串联的；几个电池相串联后，也不能采取个别放电、串在一起充电的方式。若实际应用中采用了上述不当操作方式，都会造成电池的损坏或者降低使用寿命。

2.　直流电源的并联

实际应用中，当现有的直流电源不能满足负载所需电流的要求时，可以将两个或两个以上的电源相并联后供电，几个电源相并联可以增大供电电流。

几个电源并联后提供的总电流，等于各个并联电源提供的电流值之和，内阻等于各并联电源的内阻倒数和的倒数。需要注意的是，各并联电源的额定电压应相同。否则，额定电压较大的并联电源就会向额定电压较小的电源供电，即在电源内部形成环流而造成能量的损耗，严重时还会烧坏电源。

当几个电池相并联时，同样应注意上述问题，即不同电压的电池不允许并联使用。而且，额定电压相同、型号也相同的新旧不一的电池也是不能相并联的，如这样操作，新电池会向旧电池直接供电，致使电池组很快失去效能。几个电池相并联后，一般不允许在一起并联充放电。

问题与思考

1.　说说两种电源模型的组成和它们之间等效互换的条件。理想电压源和理想电流源能等效互换吗？

2.　写出实际电源的电压源模型输出电压表达式和电流源模型输出电流表达式。

3.　简述几个电池相串联或相并联应该注意的问题。

技能训练

实验一　直流电路的认识实验

一、实验目的

1.　学习实验室规章制度和基本的安全用电常识。

2. 熟悉实验室供电情况和实验电源、实验设备情况。

3. 学习电阻、电压、电流的测量方法，初步掌握数字万用表、交直流毫安表的使用方法。

4. 加深理解电流和电压参考正方向的概念。

二、实验主要器材与设备

1. 电工实验台　　　　　　　　　　　一套

2. 交直流毫安表　　　　　　　　　　一块

3. 数字万用表　　　　　　　　　　　一块

4. 电路原理箱（或其他配套实验设备）　一台

5. 导线　　　　　　　　　　　　　　若干

三、实验步骤

1. 认识和熟悉电路实验台设备及本次实验的其他相关设备

① 认识电路原理箱及其上面的实验电路板块。

② 掌握数字万用表的正确使用方法及其量程的选择。

③ 掌握指针式交直流毫安表的正确使用方法及量程的选择。

2. 测量电阻、电压和电流

① 测电阻：用数字万用表的欧姆挡测电阻，万用表的红表笔插在电表下方的"VΩ"插孔中，黑表笔插在电表下方的"COM"插孔中。选择实验原理箱上的电阻或以实验室其他电阻作为待测电阻，欧姆挡的量程应根据待测电阻的数值合理选取。把测量所得数值与电阻的标称值进行对照比较，得出误差结论。

② 测电压：利用实验室设备连接一个汽车照明电路，如图 1.24 所示。选择直流电源，其电压分别为 6V 和 12V。用万用表的直流电压 20V 挡位对电路各段电压进行测量，把测量结果填写在表 1.10 中。

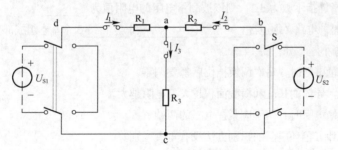

图 1.24　汽车照明实验电路

表 1.10　　　　　　　　　　　　　　　　测量结果

测量参量	U_{S1}/V	U_{S2}/V	U_{R1}/V	U_{R2}/V	U_{R3}/V	I_1/A	I_2/A	I_3/A
实测值								

③ 测电流：用交直流毫安表进行测量。首先将指针打到最大量程位置，在测量过程中再根据指针偏转程度重新选择合适量程。注意交直流毫安表应串接在各条支路中。将测量值填写在表 1.10 中。

实验结束后，应注意将万用表上的电源按键按起，使电表与内部电池断开。

四、思考题

1. 如何用万用表测电阻？单个电阻在线测量会产生什么问题？带电测量电阻时又会发生什么问题？

2. 电压、电流的测量中应注意什么事项？

3. 如何把测量仪表所测得的电压或电流数值与参考正方向联系起来？

第 1 单元技能训练检测题（共 100 分，120 分钟）

一、填空题（每空 1 分，共 25 分）

1. 电源和负载的本质区别：电源是把_____能量转换成_____能的设备，负载是把_____能转换成_____能量的设备。

2. 电力系统中的电路，其功能是实现电能的_____、_____和_____。

3. 实际电路中的元器件，其电特性往往_____而_____，而理想电路元件的电特性则是_____和_____的。

4. 在电器商场买回的电线，每卷电线的电阻值为 0.5Ω；将 2 卷这样的电线接长使用，电阻值为_____Ω；将 2 卷这样的电线并接起来使用，电阻值为_____Ω。

5. 电路理论中，理想无源二端元件有_____、_____和_____；理想有源二端元件有_____和_____。

6. 用指针式万用表测量电阻时，应断开电路使被测电阻_____带电。测量一个阻值在 200Ω 左右的电阻时，应选择_____挡，测量前应先对指针式万用表进行_____。当万用表挡位旋钮置于"R×100"位置时，指针指示数为 3.3，则该被测量电阻的电阻值为_____Ω。

7. 任何一个完整的电路必须包含_____、_____和_____3 个基本组成部分。

二、判断题（每小题 1 分，共 14 分）

1. 用万用表测量电阻时，每次调换挡位后都要调零。（　　）

2. 温度一定时，导体的长度和横截面积越大，电阻越大。（　　）

3. 用万用表测量电阻时，两手应紧捏电阻的两端。（　　）

4. 四色环电阻和五色环电阻的识别方法没有重大区别。（　　）

5. 实际电压源和实际电流源的内阻为零时，即为理想电压源和理想电流源。（　　）

6. 电阻、电感和电容，它们的串联公式形式上相同。（　　）

7. 并联电阻数目越多，等效电阻越小，因此向电路取用的电流也越少。（　　）

8. 当几个直流电压源相串联时，可提高向电路提供的电压值。（　　）

9. 实际应用中新旧电池可以混在一起使用。（　　）

10. 有极性的电解电容，其两个引脚中较长的一根是负极引线。（　　）

11. 线绕可变电阻器最适合用在高频电路中。（　　）

12. 为了获得小电流的强磁场，通常将电感线圈顺接串联或同侧相并。（　　）

13. 电感线圈的品质因数 Q 值越高，其选频能力越强。（　　）

14. 0.01μF 以下的电容器可用万用表的欧姆挡判断其是否断路。 （　　　）

三、单项选择题（每小题 2 分，共 26 分）

1. 一条导线的阻值为 4Ω，温度不变情况下把它均匀拉长为原来的 4 倍，其电阻值为（　　　）。
   A. 4Ω　　　　　　B. 16Ω　　　　　　C. 20Ω　　　　　　D. 64Ω

2. 万用表指针停留在"Ω"刻度线上"12"的位置，被测电阻的阻值是（　　　）。
   A. 12Ω　　　　　　B. 12kΩ　　　　　　C. 1.2kΩ　　　　　　D. 不能确定

3. 通常说电路中负载增大，是指（　　　）。
   A. 负载电阻增大　　B. 负载电阻减小　　C. 电源对负载提供的电流增大

4. 某电阻的额定数据为"1kΩ、2.5W"，正常使用时允许流过的最大电流为（　　　）。
   A. 50mA　　　　　　B. 2.5mA　　　　　　C. 250mA

5. 在用电桥测量电阻时，按下检流计按钮 G 查看电桥平衡情况时，检流计指针向"+"方向（右）偏转，在调节电桥平衡时应该（　　　）。
   A. 减小比较电阻的电阻值　　　　　　　　B. 增大比较电阻的电阻值
   C. 旋转比率旋钮，减小比率　　　　　　　D. 旋转比率旋钮，增大比率

6. 有长度和横截面积相等的三种材料，已知电阻率 $\rho_A > \rho_B > \rho_C$，则电阻（　　　）。
   A. $R_A > R_B > R_C$　　B. $R_B > R_A > R_C$　　C. $R_A > R_C > R_B$　　D. $R_C > R_B > R_A$

7. 电路的三大基本元件中，表征用电器上耗能电特性的理想电路元件是（　　　）。
   A. 电阻元件　　　　B. 电感元件　　　　C. 电容元件　　　　D. 无法判断

8. 实际工程技术中向负载提供电压形式的电源，其电源内阻的阻值（　　　）。
   A. 越大越好　　　　B. 越小越好　　　　C. 不大不小最好

9. 实际工程技术中向负载提供电流形式的电源，其内阻的阻值（　　　）。
   A. 越大越好　　　　B. 越小越好　　　　C. 不大不小最好

10. 在耦合、滤波、旁路的电路中，通常选用（　　　）。
    A. 云母电容器　　　　　　　　　　　　　B. 有机薄膜电容器
    C. 电解电容器　　　　　　　　　　　　　D. 瓷介电容器

11. 自然界中的物质相对磁导率 $\mu_r \gg 1$ 的是（　　　）。
    A. 非磁性物质　　　B. 铁磁性物质　　　C. 顺磁物质　　　D. 逆磁物质

12. 具有通高频、阻低频特性的电路器件是（　　　）。
    A. 电阻器　　　　　B. 电感器　　　　　C. 电容器　　　　D. 不存在

13. 用数字法标示电容量通常用 3 位整数，其单位是（　　　）。
    A. 法　　　　　　　B. 微法　　　　　　C. 皮法　　　　　　D. 毫法

四、简答题（每小题 4 分，共 20 分）

1. 将一个内阻为 0.5Ω、量程为 1A 的电流表误认为是电压表，接到电压源为 10V、内阻为 0.5Ω 的电源上，试问此时电流表中通过的电流有多大？会发生什么情况？使用电流表应注意哪些问题？

2. 电容器的基本工作方式是什么？电容器是否在任何情况下都能阻断直流？

3. 两个数值不同的电压源能否并联后"合成"一个向外供电的电压源？两个数值不同的电流源能否串联后"合成"一个向外电路供电的电流源？为什么？

4. 电阻标称值的识别方法有哪几种？

5. 实际应用中测量单个电阻时能否在线测量？能否带电测量？

五、分析计算题（共 15 分）

1. 试画出一个接于高频电路中的实际电感线圈的电路模型。设该线圈在高频下铜损耗电阻和分布电容都不可忽略。（4 分）

2. 高压输电线由 50 根横截面积为 $1mm^2$ 的铝导线绞合组成，求 1km 这样的高压输电线的电阻值。（6 分）

3. 已知两个具有耦合关系的电感线圈的互感系数 $M=0.04mH$，电感（自感系数）分别为 $L_1=0.03mH$，$L_2=0.06mH$，耦合系数 k 为多大？（5 分）

第2单元

电路测量

电路测量是电工技术中不可缺少的一个重要组成部分，它的主要任务是借助各种电工仪器仪表对电压、电流、电能、电功率等进行测量，以便了解或掌握电气设备的特性、运行情况，检查电气元件的质量情况。

2.1 电流及其测量

2.1.1 电流

导体内部存在大量的自由电子，当导体两端处在外电场作用下时，导体内的自由电子就会定向移动而形成电流。电流的定义式为

$$i = \frac{\mathrm{d}q}{\mathrm{d}t} \tag{2.1}$$

其中，电量 q 的单位是 C（库仑）；时间 t 的单位是 s（秒）；电流 i 的单位是 A（安培，简称安）。

电流的大小和方向均不随时间变化时为稳恒直流电，简称直流电。对稳恒直流电，其表达式应改写为

$$I = \frac{Q}{t} \tag{2.2}$$

注意电学中各量的表示方法及正确书写：按照惯例，不随时间变动的恒定电量或其他恒定参量用大写英文字母表示，如直流电压和直流电流分别写作 "U、I"；随时间变动的电量或其他参量通常用小写英文字母表示，如交变电压和交变电流分别写作 "u、i"。

电力系统中某些电流可高达几千安培，电子技术中的电流往往仅为千分之几安培，因此电流的单位还有毫安（mA）、微安（μA）和纳安（nA）等，电流各单位之间的换算关系为

$$1A=10^{-3}kA=10^{3}mA=10^{6}\mu A=10^{9}nA$$

电路理论中，习惯上规定正电荷定向移动的方向为电流的方向。

2.1.2　电流的测量

测量直流电流通常采用磁电式电流表，测量交流电流主要采用电磁式电流表。图 2.1 所示为一种常用的电流表——交直流毫安表。

实际测量电流时，如果无法正确估算电流值的范围，应把电流表打到最大量程，再根据实际测量值调整到合适的量程（为使测量值误差最小，应使测量值在指针偏转的 1/2 或 2/3 以上处）。

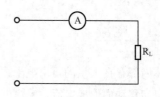

电流的测量

电路理论中，为简化分析问题的步骤，通常把电流表理想化，即把电流表的内阻视为零。实际上电流表的内阻总是存在的，根据各电流表内阻的不同，通常把电流表划分为不同等级的精度，精度越高的电流表其内阻越小。

实际电流表的内阻总是非常小的，因此在使用中必须把电流表串接在被测支路中，如图 2.2 所示。如果使用中误将电流表与被测支路相并联，或者把电流表直接接在电源两端，就会因其内阻很小造成过流而把电流表烧损。

图 2.1　交直流毫安表

图 2.2　电流表连接示意图

此外，测量直流电流时还要注意电流表的极性不要接反（交流无极性选择）。

2.1.3　基尔霍夫电流定律

德国物理学家基尔霍夫在 1845 年提出了电路参数计算的两大定律，其中基尔霍夫电流定律（也称基尔霍夫第一定律）的英文缩写是 KCL，内容表述为：在集中参数电路中，任一时刻流入节点的支路电流的代数和恒等于零。KCL 表达式为

$$\sum I=0 \qquad\qquad (2.3)$$

基尔霍夫电流定律

KCL 指出了电路任意一个连接点上汇集的各电流之间应该遵循的规律，因此又被称为节点电流定律。KCL 提出的依据是电流的连续性原理：电路中的任意一点或节点处，电流都是连续的，即电荷进出始终平衡，任意瞬间都不应发生电荷的积累或减少现象。

式（2.3）遵循指向节点的电流取正号，背离节点的电流取负号的约定，而后根据电路图上各

电流的参考方向正确列写方程式。

例如，图 2.3 中 a 点为某一复杂电路中的一个连接点，该点汇集了 4 个电流，现用电流表测得这 4 个电流分别为 $I_1=-6\text{mA}$，$I_2=4\text{mA}$，$I_3=15\text{mA}$，$I_4=5\text{mA}$。

根据图 2.3 中标示的电流参考方向，可列出方程式：

$$-I_1+I_2-I_3+I_4=0$$

电流为正值，表示该电流的实际方向与图 2.3 中参考方向一致；电流为负值，说明该电流的实际方向与图 2.3 中标示的参考方向相反（电路图上标示的均为参考方向，电流的实际方向取决于参考方向与其取值的正负）。把各电流数值代入，有

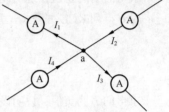

图 2.3　电流测量

$$-(-6)+4-15+5=0$$

如果把流出节点的电流 I_1 和 I_3 移到方程式的右边，则 KCL 又可表述为：电路中任一时刻，流入节点的电流代数和恒等于流出节点的电流代数和，即

$$\Sigma I_\text{入} = \Sigma I_\text{出} \tag{2.4}$$

应用 KCL 时应注意以下几点。

① 列写 KCL 方程时，必须事先对电流的正、负提出一个约定，然后依据电路图上标定的电流参考方向正确写出。

② KCL 不仅适用于线性电路，也适用于非线性电路，而且比欧姆定律适用范围更广。

③ KCL 不仅适用于电路中的节点，也可以推广应用于包围电路的任一假想封闭曲面。

观察图 2.4 所示电路，图中有 3 个连接点 A、B 和 C，6 条分支电路，分别对 3 个连接点列出其 KCL 方程。

对 A 点：　　　　　　　　$I_A+I_{CA}-I_{AB}=0$

对 B 点：　　　　　　　　$I_B+I_{AB}-I_{BC}=0$

对 C 点：　　　　　　　　$I_C+I_{BC}-I_{CA}=0$

由于上述 3 个式子中各电阻中通过的电流分别出现一次正、负，所以把上述 3 式相加后可得

$$I_A+I_B+I_C=0$$

这一结果说明，对电路中的任意封闭曲面，都可以视为一个广义节点，对广义节点而言，汇集到其上的各电流同样遵循 KCL。

【例 2.1】　在图 2.5 所示电路中，已知 $I_1=-2\text{A}$，$I_2=6\text{A}$，$I_3=3\text{A}$，$I_5=-3\text{A}$，参考方向如图 2.5 所示。求元件 4 和元件 6 中的电流。

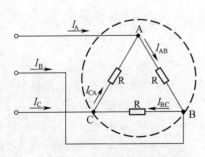

图 2.4　KCL 的扩展应用

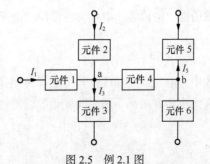

图 2.5　例 2.1 图

【解】 首先应在图 2.5 中标示出待求电流的参考方向。设元件 4 上的电流方向为从 a 点流向 b 点；流过元件 6 上的电流指向 b 点。

对 a 点列 KCL 方程式，并代入已知电流值，有

$$I_1 + I_2 - I_3 - I_4 = 0$$
$$(-2) + 6 - 3 - I_4 = 0$$
$$I_4 = (-2) + 6 - 3 = 1 \text{（A）}$$

求得的 I_4 为正值，说明设定的参考方向与该电流的实际方向相同。

对 b 点列 KCL 方程式，并代入已知电流值，有

$$I_4 - I_5 + I_6 = 0$$
$$1 - (-3) + I_6 = 0$$
$$I_6 = (-1) - 3 = -4 \text{（A）}$$

求得的 I_6 为负值，说明设定的参考方向与该电流的实际方向相反。

📖 **问题与思考**

1. 电流的国际单位制是什么？常用的电流单位都有哪些？它们之间的换算关系如何？

2. 测量电流时，电流表应如何连接在被测电路中？量程的选择对测量结果有影响吗？

3. 试述基尔霍夫电流定律（KCL）的内容。若已知一个三极管的基极电流 $I_B = 40\mu A$，集电极电流 $I_C = 2.8mA$，求发射极电流 I_E。

2.2 电位及其测量

2.2.1 电位

"唐古拉山主峰格拉丹东峰海拔 6621m，珠穆朗玛峰海拔 8844.43m，⋯⋯"在讲这些山峰的高度时，通常是以海平面作为参照高度。电路中各点电位的高低，同样也要涉及电路参考点，电路参考点是电路中各点电位的参照标准，只有电路参考点确定了，电路中各点的电位才是唯一和确定的。

电力系统中，通常选取大地作为参考点，且电路中的公共连接点也往往与机壳相连后"接地"，因此也常把参考点称为"地点"，并用接地符号"⊥"标示在电路图中。

电位

数值上，电位等于电场力将单位正电荷从电场中某点移到参考点所做的功，即

$$v_a = \frac{dw_a}{dq} \tag{2.5}$$

式中，电功 w_a 的单位是 J（焦耳）；电量 q 的单位是 C（库仑）；电位 v_a 的单位是 V（伏特）。在大小和方向都不随时间变化的稳恒直流电路中，式（2.5）应改为

$$V_a = \frac{W_a}{Q} \tag{2.6}$$

电位的单位还有 mV（毫伏）和 kV（千伏），其换算关系为

$$1V=10^3mV=10^{-3}kV$$

【例2.2】　电路如图2.6（a）所示，当我们分别以 d、b 作为参考点时，求 V_a、V_b、V_c 和 V_d。

【解】　以 d 点为参考点，即 $V_d=0$，则

$$V_a=10V$$
$$V_b=6\times10^3\times0.5\times10^{-3}=3（V）$$
$$V_c=-6V$$

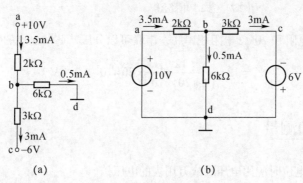

(a)　　　　　　(b)

图 2.6　例 2.2 电路图

若以 b 点为参考点，即 $V_b=0$，有

$$V_a=3.5\times10^{-3}\times2\times10^3=7（V）$$
$$V_c=-3\times10^{-3}\times3\times10^3=-9（V）$$
$$V_d=-0.5\times10^{-3}\times6\times10^3=-3（V）$$

　　显然，参考点选择不同时，电路中各点的电位随之改变，即电位的高低、正负具有相对性，均相对于参考点而定。

　　实际应用中，为简化电路常常不画出电源元件，而标明电源正极或负极的电位值，如图 2.6（a）所示。尤其在电子线路中，连接的元件较多，电路较为复杂，采用这种画法常常可使电路更加清晰明了，分析问题更加方便。图 2.6（b）是把图 2.6（a）按照习惯画法表示的电路图。

　　把电子电路习惯画法与一般电路画法多做对照，有助于读者熟悉电子电路的习惯画法。

2.2.2　电位的计算

　　对电工技术中的电路进行分析，常常要利用电位的概念使其分析过程简化，因此理解和掌握电位的概念及其计算方法很有必要。下面举例说明计算电位的方法。

【例2.3】　电路如图2.7所示，当开关S断开和闭合时，求a点的电位 V_a。

【解】　S 断开时，电路为单一支路，3 个电阻相串联，通过的电流相同，即

$$I=\frac{12-(-12)}{6+4+20}=0.8（mA）$$

电流方向自下向上，有 $12V-V_a=I\times20k\Omega$，所以

$$V_a=12-0.8\times20=-4（V）$$

37

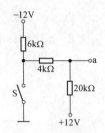

电位的计算

图 2.7　例 2.3 电路图

S 闭合时，4kΩ 电阻和 20kΩ 电阻相串联，串联可以分压，此时 a 点的电位为

$$V_a = 12 - \frac{12}{(4+20) \times 10^3} \times 20 \times 10^3 = 2 \text{（V）}$$

2.2.3　电位的测量

测量电路中某点电位时应用电压表或万用表的电压挡。

测量时，选择合适的量程，让黑表笔与参考点（电路中的公共连接点）相接触，红表笔与待测电位点相接触，此时电表指示值即为待测值。

电位测量在检测电路和查找电路故障时广泛应用。

电位的测量

问题与思考

1. 电位的国际单位制单位是什么？常用的电位单位都有哪些？它们之间的换算关系如何？

2. "接地"是否将导线埋入大地中？实际"接地"应如何解释？

3. "电位是相对的量"这句话你是如何理解的？

4. 在图 2.8 所示电路中，若选定 C 点为电路参考点，当开关 S 断开和闭合时，计算 A、B、D 各点的电位值。

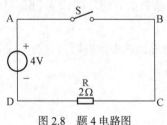

图 2.8　题 4 电路图

2.3　电压及其测量

2.3.1　电压

各种用电器之所以能够正常工作，源于用电器上的额定电压提供给它们的电能。例如，在家用照明灯两端加上了 220V 的电压后才能点亮；在电动机的定子绕组上加了电源电压之后，电动

电压及其测量

机才能够带动生产机械运转。

　　自然界中，水总是由高处流向低处，因此形成水流的根本原因是水路中存在水位差。与此类同，电路中之所以能形成电流，是因为电路中存在电位差。在电路中，电压等于两点电位之差，即

$$u_{ab} = v_a - v_b \qquad\qquad (2.7)$$

　　显然，电压是产生电流的根本原因。由式（2.7）可以看出，电压、电位的单位相同，都是 V（伏特，简称伏）。在大小和方向都不随时间变化的直流电路中，电压用"U_{xy}"表示，电位用"V_x"表示。

　　实际上，电位也是一种电压，是从某点到电路参考点的电压，为了区别于电位，电压的符号用 u（直流用 U）表示，并且采用双注脚，注脚的第一个字母表示电压的高极性端，第二个字母表示电压的低极性端。

　　电学中规定电压的实际方向由电位高的"+"端指向电位低的"–"端，即电位降低的方向，因此电压又常称为电压降。

2.3.2　电压的测量

　　电路中测量电压时应选用电压表或万用表的电压挡。理想电压表的内阻无穷大，实际电压表的内阻是有限值，根据电压表内阻的不同，其精度也各不相同，精度越高的电压表，其内阻值越大。

　　在测量电路中某两点间的电压时，电压表必须与被测电路相并联，如图 2.9 所示。如果使用中误将电压表与被测电路相串联，则由于其高内阻而电压表不会动作。此外，测量直流电压时一定要注意直流电压表极性的正确连接。

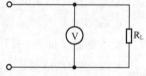

图 2.9　电压表的连接示意图

2.3.3　基尔霍夫电压定律

1．几个电路名词

　　① 支路：一个或几个二端元件相串联组成的无分岔电路称为支路。同一支路上各元件通过的电流相同。含有电源的支路称为有源支路，如图 2.10 中的 acb、adb 两条支路；不含电源的支路称为无源支路，如中间支路 ab。

　　② 节点：3 条或 3 条以上支路的汇交连接处称为节点，如图 2.10 中的 a 和 b。一般情况下，支路连接于两个节点之间。

　　③ 回路：电路中的任意闭合路径都是回路。图 2.10 中有 acba、abda 和 acbda 3 个回路。

　　④ 网孔：内部不含有其他支路的单一回路称为网孔，如图 2.10 中的 acba 和 abda。显然，网孔都是回路，回路不一定是网孔。

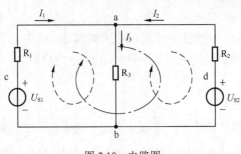

图 2.10 电路图

基尔霍夫电压定律

2. 基尔霍夫电压定律的内容及应用

基尔霍夫电压定律指出：任一时刻，沿电路中任意回路绕行一周（顺时针方向或逆时针方向），回路上各段电压的代数和恒等于零，即

$$\sum U = 0 \tag{2.8}$$

基尔霍夫电压定律用于描述电路中任一回路上各段电压之间应该遵循的普遍规律，因此被称为回路电压定律，其英文缩写是 KVL。使用 KVL 对回路电压列写方程式时约定：沿回路绕行方向，凡元件端电压从"+"到"−"的参考方向与绕行方向一致时取正，相反时取负。

在图 2.10 电路所示的参考绕行方向下，根据 KVL 对 3 个回路可分别列出方程式如下。

对左回路（即 acba）　　　　　　　　$I_1R_1+I_3R_3-U_{S1}=0$

对右回路（即 adba）　　　　　　　　$-I_2R_2-I_3R_3+U_{S2}=0$

对大回路（即 acbda）　　　　　　　$I_1R_1-I_2R_2+U_{S2}-U_{S1}=0$

KVL 提出的依据是电位的单值性原理：从电路中某点开始绕行，当回到该点时所经历的电压降代数和必然是零，因为计算回路绕行一周的电压降实际上就是计算从电路中的一点出发绕行一周又回到该点所变动的电位值，当然电位变动为零，且与选择的绕行方向无关。

应用 KVL 时应注意以下几点。

① 列写方程式之前，必须先在电路图上标出各元件端电压的参考方向和回路参考绕行方向，根据与参考绕行方向一致的电压降取正、与绕行方向相反的电压降取负的约定，列写出相应的 KVL 方程式。若约定不同，KVL 仍不失其正确性，会得到同样的结果。

② KVL 和 KCL 一样，不仅适用于线性电路，同样适用于非线性电路。

③ KVL 可推广应用于回路的部分电路。

推广应用以图 2.11 所示电路为例加以说明。

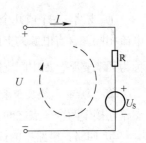

把端口电压视为一个假想的电压源，其数值等于端口电压 U，根据图 2.11 中标示的参考方向，可列出 KVL 方程：

$$IR+U_S-U=0$$

或　　　　　　　　　　$U=IR+U_S$

显然，任意两点间电压的求法可以用 KVL 推出。

图 2.11　KVL 应用说明

欧姆定律（英文缩写为 VCR）和 KCL、KVL 统称为电路的三大基本定律，是分析和计算各种类型电路的主要依据。熟练掌握三大基本定律，可对许多实际电路进行分析、计算和设计。因此，理解欧姆定律和基尔霍夫两定律，并掌握其具体应用对每一位学习者都很重要。

图 2.10 所示电路可看作汽车、拖拉机中发电机、蓄电池和车灯组成的并联电路，U_{S1} 和 R_1 表示发电机的电动势和内阻，U_{S2} 和 R_2 表示蓄电池的电动势和内阻，R_3 表示车灯这一负载电阻。当汽车以一定的速度行驶时，由发电机对蓄电池和车灯供电；当汽车低速行驶或停止时，通过逆流自动断路器把发电机支路断开，此时由蓄电池对车灯供电。若已知 U_{S1}=15V，U_{S2}=12V，R_1=1Ω，R_2=0.5Ω，R_3=10Ω，求各支路上电流，可根据三大定律解得。

由 KCL 对 a 点列方程：

$$I_1 + I_2 - I_3 = 0$$

由 KVL 对左右两回路列方程：

$$I_1R_1+I_3R_3-U_{S1}=0$$
$$-I_2R_2-I_3R_3+U_{S2}=0$$

将数值代入后联立求解可得

$$I_1 \approx 2.42\text{A}，I_2 \approx -1.16\text{A}，I_3 \approx 1.26\text{A}$$

其中，I_2 为负值，说明其实际方向与参考方向相反，此时蓄电池处于充电状态，不再起电源向外电路供电的作用，而是相当于一个向电源吸收能量的负载。

问题与思考

1. 电路中若两点电位都很高，是否说明这两点间的电压值一定很大？
2. "电压是产生电流的根本原因，因此电路中只要有电压，必定有电流。"这句话对吗？为什么？
3. 测量电压时，电压表应如何连接？
4. 电压等于电路中两点电位的差值。当电路中参考点发生变化时，两点间的电压会随之发生变化吗？为什么？

2.4　电能及其测量

2.4.1　电能

电灯点亮、电动机运转、电炉加热，都说明电流在做功，电流所具有的能量称为电能。电能被广泛应用在动力、照明、冶金、化学、纺织、通信、广播等各个领域，是科学技术发展、国民经济飞跃的主要动力。

电能的国际单位制单位是 J（焦耳，简称焦），常用的单位是 kW·h（千瓦·时，俗称度），二者之间的换算关系为

$$1\text{kW} \cdot \text{h}=3.6\times10^6\text{J}$$

电能转换为其他形式能量的过程实际上就是电流做功的过程，因此，电能的多少可以用电功来量度。电功的计量公式为

$$W=UIt \qquad\qquad (2.9)$$

式中，电压 U 的单位取 V，电流 I 的单位取 A，时间 t 的单位取 s 时，电能（电功）的单位

为 J；实用中，电能表是用"度"来表示的，当电压 U 的单位取 kV，电流 I 的单位取 A，时间 t 的单位取 h 时，电能的单位就是 kW·h（度）。式（2.9）表明：在用电器两端加上电压，就会有电流通过用电器，通电时间越长，电能转换为其他形式的能量越多，电流做的功也就越大；若通电时间短，电能转换就少，电流做的功相应也小。显然，电功的大小和通电时间长短有关。

实际生活中我们经常会听到类似这样的话："节约一度电，支援国家建设。"这里所说的"一度电"，其概念可以解释为：1kW 的电动机满载时使用 1h 所消耗的电能；100W 的灯泡在额定状态下点亮 10h 所消耗的电能；25W 的电烙铁在额定状态下连续使用 40h 所消耗的电能（用电器上实际加的电压值与铭牌上标示的电压值相同时的工作状态，称为其额定工作状态）。

2.4.2 电能表

专门用来计量某一时间段电能累计值的仪表叫作电能表，俗称电度表、火表。

按用途划分，电能表可分为有功电能表、无功电能表、最大需量电能表、标准电能表、复费率分时电能表、预付费电能表（分投币式、磁卡式、电卡式）、损耗电能表、多功能电能表和智能电能表等。

按接入电源的性质划分，电能表又有交流电能表和直流电能表之分；按结构划分，电能表可分为整体式和分体式两种；按接入相线数划分，电能表分为单相电能表、三相三线电能表和三相四线电能表；按准确级别划分，电能表又分为普通安装式电能表和携带式精密电能表（0.01 级、0.05 级和 0.2 级）；按安装接线方式划分，电能表又有直接接入式电能表和间接接入式电能表。

按工作原理划分，电能表可分为感应式电能表和电子式电能表两大类。

1. 感应式电能表

感应式电能表采用电磁感应原理把电压、电流、相位转变为电磁力矩，推动铝制圆盘转动，圆盘的轴（蜗杆）带动齿轮驱动计数器的鼓轮转动，转动的过程即是时间量累积的过程。因此感应式电能表的好处就是直观、动态连续、停电不丢数据。

（1）结构

感应式电能表的外形及结构原理如图 2.12 所示。由结构原理图可知，感应式电能表主要由电流线圈（和负载相串联）、电压线圈（和负载相并联）、计数机构（包括铝盘、制动磁铁）构成。结构原理图是三相电能表的，本书只按单相介绍。

（2）工作原理

当电能表被接入被测电路时，电流线圈和电压线圈中就有交变电流流过，这两个交变电流分别在它们的铁心中产生交变的磁通；交变磁通穿过铝盘，在铝盘中感应出涡流；涡流又在磁场中受到力的作用，从而使铝盘得到力矩而转动，这个驱动铝盘转动的力矩称为主动转矩。负载消耗的电能越多，通过电流线圈的电流越大，铝盘中感应出的涡流也越大，使铝盘转动的主动转矩也越大，即主动转矩的大小与负载消耗的电能成正比。

电能消耗增多，主动转矩加大，铝盘转动的速度随之加快。当铝盘转动时，又会受到制动磁铁产生的制动转矩的作用，制动转矩的大小与铝盘的转速成正比，铝盘转动得越快，制动转矩也越大；制动转矩与主动转矩的方向相反；当主动转矩与制动转矩达到暂时平衡时，铝盘将匀速转动。负载上消耗的电能与铝盘的转速成正比。铝盘转动时，带动计数器，把所消耗的电能指示出来。上述过程即感应式电能表工作的简单过程。

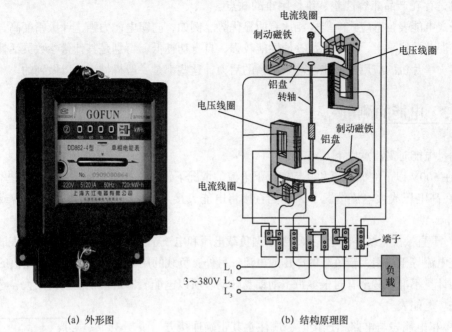

(a) 外形图　　　　　　　　　　　(b) 结构原理图

图 2.12　感应式电能表

感应式电能表对工艺要求高，材料涉及广泛，有金属、塑料、宝石、玻璃、稀土等，对此，产品的相关材料标准都有明确的规定和要求，用劣质材料代替标准规格的材料是导致电能表出现产品质量问题的主要原因之一。感应式电能表的生产工艺复杂，但早已成熟和稳定，工装器具也全面配套。生产环境对温度、湿度和空气净化度的要求较高。

2. 电子式电能表

电子式电能表的外形如图 2.13 所示。

电子式电能表一般通过对用户供电电压和电流实时采样，采用专用的电能表集成电路，对采样电压和电流信号进行处理并将其相乘，转换成与电能成正比的脉冲输出，通过计度器或数字显示器显示。

早期第一代石英钟控分时的电子式电能表存在一些明显的不足，如工作寿命较短，易受外界干扰，工作可靠性不高，不能适应分时计费中的一些特殊要求，目前已基本淘汰。随着科学技术的发展和进步，第二代机电一体化结构的分时电子式电能表应运而生。这种电子式电能表以 1.0 级感应系电能表机芯为基础，采用红外光电变换器、脉冲输出和中央处理器（CPU）、单片机电路，使用附带的键盘编程或者红外无线键盘来进行各种需求量、时钟、时段、双休日的设定，可保护本月最大需求量、上月最大需求量和本月峰、平、谷最大需求量显

图 2.13　电子式电能表外形图

示及存储，并带有脉冲输出及 RS-232 串行通信口，便于数据远程传送与监控。第二代电子式电能表的性能比较精密可靠，功能可满足我国现阶段分时计费需求，生产工艺比较成熟，价格具

有竞争力，是目前国内应用最为广泛的一代产品。但是美中不足的是各生产厂家均自行开发专用单片机，存在产品兼容性差、维修困难的缺点。

电子式电能表与感应式电能表相比有明显优势。例如，防窃电能力强，计量精度高，负荷特性较好，误差曲线平直，功率因数补偿性能较强，自身功耗低，特别是其计量参数灵活性好，派生功能多。单片机的应用给电能表注入了新的活力，这些都是一般机械表难以做到的。

2.4.3 电能的测量

在测量电能时需注意以下几点。

① 在 500V 以下的低电压和几十安以下电流的情况下，可直接将电能表接入电路进行测量。

② 在高电压或大电流情况下，不能直接将电能表接入线路，需配合电压互感器或电流互感器使用。

③ 对于直接接入线路的电能表，要根据负载电压和电流选择合适的规格，使电能表的额定电压和额定电流等于或稍大于负载的电压或电流。另外，负载的用电量要在电能表额定值的 10%以上，否则计量不准，甚至有时根本带不动铝盘转动。所以电能表额定值不能选得太大，选择太小又容易烧坏电能表。

④ 单相电能表与电路相连接时，应注意其正确连接方法。通常在电能表连线盒内有向外引出的 4 个连线端子，从左往右数第 1 和第 3 个端子与户外引入的火线与零线相连；第 2 和第 4 个端子和户内引出的火线与零线相连，如图 2.14 所示。

图 2.14 电能表的连线示意图

📖 问题与思考

1. 何为电能？电能的单位是什么？"节约一度电"中的"一度电"是什么概念？
2. 家用电能表是感应式的还是电子式的？
3. 电能表的 4 个接线端子如何与外部电路相连？

2.5 功率及其测量

2.5.1 功率

在电工技术中，电流在单位时间内消耗的电能（或电流在单位时间里所做的功）称为电功率，用 P 表示，即

$$P = \frac{W}{t} = \frac{UIt}{t} = UI \qquad (2.10)$$

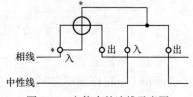

功率及其测量

电功率的单位是 W（瓦特，简称瓦）和 kW（千瓦）。各类用电器铭牌上标示的瓦特数就是表征用电器本身能量转换本领的参数。例如，额定功率为 100W 的白炽灯，每秒钟可以把 100J 的电能转换成光能和热能；额定功率为 40W 的白炽灯，每

秒钟只能把 40J 的电能转换成光能和热能。显然额定功率大的用电器，能量转换的本领强。

2.5.2 功率的测量

测量功率时采用电动式仪表。测量时将仪表的固定线圈与负载串联，反映负载中的电流，因而固定线圈又叫电流线圈；将可动线圈与负载并联，反映负载两端电压，所以可动线圈又叫电压线圈。连接示意图如图 2.15 所示。

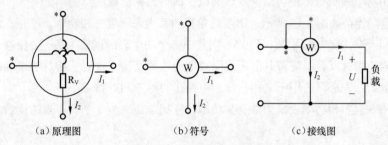

（a）原理图　　　　　　　（b）符号　　　　　　　（c）接线图

图 2.15　功率的测量示意图

功率表的电压线圈相当于一个电压表，因此应并联在电源两端；功率表的电流线圈相当于一个电流表，当然要串联在电源与负载之间的火线上。在连接时还应注意，功率表电压线圈其中一个端钮上有标记"*"号，电流线圈其中一个端钮上也有标记"*"号，它们分别称为电压线圈和电流线圈的发电机端。这两个端子应用一根短接线相连后，与电源的火线相接，称之为前接法。这样才能保证两个线圈的电流都从发电机端流入，从而使功率表指针做正向偏转。

功率表通常有两个电流量程和几个电压量程，根据被测负载的电流和电压的最大值来选择不同的电流、电压量程。功率表是否过载，不能仅仅根据其指针是否超过满偏来确定。因为当功率表的电流线圈没有电流时，即使电压线圈已经过载而将要绝缘击穿时，功率表的读数却仍然为零，反之亦然。所以，使用功率表时必须保证其电压线圈和电流线圈都不能过载。

1. 功率表的正确读数

在多量程功率表中，刻度盘上只有一条标尺，它不标瓦特数，只标示分格数，因此，被测功率须按所选量程正确读出。

功率表的分格常数（单位为 W/div）为

$$C = \frac{U_N I_N}{\alpha_m} \qquad (2.11)$$

则被测功率为

$$P = C\alpha \qquad (2.12)$$

例如，刻度盘上的标尺格数为 75 格，而我们所选取的量程为 U=300V，I=1A，所以功率表满量程的读数应为 $P=UI$=300×1=300（W），因此指针指示的数值应乘以 4 才是实际测量的功率瓦数。

2. 单相功率表在三相电路中的测量

一表法：用来测量对称三相电路的功率。其电路连接如图 2.16 所示。

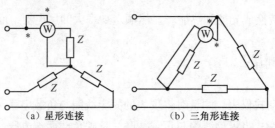

图 2.16　一表法测量对称三相电路的功率

用一个单相功率表测得一相功率，然后乘以 3 即得三相负载的总功率。

二表法：电路连接如图 2.17 所示。用两只单相功率表来测量三相功率，三相总功率为两个功率表的读数之和。若负载功率因数小于 0.5，则其中一个功率表的读数为负，会使这个功率表的指针反转。为了避免指针反转，需将其电压线圈或电流线圈反接，这时三相总功率为两个功率表的读数之差。注意：二表法只适用于三相三线制电路（对称三相电路）。

三表法：用 3 只单相功率表来测量三相功率，三相总功率为 3 个功率表的读数之和。连接方法如图 2.18 所示。

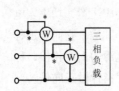

图 2.17　二表法测三相功率

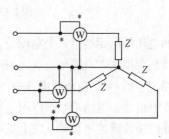

图 2.18　三表法测三相功率

除此之外，还有用二元功率表和三元功率表测量三相电路总功率的方法，如图 2.19 所示。三相总功率可直接从二元功率表或三元功率表上读出。

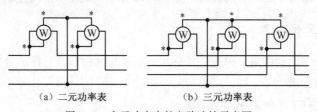

（a）二元功率表　　　　　　　　（b）三元功率表

图 2.19　多元功率表的电路连接示意图

2.5.3　负载获得最大功率的条件

任何一个实际的电源，由于其内阻的存在，向外电路输出的最大功率总是有限的。在电子技术中，总是希望负载上得到的功率越大越好，那么，在什么条件下，负载能从电源处获得最大功率呢？

设电压源模型与负载连接的电路如图 2.20 所示。电源电压为 U_S，内阻为 R_S，可变的负载电阻为 R_L。据图 2.20 可得电路中电流 $I = \dfrac{U_\text{S}}{R_\text{S} + R_\text{L}}$，负载上所得功率为

$$P = I^2 R_L = \left(\frac{U_S}{R_S + R_L}\right)^2 R_L = \frac{U_S^2 R_L}{(R_S + R_L)^2}$$

负载获得最大功率
的条件

图 2.20　电路举例

为讨论方便，把上式化为

$$P = \frac{U_S^2}{4R_S + \frac{(R_S - R_L)^2}{R_L}}$$

对一个实际的电源来说，参数 U_S 和 R_S 为常量。因此，分子及分母的第一项不变。显然，负载上获得的功率大小仅由分母中的第二项来决定。当 $R_L = R_S$ 时，$R_S - R_L = 0$，即分母的第二项为零，此时分母最小为 $4R_S$，则负载上可获得最大功率。

由此得出结论：负载获得最大功率的条件是负载电阻等于电源内阻。这一原理也称为匹配，在电子技术的许多实际问题中得到了广泛应用。负载上的最大功率为

$$P_{max} = \frac{U_S^2}{4R_S}$$

不难发现，当负载获得最大功率时，电源内部耗散了同样多的功率，即电源的利用率只有 50%，这在电力系统中是绝不允许的。强电领域中的发电机、电池等不能在负载电阻与电源内阻相近的情况下工作，电源内阻必须远小于负载电阻。但在电子技术中，微弱的信号源效率不再是主要矛盾，放大器电路中的负载能够获得最大功率是人们所期望的，因此要求负载电阻与放大器输出端电阻（对负载而言相当于电源内阻）相匹配。

📖 问题与思考

1. 电功率大的用电器，是否电功也一定大？
2. 负载获得最大功率的条件是什么？
3. 说一说二表法测量的适用场合。

2.6　电气设备的额定值及电路的工作状态

2.6.1　电气设备的额定值

电气设备的额定值是根据设计、材料及制造工艺等因素，由制造厂家给出的设备各项性能指标和技术数据。按照额定值使用电气设备时，安全可靠且经济合理。

电气设备的额定电功率,是指用电器加额定电压时产生或吸收的电功率。
电气设备的实际功率指用电器在实际电压下产生或吸收的电功率。铭牌数据
上电气设备的额定电压和额定电流,均为电气设备长期、安全运行时的最高
限值。

电气设备的额定值

任何一种电气设备和元件都有各自的额定电压和额定电流,对电阻性负载
而言,其额定电流和额定电压的乘积就等于它的额定功率。例如,额定值为"220V,40W"的白炽
灯,表示此灯两端加 220V 电压时,其电功率为 40W;当灯两端实际电压为 110V 时,此灯上消耗
的实际功率只有 10W。

一般情况下,当实际电压等于额定电压时,实际功率才等于额定功率。额定功率下用电器的
工作情况称为正常工作状态;当用电器上加的实际电压小于额定电压时,用电器上的实际功率小
于额定功率,此时用电器不能完全发挥其正常使用效能,通常称为非正常工作状态;若用电器上
加的实际电压大于额定电压,则实际功率将大于额定功率,用电器非但不能正常工作,而且可能
因过热而被烧坏,这种工作状态称为电器使用的禁止态。

因此,只有当用电器两端的实际电压等于或稍小于它的额定电压时,用
电器才能安全使用。

电路的 3 种工作状态

2.6.2 电路的 3 种工作状态

电路的工作状态有 3 种:通路、开路和短路,如图 2.21 所示。

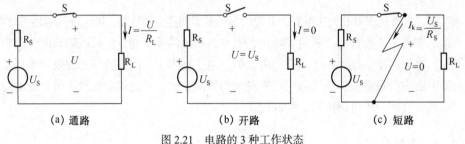

(a) 通路   (b) 开路   (c) 短路

图 2.21 电路的 3 种工作状态

1. 通路

图 2.21（a）中,电源与负载通过中间环节连接成闭合通路后,电路中的电流和电压分别为

$$I = \frac{U_S}{R_S + R_L} , \quad U = U_S - IR_S = U_S - U_0$$

式中,R_L 为负载电阻;R_S 为电源内阻,通常 R_S 很小。负载两端的电压 U 也是电源的输出电
压。由上式可知,随着电源输出电流 I 的增大,电源内阻 R_S 上压降 $U_0 = IR_S$ 也增大,电源输出端
电压 U 随之降低。电源两端电压 U 随输出电流变化的关系曲线称为电源的外特性,由图 2.22 所
示曲线来描述。一般情况下,我们希望电源具有稳定的输出电压,即希望电源的外特性曲线尽量
趋于平直。显然,要使电源输出特性平稳,就要尽量减小电源的内阻 R_S,从而使电源内部的损耗
得以限制,以提高电源设备的利用率。因此,实际电压源的内阻都是非常小的。

2.　开路

图 2.21（b）所示电路中，开关 S 断开，电源未与负载接通，电源处于开路状态（若元器件的一根引脚断了可以说成是元器件开路）。开路状态下电路中（或元器件中）无电流通过，即 $I=0$，此时电源端电压 $U=U_S$。

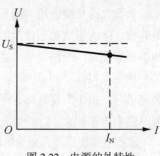

图 2.22　电源的外特性

3.　短路

短路可以用图 2.21（c）所示电路来说明。电路中，负载电阻器 R_L 的两根引脚被导线接通，称作负载被短路；又因为短路导线两端与电源两端也直接相连，因此也可称为电源被短路。电路发生短路时，根据电流总是走捷径的现象，又由于短接线的电阻几乎是零，远小于负载电阻，因此本来应该流过负载的电流不再从负载中通过，而是经短路的导线直接流回电源，由此造成电流的流动回路发生改变。一般情况下，R_L 远大于 R_S，因此短路电流约为

$$I_k = \frac{U_S}{R_S} \gg I_N = \frac{U_S}{R_S + R_L}$$

显然，一旦电路发生电源短路事故，短路电流远大于额定工作下的电路电流，将使电源由于过热而被烧毁。因此，电源短路现象不允许发生，通常电路中都应设置短路保护环节。

电工电子技术中有时为了达到某种需要，常常要改变一些参数的大小，有时也会将部分电路或某些元件两端予以技术上的短接，这种人为的短接应和短路事故相区别。

【例 2.4】　有一电源设备，额定输出功率为 400 W，额定电压为 110V，电源内阻 R_S 为 1.38Ω，当负载电阻分别为 50Ω 和 10Ω，或发生短路事故时，求 U_S 及各种情况下电源输出的功率。

【解】　电源向外电路供给的额定电流为

$$I_N = \frac{P_N}{U_N} = \frac{400}{110} \approx 3.64 \text{（A）}$$

电压源的理想电压值为

$$U_S = U_N + I_N R_S = 110 + 3.64 \times 1.38 \approx 115 \text{（V）}$$

（1）当负载为 50Ω 时

$$I = \frac{U_S}{R_S + R_L} = \frac{115}{1.38 + 50} \approx 2.24 \text{（A）} < I_N$$

此时电源轻载，电源输出的功率为

$$P_{RL} = UI = I^2 R_L \approx 2.24^2 \times 50 = 250.88 \text{（W）} < P_N$$

（2）当负载为 10Ω 时

$$I = \frac{U_S}{R_S + R_L} = \frac{115}{1.38 + 10} \approx 10.11 \text{（A）} > I_N$$

此时电源过载，应避免。电源输出的功率为

$$P_{RL} = UI = I^2 R_L \approx 10.11^2 \times 10 \approx 1022.12 \text{（W）} > P_N$$

（3）当电源发生短路时

$$I_k = \frac{U_S}{R_S} = \frac{115}{1.38} \approx 83.33 \text{（A）} \approx 23 I_N$$

如此大的短路电流，如不采取保护措施迅速切断电路，电源及导线等将立即烧毁。电源短路是非常危险的事故状态，为防止由于短路而引起的后果，线路中应有自动切断短路电流的设备，如熔断器和低压断路器等。生活与生产中最简单的短路保护装置是熔断器，俗称保险丝。熔断器是一种熔点很低（60~70℃）的合金，粗细不同的熔断丝，其额定熔断值存在差异。当电流超过额定值时，由于温度升高，熔断器会自动熔断，从而保护电路不被损坏。在实际应用中，必须根据电路中电流的大小，正确选用熔断器。

家庭电路要选用合适的熔断器（其主要材料是由铅、锑、锡制成的合金），不能太细也不能太粗，更不能用铜丝或铁丝来代替。我国的标准规定：熔断器的熔断电流是额定电流的 2 倍。当通过熔断器的电流为额定电流时，熔断器不会熔断；当通过熔断器的电流为额定电流的 1.45 倍时，熔断的时间不超过 5min；当通过熔断器的电流为额定电流的 2 倍（即等于熔断电流）时，熔断的时间不应超过 1min。熔断器选择截面较粗时，起不到短路保护作用；选择截面过细时，熔断器会在未短路时发生误动作而断开，影响电器正常使用。因此实用中应根据负载情况，合理选择熔断器的额定电流值。

📖 问题与思考

1. 把图 2.22 的电源外特性曲线继续延长直至与横轴相交，则交点处电流是多少？此时相当于电源工作在哪种状态？
2. 标有"1W，100Ω"的金属膜电阻，在使用时电流和电压不得超过多大数值？
3. 额定电流为 100A 的发电机，只接了 60A 的照明负载，还有 40A 去哪了？
4. 电源的开路电压为 12V，短路电流为 30A，求电源的参数 U_S 和 R_S。

技能训练

电路测量基础知识训练

一、测量误差

测量是指通过试验的方法确定一个未知量的大小，这个未知量叫作"被测量"。一个被测量的实际值是客观存在的。但由于人们在测量中对客观认识的局限性、测量仪器的误差、手段不完善、测量条件发生变化及测量工作中的疏忽等原因，都会使测量结果与实际值存在差别，这个差别就是测量误差。

不同的测量，对测量误差大小的要求往往是不同的。随着科学技术的进步，对减小测量误差提出了越来越高的要求。我们学习、掌握一定的误差理论和数据处理知识，目的是能进一步合理设计和组织试验，正确选用测量仪器，减小测量误差，得到接近被测量实际值的结果。

1. 仪表误差和准确度

对于各种电工指示仪表，不论其质量多高，其测量结果与被测量的实际值之间总是存在一定的差值，这种差值称为仪表误差。仪表误差值的大小反映了仪表本身的准确程度。实际仪表的技术参数中，仪表的准确度被用来表示仪表的基本误差。

（1）仪表误差的分类

根据误差产生的原因，仪表误差可分为两大类。

① 基本误差。仪表在正常工作条件下（指规定温度、放置方式，没有外电场和外磁场干扰等），因仪表结构、工艺等方面的不完善而产生的误差叫基本误差。如仪表活动部分的摩擦、标尺

分度不准、零件装配不当等原因造成的误差都是仪表的基本误差，基本误差是仪表的固有误差。

② 附加误差。仪表离开了规定的工作条件（指规定温度、放置方式、频率、外电场和外磁场等）而产生的误差，叫附加误差。附加误差实际上是一种因工作条件改变而造成的额外误差。

（2）误差的表示

仪表误差的表示方式有绝对误差、相对误差和引用误差 3 种。

① 绝对误差。仪表的指示值 A_X 与被测量的实际值 A_0 之间的差值，叫绝对误差，用"Δ"表示，即

$$\Delta = A_X - A_0$$

显然，绝对误差有正、负之分。正误差说明指示值比实际值偏大，负误差说明指示值比实际值偏小。

② 相对误差。绝对误差 Δ 与被测量的实际值 A_0 比值的百分数，叫作相对误差 γ，即

$$\gamma = \frac{\Delta}{A_0} \times 100\%$$

由于测量大小不同的被测量时，不能简单地用绝对误差来判断其准确程度，因此在实际测量中，通常采用相对误差来比较测量结果的准确程度。

③ 引用误差。相对误差能表示测量结果的准确程度，但不能全面反映仪表本身的准确程度。同一块仪表，在测量不同的被测量时，其绝对误差虽然变化不大，但随着被测量的变化，仪表的指示值可在仪表的整个分度范围内变化。因此，对应于不同大小的被测量，其相对误差也是变化的。换句话说，每只仪表在全量程范围内各点的相对误差是不同的。为此，工程上采用引用误差来反映仪表的准确程度。

把绝对误差与仪表测量上限（满刻度值 A_m）比值的百分数，称为引用误差 γ_m，即

$$\gamma_m = \frac{\Delta}{A_m} \times 100\%$$

引用误差实际上是测量上限的相对误差。

（3）仪表的准确度

指示仪表在测量值不同时，其绝对误差多少有些变化，为了使引用误差能包括整个仪表的基本误差，工程上规定以最大引用误差来表示仪表的准确度。

仪表的最大绝对误差 Δ_m 与仪表的量程 A_m 比值的百分数，叫作仪表的准确度（$\pm K\%$），即

$$\pm K\% = \frac{\Delta_m}{A_m} \times 100\%$$

一般情况下，测量结果的准确度就等于仪表的准确度。选择适当的仪表量程，才能保证测量结果的准确性。

2. 测量误差分类及产生的原因

测量误差是指测量结果与被测量的实际值之间的差异。测量误差产生的原因，除了仪表的基本误差和附加误差的影响外，还有测量方法的不完善、测试人员操作技能和经验的不足，以及人的感官差异等因素。

根据误差的性质，测量误差一般分为系统误差、偶然误差和疏忽误差 3 类。

（1）系统误差

造成系统误差的原因一般有两个：一是由于测量标准度量器或仪表本身具有误差，如分度不

准、仪表的零位偏移等造成的系统误差；二是由于测量方法的不完善、测量仪表安装或装配不当、外界环境变化以及测量人员操作技能和经验不足等造成的系统误差。如引用近似公式或接触电阻的影响所造成的误差。

（2）偶然误差

偶然误差是一种大小和符号都不固定的误差。这种误差主要是由外界环境的偶发性变化引起的。在重复进行同一个量的测量过程中，其结果往往不完全相同。

（3）疏忽误差

这是一种严重歪曲测量结果的误差。它是因测量时的粗心和疏忽造成的，如读数错误、记录错误等原因。

3. 减小测量误差的方法

① 对测量仪器、仪表进行校正，在测量中引用修正值，采用特殊方法测量，这些手段均能减小系统误差。

② 对同一被测量，重复多次测量，取其平均值作为被测量的值，可减小偶然误差。

③ 以严肃认真的态度进行试验，细心记录试验数据，并及时分析试验结果的合理性，是可以摒弃疏忽误差的。

二、测量数据的处理

在测量和数字计算中，该用几位数字来代表测量或计算结果是很重要的，它涉及有效数字和计算规则问题，不是取的位数越多越准确。

1. 有效数字的概念

在记录测量数值时，该用几位数字来表示呢？下面通过一个具体例子来说明。设一个 0～100V 的电压表在两种测量情况下指针的指示结果如下。第一次指针指在 76～77，可记作 76.5V。其中数字"76"是可靠的，称为可靠数字，而最后一位数"5"是估计出来的不可靠数字（欠准数字）。两者合称为有效数字。通常只允许保留一位不可靠数字。对于 76.5 这个数字来说，有效数字有 3 位。第二次指针指在 50V 的地方，应记为 50.0V，有效数字也是 3 位。

数字"0"在数中可能不是有效数字。例如，76.5V 还可写成 0.0765kV，这时前面的两个"0"仅与所用单位有关，不是有效数字，该数的有效数字仍为 3 位。而读数末位的"0"不能任意增减，它是由测量设备的准确度来决定的。

2. 有效数字的运算规则

处理数字时，常常要运算一些精度不相等的数值。按照一定运算规则计算，既可以提高计算速度，也不会因数字过少而影响计算结果的精度。常用规则如下。

① 加减运算时，各数所保留小数点后的位数，一般取至与各数中小数点后面位数最少的相同。例如，13.6、0.056、1.666 相加，小数点后最少位数是一位（13.6），所以应将其余两数修正到小数点后一位，然后相加，即

$$13.6+0.1+1.7=15.4$$

其结果应为 15.4。

② 乘除运算时，各因子及计算结果所保留的位数，一般与小数点位置无关，应以有效数字位数最少项为准。例如，0.12、1.057 和 23.41 相乘，有效数字位数最少的是两位（0.12），则

$$0.12×1.057×23.41≈0.12×1.06×23.4=3.0$$

在计算过程中，可暂时多保留一位数字，得到最后结果时，再弃去多余的数字。

 第2单元技能训练检测题（共100分，120分钟）

一、填空题（每空 1 分，共 25 分）

1. 测量电流时，应把电流表_____接在待测电路中，测量电压时，应把电压表_____接在待测电路两端。

2. 基尔霍夫电流定律指出，对集中参数电路而言，任一时刻流入电路某节点的电流的代数和恒等于_____。此定律在指向节点的电流取_____，背离节点的电流取_____的约定下成立。

3. 基尔霍夫电压定律指出，绕回路一周，所有元件上_____的代数和恒等于零。此定律在_____的方向与回路绕行方向一致时取正、反之取负的约定下成立。

4. 电流所具有的能量称为_____，其大小可用电流所_____来量度，其国际单位制单位是_____，常用的单位还有_____。

5. 单位时间内电流所做的功称为_____，其国际单位制单位是_____。

6. 测量电流能量的仪表是_____表，也叫作_____表，一般家庭所用的这类表通常选择_____式。

7. 测量_____的仪器是功率表。功率表中有_____和_____两个线圈，测量时_____线圈应并联在待测电路两端，_____线圈应串接在待测电路中。

8. 负载上获得最大功率的条件：_____等于_____。

9. 在_____V 以下的低电压和_____A 以下电流的情况下，电能表可直接接入电路进行测量。

二、判断题（每小题 1 分，共 10 分）

1. 基尔霍夫两定律不仅适用于直流电路，也适用于交流电路。（　　）

2. 电流既有大小又有方向，因此电流是矢量。（　　）

3. 当参考点发生变化时，电位随之改变，电压等于电位差也改变。（　　）

4. 电位是相对的量，电压是绝对的量，二者没有关系。（　　）

5. 电路中有电流必定有产生电流的电压。（　　）

6. 电压表如果串联在电路中，一定会被烧毁。（　　）

7. 电流表如果并联在待测电路两端，一定会被烧毁。（　　）

8. 电能表在任何情况下都可以直接接入电路中。（　　）

9. 单相电能表的 4 个接线端子，左数第 1、第 2 个应与火线、零线相接。（　　）

10. 感应式电能表的好处就是直观、动态连续、停电不丢数据。（　　）

三、选择题（每小题 2 分，共 20 分）

1. 基尔霍夫两定律的适用范围是（　　）。

　　A. 直流电路　　　　B. 交流电路　　　　C. 正弦电路　　　　D. 非正弦电路

2. 测量电路的功率时，功率表与电路相连的端子有（　　）。

　　A. 2 个　　　　　B. 4 个　　　　　C. 6 个　　　　　D. 8 个

3. 单相电能表的 4 个接线端子中，与火线和零线相连的入线端子是左数（　　）。

A. 第 1、第 2 个　　B. 第 3、第 4 个　　　C. 第 1、第 3 个　　　D. 第 2、第 4 个

4. 测量电压和电流时，指针的偏角与误差（　　　）。

　　A. 成正比　　　　B. 成反比　　　　C. 无关

5. 测量功率的方法有多种，其中二表法适用于（　　　）的测量。

　　A. 对称三相电路　B. 三相四线制电路　C. 直流电路　　　D. 单相电路

6. 电能的单位是（　　　）。

　　A. 瓦特　　　　　B. 千瓦·时　　　　C. 焦耳　　　　　D. 安培

7. 电流的单位是（　　），电压的单位是（　　），电能的单位是（　　），电功率的单位是（　　）。

　　A. 瓦特　　　　　B. 焦耳　　　　　C. 安培　　　　　D. 伏特

8. 电流表的内阻（　　　），其精度越高。

　　A. 越大　　　　　B. 越小

9. 电压表的内阻（　　　），其精度越高。

　　A. 越大　　　　　B. 越小

10. 负载获得最大功率时，电源的利用率为（　　　）。

　　A. 100%　　　　B. 40%　　　　　C. 50%　　　　　D. 60%

四、简答题（每小题 4 分，共 24 分）

1. 电功率大的用电器，其电功是不是也大？为什么？

2. 基尔霍夫电流定律的适用范围是什么？是否只对电路节点成立？

3. 电能表是否在任何情况下都能直接接入电路进行测量？在高电压或大电流下，应如何接入电路？

4. 功率表采用的是磁电式还是电动式？功率表中的固定线圈和可动线圈，哪个是电流线圈？哪个是电压线圈？

5. 什么叫一度电？一度电有多大作用？

五、分析计算题（共 21 分）

1. 在图 2.23 所示电路中，已知电流 $I=10\text{mA}$，$I_1=6\text{mA}$，$R_1=3\text{k}\Omega$，$R_2=1\text{k}\Omega$，$R_3=2\text{k}\Omega$。求电流表 A_4 和 A_5 的读数是多少。（6 分）

2. 在图 2.24 所示电路中，求流过 6V 电源、12V 电源以及 2Ω 电阻中的电流分别为多少。（6 分）

3. 功率表刻度盘上的标尺格数为 75 格，测量功率时选取的量程为 $U=300\text{V}$，$I=1\text{A}$。当功率表指示 50 格时，实测功率是多少？画出功率表的连线图。（9 分）

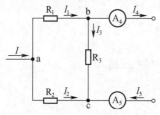

图 2.23　分析计算题 1 图

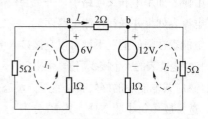

图 2.24　分析计算题 2 图

第3单元
交流电的产生与应用

电工电子技术的许多电路中,电压、电流大多随时间变化,应用最广泛的是发电厂生产出来的随时间按正弦规律变化的交流电。工厂中的电动机在交流电驱动下带动生产机械运转;日常生活中的照明灯具通常由交流电能点亮;收音机、电视机、计算机及各种办公设备也都广泛采用正弦交流电作为电源。即使在必须使用直流电的场合,如电解设备、电镀设备、某些电子设备等,往往也要通过整流装置将交流电转换为直流电供人们使用。无论从电能生产的角度还是从用户使用的角度来说,正弦交流电都是最方便的能源,因而得到广泛的应用。

交流输配电系统盛行不衰,因此学习交流电的一些基本知识显得格外重要。交流电的大小和方向不断随时间变化,从而给分析和计算正弦交流电路带来了一些新问题。通过对本单元的学习,读者要建立一些新概念和分析交流电路的新方法,以应对和解决交流电路中存在的新问题。

3.1 电能的产生

电能是二次能源,是由其他形式的一次能源转化而来的。目前,人类能够用来转化电能的一次能源主要有:煤炭、石油及其产品、天然气等燃烧释放的热能;水由于落差产生的动能;核裂变释放的原子能及风的动能、太阳能、地热能、潮汐能等。

3.1.1 交流电的产生

法拉第在 1831 年证实了磁能生电的现象,从此揭示了电和磁之间的联系,奠定了交流发电机的理论基础,开创了普遍利用交流电的新时代。

交流电的产生

当代电力工程上广泛采用三相供电体制，实际生产和生活中通常采用的也是由三相发电机及其输配电网所构成的三相四线制供电方式。根据发电厂使用一次能源的不同，目前主要有火力发电、水力发电、风力发电、太阳能发电及潮汐发电等发电类型。无论哪一种发电类型，其生产过程基本相同，都是把一次能源通过一定的机械设备（原动机）转换成机械能，再由与原动机同轴连接的发电机将机械能转换成电能。

图 3.1 所示为三相交流发电机结构原理图。原动机（汽轮机或水轮机等）带动发电机的磁极转动，与嵌装在定子铁心槽中固定不动的发电机绕组（AX、BY、CZ 分别为 3 组线圈）相切割，导体与磁场切割的结果是在定子绕组中产生感应电动势。当我们把发电机定子绕组与外电路接通时，即可供出交流电。

三相交流发电机感应的三相电压，用解析式可表达为

$$\left.\begin{array}{l} u_A = U_m \sin \omega t \\ u_B = U_m \sin(\omega t - 120°) \\ u_C = U_m \sin(\omega t - 240°) \\ \quad = U_m \sin(\omega t + 120°) \end{array}\right\} \tag{3.1}$$

解析式（3.1）中的 U_m 称为感应电压的最大值，ω 称为感应电压随时间变化的角频率，而式子后面的角度称为感应电压的初相。

显然，三相交流发电机的三相感应电压最大值相等、角频率相同，相位上互差 120°。我们把具有上述特征的三相交流电称为对称三相交流电。

三相交流发电机之所以能够产生对称三相交流电，是由其结构原理决定的。

发电机的 AX、BY、CZ 三相绕组匝数相等，结构相同，在空间的安装位置互差 120°对称嵌装，当三相绕组与同一原动机带动的磁极磁场相切割时，根据电磁感应原理可知，各相绕组中产生的感应电压除了到达最大值的时间由其所在位置决定外，其余都是相同的。这样的 3 个感应电压也可用图 3.2 所示的波形图来表示。

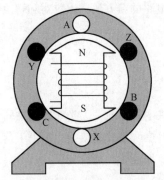

图 3.1　三相交流发电机结构原理示意图

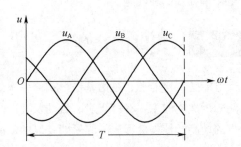

图 3.2　三相交流电的波形图

由波形图可看出，任一瞬间，三相对称交流电数值之和均恒等于零，即

$$u_A + u_B + u_C = 0 \tag{3.2}$$

三相交流电在相位上的先后次序称为相序。相序指三相交流电达到最大值（或零值）的先后顺序。三相发电机绕组的首端分别用 A、B、C 表示，X、Y、Z 是它们的尾端，工程实际中常采用 A→B→C 的顺序作为三相交流电的正序，而把 C→B→A 的顺序称为负序。三相发电机的母线

引出端通常用黄（A）、绿（B）、红（C）三色标示。

3.1.2　正弦交流电的三要素

正弦交流电的三要素

发电厂的发电机产生的交流电，其大小和方向均随时间按正弦规律变化。若要正确使用和驾驭交流电，必须掌握交流电的基本概念和基本要素。

由于发电机产生的三相交流电是对称的，因此对其中一相进行分析即可。

1. 周期、频率和角频率

正弦交流电的周期、频率和角频率，从不同角度反映了同一个问题：正弦交流电随时间变化的快慢程度。

（1）频率

单位时间内，正弦交流电重复变化的循环数称为频率。频率用"f"表示，单位是 Hz（赫兹，简称赫），曾称为"周波"或"周"。如我国电力工业的交流电频率规定为 50Hz，简称工频；少数发达国家采用的工频为 60Hz。在无线电工程中，常用兆赫来计量。如无线电广播的中波段频率为 535～1650kHz，电视广播的频率是几十兆赫到几百兆赫。显然，频率越高，交流电随时间变化得越快。

（2）周期

图 3.3 所示为发电机一相绕组产生的正弦交流电波形图，波形图中"T"称为交流电的周期，显然周期等于交流电每重复变化一个循环所需要的时间，单位是 s（秒）。

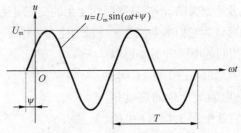

图 3.3　正弦交流电波形图

显而易见，周期和频率互为倒数关系，即

$$f = \frac{1}{T}$$

或

$$T = \frac{1}{f} \tag{3.3}$$

式（3.3）告诉我们，周期越短，频率越高。周期的大小同样可以反映正弦量随时间变化的快慢程度。

（3）角频率

正弦函数总是与一定的电角度相对应，所以正弦交流电变化的快慢除了用周期和频率描述外，还可以用角频率"ω"表征，角频率 ω 是正弦量 1s 内所经历的弧度数。由于正弦量每变化一周所经历的电角弧度是 2π，因此角频率为

$$\omega = 2\pi f = \frac{2\pi}{T} \tag{3.4}$$

角频率的单位规定为 rad/s（弧度/秒）。式（3.4）反映了频率、周期和角频率三者之间的数量关系。实际应用中，频率的概念用得最多。

2. 正弦交流电的瞬时值、最大值和有效值

（1）瞬时值

交流电每时每刻均随时间变化，它对应任一时刻的数值称为瞬时值。瞬时值是随时间变化的量，因此要用英文小写斜体字母表示，如正弦交流电压和电流的瞬时值可分别表示为 u、i。

图 3.3 所示一相正弦交流电压的瞬时值可用正弦函数式表示为

$$u = U_\mathrm{m}\sin(\omega t + \psi) \tag{3.5}$$

（2）最大值

在交流电随时间按正弦规律变化的过程中，出现正、负两个振荡的最高点，称为正弦量的振幅，其中的正向振幅称为正弦量的最大值，一般用大写斜体字母加下标 m 表示，如正弦电压和电流的最大值可分别表示为 U_m、I_m。显然，最大值恒为正值。

（3）有效值

正弦交流电的瞬时值是变量，无法确切地反映正弦量的做功能力，用最大值表示正弦量的做功能力，显然夸大了其作用，因为正弦交流电在一个周期内仅有两个时刻的瞬时值等于最大值的数值，其余时间绝对值的数值都比最大值小。为了确切地表征正弦量的做功能力，同时也为了方便正弦量的计算和正弦量的测量，实用中人们引入了有效值的概念。

有效值是根据电流的热效应定义的。不论是周期性变化的交流电流还是恒定不变的直流电流，只要它们的热效应相等，就可认为它们的电流值（或做功能力）相等。

如图 3.4 所示，让两个相同的电阻 R 分别通以正弦交流电流 i 和直流电流 I。如果在相同的时间 t 内，两种电流在两个相同的电阻上产生的热量相等（即做功能力相同），我们就把图 3.4（b）中的

图 3.4 有效值的含义

直流电流 I 定义为图 3.4（a）中交流电流 i 的有效值，即与正弦量热效应相等的直流电的数值，称为正弦量的有效值。

正弦交流电的有效值是用与其热效应相同的直流电的数值来定义的，因此正弦交流电压和电流的有效值通常用与直流电相同的大写斜体字母 U、I 进行表示。值得注意的是，正弦量的有效值和直流电虽然表示符号相同，但各自表达的概念是不同的。

实验结果和数学分析都可以证明，正弦交流电的最大值和有效值之间存在着一定的数量关系，即

$$\left.\begin{array}{l} U_\mathrm{m} = \sqrt{2}U = 1.414U \\[2mm] U = \dfrac{U_\mathrm{m}}{\sqrt{2}} = 0.707U_\mathrm{m} \\[2mm] I_\mathrm{m} = \sqrt{2}I \ , \quad I = \dfrac{I_\mathrm{m}}{\sqrt{2}} \end{array}\right\} \tag{3.6}$$

在电工技术中，通常所说的交流电数值如不做特殊说明，一般均指交流电的有效值。在测量

交流电路的电压、电流时，仪表指示的数值通常也都是交流电的有效值。各种交流电气设备铭牌上的额定电压和额定电流均指其有效值数值。

正弦交流电的瞬时值表达式可以精确地描述正弦量随时间变化的情况；正弦交流电的最大值表征了正弦量振荡的正向最高点——振幅的大小；正弦量的有效值则确切地反映出正弦交流电的做功能力。由于正弦量的最大值和有效值之间具有 $\sqrt{2}$ 倍的特定数量关系，因此最大值和有效值均可反映正弦交流电的"大小"情况。

3. 相位、初相和相位差

（1）相位

正弦量随时间变化的核心部分是式（3.5）中的 $(\omega t+\psi)$，显然 $(\omega t+\psi)$ 是一个随时间变化的电角度（或电角弧度）。这个电角度反映了正弦量随时间变化的进程，称为正弦量的相位。

当相位随时间连续变化时，正弦量的瞬时值随之做连续变化。

（2）初相

$t=0$ 时对应的相位 ψ 称为初相角，简称初相。初相确定了正弦量计时初始的状态。为保证正弦量解析式表示上的统一性，通常规定初相的绝对值不得超过 $180°$。

在上述规定下，初相为正角时，正弦量对应的初始值一定是正值；初相为负角时，正弦量对应的初始值为负值。在波形图上，初相正角位于坐标原点左边零点（指波形由负值变为正值时与横轴的交点）与原点之间，如图 3.5 所示 i_1 的初相；初相负角则位于坐标原点右边零点与原点之间，如图 3.5 所示 i_2 的初相。

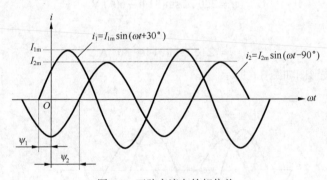

图 3.5　正弦交流电的相位差

（3）相位差

为了比较两个同频率的正弦量在变化进程中的相位关系和先后顺序，我们引入相位差的概念，相位差用 φ 表示。图 3.5 所示的两个正弦交流电流的解析式分别为

$$i_1=I_{1m}\sin(\omega t+\psi_1)$$
$$i_2=I_{2m}\sin(\omega t+\psi_2)$$

则两电流的相位差为

$$\varphi=(\omega t+\psi_1)-(\omega t+\psi_2)=\psi_1-\psi_2 \qquad（3.7）$$

可见，两个同频率正弦量的相位差等于它们的初相之差，与时间 t 无关。相位差是比较两个同频率正弦量之间关系的重要参数之一。

若已知$\Psi_1=30°$，$\Psi_2=-90°$，则电流i_1与i_2在整个变化进程中，任意时刻二者的相位之差为

$$\varphi=(\omega t+30°)-(\omega t-90°)=30°-(-90°)=120°$$

相位差φ角的绝对值也规定不得超过$180°$。

当两个同频率正弦量之间的相位差$\varphi=0$时，说明它们的变化进程一致，相位具有同相关系。正弦交流电路中，只有电阻元件上的电压、电流关系为同相关系，同相关系的电压和电流构成的是有功功率。

当两个同频率正弦量之间的相位差$\varphi=\pm90°$时，说明它们的变化进程总是存在着相位上的正交关系。电感元件L和电容元件C在正弦交流电路中的电压、电流关系就是正交关系，具有正交关系的电压和电流可构成无功功率（后面详细讲述）。

若两个同频率正弦量之间的相位差$\varphi=\pm180°$，则反映它们在整个进程中两个波形始终为镜像关系，这种相位关系称为反相。除此之外，两个同频率正弦量之间的相位还具有超前、滞后的关系。

【例3.1】 已知工频电压有效值$U=220V$，初相$\Psi_u=60°$；工频电流有效值$I=22A$，初相$\Psi_i=-30°$。求其瞬时值表达式、波形图及它们的相位差。

【解】 工频电的频率为50Hz，其角频率为

$$\omega=2\pi f=2\times3.14\times50=314\ (rad/s)$$

电压的解析式为

$$u=220\sqrt{2}\sin(314t+60°)\ V$$

电流的解析式为

$$i=22\sqrt{2}\sin(314t-30°)A$$

电压与电流的波形图如图3.6所示。

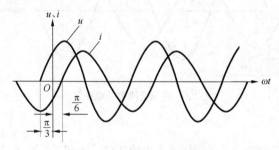

图3.6 例3.1中u、i波形图

电压、电流之间的相位差为

$$\varphi=\psi_u-\psi_i=60°-(-30°)=90°$$

即它们的相位差是$90°$，此结论说明在整个进程中，电压超前电流的相位始终是$90°$。

显然，一个正弦量的最大值（或有效值）、角频率（或频率、周期）及初相一旦确定后，它的解析式和波形图的表示就是唯一、确定的。因此，我们把正弦量的最大值（或有效值）、角频率（或频率、周期）和初相称为正弦量的三要素。

问题与思考

1. 试述对称三相交流电的概念。

2. 何为正弦量的三要素？三要素各反映了正弦量的哪些方面？

3. 两个正弦交流电压 $u_1 = U_{1m}\sin(\omega t + 60°)$，$u_2 = U_{2m}\sin(2\omega t + 45°)$。能否计算出它们之间的相位差？如不能，试说明原因。

4. 已知某电容器的耐压值为 220V，能否用在有效值为 180V 的正弦交流电源上？

技能训练

用低频信号发生器、示波器和万用表验证正弦量的最大值和有效值之间的数量关系。

训练步骤如下。

① 把低频信号发生器的输出端与示波器相连，并将它们连成共"地"端。

② 缓慢调节低频信号发生器的频率微调旋钮，同时观察示波器屏幕上显示的正弦波，注意调节示波器上的周期选择旋钮，将其旋在合适的量程上（所谓合适，即让输出正弦波一个周期占 3~5 格的位置）。例如，我们想调节输出正弦波的周期为 0.02s 的工频周期时，可选择 0.5ms/div 的挡位，观察输出正弦波变化正、负一个循环所占屏幕上横格为 4 格。然后继续调节低频信号发生器上的幅度选择旋钮，同时调节示波器的电压幅值旋钮为合适挡位，使示波器上显示的正弦电压为一个比较满意的波形。

③ 认真观察示波器上的正弦波，由其周期值计算出该正弦波的频率和角频率。

④ 由示波器上的正弦波读出其峰-峰值（即波形的最高点至最低点之间的读数值），此值除以 $2\sqrt{2}$ 后，应等于用万用表的电压挡测量该正弦电压的数值（有效值）。

3.2　正弦交流电的相量表示法

瞬时值表达式和波形图都可以完整地表示正弦交流电随时间变化的情况，因此是正弦交流电的基本表示方法。但对正弦交流电路进行分析计算时，直接用解析式展开的三角函数式进行加减乘除运算，其过程相当烦琐；若采用波形图将几个正弦量逐点相加或相减，其过程既费时又不精确。为便于正弦交流电路的分析计算，电路理论中，常把正弦量用相量表示，把正弦量的分析计算变为复数的代数运算，过程大大简化。

相量和相量图

图 3.7（a）所示复平面中的带箭头线段 $\dot{U}_m$ 是复数形式的电压，简称复电压。复电压 $\dot{U}_m$ 的模值（即箭头线段的长度）对应图 3.7（b）所示波形图中正弦交流电压的最大值；复电压 $\dot{U}_m$ 的幅角（与正向实轴之间的夹角）对应图 3.7（b）所示波形图中正弦交流电压的初相；复电压 $\dot{U}_m$ 在复平面上逆时针旋转的角速度 ω 对应图 3.7（b）中正弦交流电压的角频率。显然，复电压 $\dot{U}_m$ 与正弦电压 u 之间具有一一对应的关系。在电学中，我们把与正弦交流电压具有对应关系的复电压 $\dot{U}_m$ 称为相应正弦交流电压的最大值相量。

显然，相量表示法同样具有最大值、角频率和初相这 3 个正弦量的主要特征，因此完全可以用来描述正弦量。相量是用复数形式表示的，但它又不同于一般复数，相量特指与正弦交流电相对应的复数电压和复数电流。为区别相量与数学中的一般复数，电学中规定用电压、电流最大值符号上面加"·"的 $\dot{U}_{m}$、$\dot{I}_{m}$ 表示正弦量的最大值相量，用电压、电流有效值符号上面加"·"的 $\dot{U}$、$\dot{I}$ 表示正弦量的有效值相量，电路分析与计算中，有效值相量采用得居多。

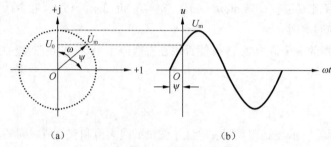

图 3.7　正弦交流电的相量表示法

正弦量采用相量表示法时应注意以下几个问题。

① 相量特指表示正弦量的复数，不是所有的复数都能称为相量。

② 相量可以用有向线段来表示（相量图），也可以用相量式表示（复数式）。

③ 正弦量用相量表示时，一般只包含正弦量的两个要素——振幅（或有效值）和初相。这是因为，相量是作为分析和计算正弦交流电路的数学工具引入电学的，而同一电路中的所有正弦量都是同频率的，因此频率这一要素在相量分析过程中可以省略。

④ 只有同频率的正弦量才能表示在同一波形图中。同理，只有同频率的相量才能标示在同一相量图中。对同一正弦交流电路的相量模型而言，显然各相量都是同频率的。

【例 3.2】　已知串联的工频正弦交流电路中，电压 $u_{AB}=120\sqrt{2}\sin(314t+36.9°)$ V，$u_{BC}=160\sqrt{2}\sin(314t+53.1°)$ V，求总电压 u_{AC}，并画出电压相量图。

【解】　解题方法一

① 根据相量与正弦量之间的对应关系，把两电压有效值表示为有效值相量，有

$$\dot{U}_{AB}=120\underline{/36.9°}$$
$$=120\times\cos36.9°+j120\times\sin36.9°$$
$$=96+j72(\text{V})$$

$$\dot{U}_{BC}=160\underline{/53.1°}$$
$$=160\times\cos53.1°+j160\times\sin53.1°$$
$$=96+j128(\text{V})$$

② 把两电压有效值相量用带箭头的线段表示在复平面上，然后利用平行四边形法则对两相量求和，画出相应相量图，如图 3.8 所示。

由相量图分析可知，总电压有效值在实轴上的投影等于两电压有效值在实轴上投影的代数和；总电压有效值在虚轴上的投影等于两电压有效值在虚轴上投影的代数和，根据直角三角形的勾股定理，总电压有效值即等于它在实轴和虚轴上投影的平方和的开方，即 u_{AC} 的有效值为

$$U_{AC}=\sqrt{(120\cos36.9°+160\cos53.1°)^2+(120\sin36.9°+160\sin53.1°)^2}$$
$$=\sqrt{192^2+200^2}\approx277(\text{V})$$

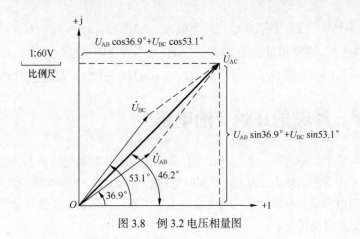

图 3.8　例 3.2 电压相量图

③ 总电压有效值相量与正向实轴之间的夹角为

$$\varphi = \arctan \frac{120\sin 36.9° + 160\sin 53.1°}{120\cos 36.9° + 160\cos 53.1°} = \arctan \frac{200}{192} \approx 46.2°$$

④ 根据正弦量与相量之间的对应关系，写出总电压解析式，即

$$u_{AC} = 277\sqrt{2}\sin(314t + 46.2°)\ \mathrm{V}$$

解题方法二

也可以用复数相加的运算方法求出总电压相量 $\dot{U}_{AC}$。

$$\begin{aligned}
\dot{U}_{AC} &= \dot{U}_{AB} + \dot{U}_{BC}\\
&= (96 + j72) + (96 + j128)\\
&= 96 + 96 + j(72 + 128)\\
&= 192 + j200\\
&= \sqrt{192^2 + 200^2}\ \Big/ \arctan\frac{200}{192}\\
&\approx 277\ \underline{/46.2°}\ (\mathrm{V})
\end{aligned}$$

然后根据相量与正弦量之间的对应关系，写出总电压的解析式，即

$$u_{AC} = 277\sqrt{2}\sin(314t + 46.2°)\ \mathrm{V}$$

注意　　我们求解的是正弦量，而正弦量和相量之间只有对应关系，没有相等关系，即相量不等于正弦量。因此，用相量法求出的相量，最后一定要根据相量与正弦量之间的一一对应关系写出正弦量的解析式。

例 3.2 告诉我们，用相量来表示正弦量，可使正弦量的分析与计算变得简单化。

问题与思考

1. 将下列代数形式的复数化为极坐标形式的复数。

（1）6+j8　　　　　（2）–6+j8　　　　　　（3）6–j8　　　　　（4）–6–j8

2. 将下列极坐标形式的复数化为代数形式的复数。

（1）50$\underline{/45°}$　　　　（2）60$\underline{/-45°}$　　　　　　（3）–30$\underline{/180°}$

3. 判断下列公式的正误。

（1）$u = (3 + j4)\text{V}$　（2）$I = 5\sin(314t + 30°)\text{A}$　（3）$\dot{U} = 220\underline{/36.9°}\text{V}$

4.　由题1和题2，说出相量的极坐标形式和代数形式之间变换时应注意的事项。

5.　"正弦量可以用相量来表示，因此$u = 220\sqrt{2}\sin(314t - 30°) = 220\underline{/-30°}(\text{V})$"对吗？

3.3　单一参数的正弦交流电路

日常生产、生活中的用电器，其电特性往往多元而复杂，如果把这些电特性全部进行考虑，分析实际电路的工作将相当烦琐。为了简化实际电路的分析步骤，工程实际中通常采用的方法是，一定条件下，若用电器某一电特性为影响电路的主要因素时，其余电特性常常可以忽略，即构成单一参数的正弦交流电路模型。

3.3.1　电阻元件作为电路模型

电路中导线和负载上产生的热损耗，通常归结于电阻；用电器上吸收的电能转换为其他形式的能量，当其转换过程不可逆时，也归结于电阻。因此，电学中的电阻元件，意义更加广泛，是实际电路中耗能因素的抽象和表征，电阻元件的参数用R表示。实际应用中的白炽灯、电炉、电烙铁、各种实体电阻等，虽然它们的材料和结构形式各不相同，但从电气性能上看，都与电阻元件的电特性很接近。因此，可直接用电阻元件作为它们的电路模型。

电阻元件作为
电路模型

1.　电压、电流的关系

图3.9（a）是电阻元件在正弦交流电路中的电路模型。设加在电阻元件两端的电压为

$$u_R = U_{Rm}\sin\omega t \tag{3.8}$$

电压、电流取关联参考方向时，任一瞬间通过电阻元件上的电流与其端电压成正比，即

$$\begin{aligned}
i &= \frac{u_R}{R} = \frac{U_{Rm}\sin\omega t}{R} \\
&= \frac{U_{Rm}}{R}\sin\omega t \\
&= I_m\sin\omega t
\end{aligned} \tag{3.9}$$

式（3.9）说明：电阻元件上的瞬时电压和瞬时电流遵循欧姆定律的即时对应关系。

由式（3.9）可知，电阻元件上电压最大值与电流最大值之间的数量关系为

$$I_m = \frac{U_{Rm}}{R}$$

在上式两端同除以$\sqrt{2}$，即可得到电压与电流有效值之间的数量关系式为

$$I = \frac{U_R}{R} \tag{3.10}$$

式（3.10）与直流电路中欧姆定律的形式完全一样。但应该注意的是，这里的U和I指的是交流电压和交流电流的有效值，不能和直流电压、直流电流的概念相混淆。

比较式（3.8）和式（3.9）可得：电阻元件的电压和电流之间相位上存在同相关系。同相关系表明电阻元件电路中的电压、电流波形同时为零，同时达到最大值，如果用相量模型表示单一电阻参数电路，则可用图 3.9（b）表示。

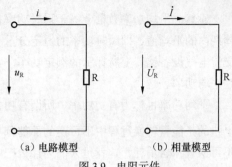

（a）电路模型　　　　（b）相量模型

图 3.9　电阻元件

相量模型中，电压、电流均要用相量表示，电路参数规定用相应复数形式的电阻或电抗表示。图 3.9（b）中的电阻阻值 R，看起来和图 3.9（a）中的电阻阻值 R 没有什么区别，但实际上相量模型中的 R 表示的是一个复数，只是这个复数只有实部没有虚部罢了。

电阻元件上电压和电流的关系用相量表达式表示为

$$\dot{I} = \frac{\dot{U}_R}{R} \tag{3.11}$$

显然，相量模型中的 R 等于电压相量和电流相量之比，与正弦电路模型中的 R 等于正弦电压和正弦电流之比是不同的。式（3.11）不仅反映了电阻元件上电压和电流的数量关系，同时也反映了它们的相位关系。

电阻元件上电压和电流的上述关系，还可用图 3.10 所示的相量图定性表示。

图 3.10　电阻元件上的相量图

归纳：电阻元件上的正弦电压和正弦电流，数量上遵循欧姆定律，相位上为同相关系。

2. 电阻元件的功率

（1）瞬时功率

由于任意时刻正弦交流电路中的电压和电流是随时间变化的，所以在不同时刻电阻元件上吸收的功率也各不相同。任意时刻的功率称为瞬时功率，用小写英文字母"p"表示，即

$$
\begin{aligned}
p = ui &= (U_m \sin \omega t)(I_m \sin \omega t) \\
&= U_m I_m \sin^2 \omega t \\
&= U\sqrt{2} I\sqrt{2} \frac{1 - \cos 2\omega t}{2} \\
&= UI - UI \cos 2\omega t
\end{aligned}
$$

其中，UI 是瞬时功率的恒定分量，$-UI\cos 2\omega t$ 是瞬时功率的交变分量，瞬时功率 p 随时间变化的规律如图 3.11 所示。显然，电阻元件上瞬时功率总是大于或等于零。

瞬时功率为正值，说明元件吸收电能。从能量的观点来看，由于电阻元件上能量转换过程不可逆，俗称总在耗能，因此，电阻元件是电路中的耗能元件。

（2）平均功率

瞬时功率总随时间变动，因此无法确切地量度电阻元件上的能量转换规模。为此，电工技术中引入了平均功率的概念。平均功率用大写斜体英文字母"P"表示：

$$P = UI = I^2 R = \frac{U^2}{R} \tag{3.12}$$

显然，平均功率数量上等于瞬时功率在一个周期内的平均值，即瞬时功率的恒定分量。通常交流电气设备铭牌上所标示的额定功率，指的就是平均功率。

平均功率也称为有功功率。所谓有功，实际上指的是能量转换过程中不可逆的那部分功率，不可逆意味着消耗，这就是人们为什么把电阻元件称为耗能元件的原因所在。

式（3.12）告诉我们，平均功率等于电压有效值、电流有效值的乘积。一般情况下，人们只关心电路的平均功率，因为可用它来计算实际的耗能量。

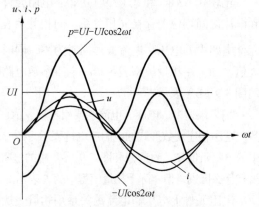

图 3.11　电阻元件的功率波形图

【例 3.3】　试求"220V、100W"和"220V、40W"两灯泡的灯丝电阻各为多少。

【解】　由式（3.12）可得 100W 灯泡的灯丝电阻为

$$R_{100} = \frac{U^2}{P} = \frac{220^2}{100} = 484（\Omega）$$

40W 灯泡的灯丝电阻为

$$R_{40} = \frac{U^2}{P} = \frac{220^2}{40} = 1210（\Omega）$$

例 3.3 告诉我们一个常识：在相同电压的作用下，负载功率的大小与其阻值成反比。实际应用中照明负载都是并联连接的，因此出厂时设计的额定电压相同。由于额定功率大的电灯灯丝电阻小，因此电压一定时通过的电流越大，耗能越多，灯越亮；额定功率小的电灯灯丝电阻相应较大，因此电压一定时通过的电流就小，耗能也少，所以灯的亮度就差些。

3.3.2　电感元件作为电路模型

电机、变压器等电气设备，核心部件均包含用漆包线绕制而成的线圈，线圈通电时总要发热，因此具有电阻的成分，线圈通电后还要在线圈周围建立磁场，它又具有电感的成分。若一个线圈的发热电阻很小且可忽略不计，这个线圈的电路模型就可用一个理想的电感元件作为其电路模型，如图 3.12（a）所示。

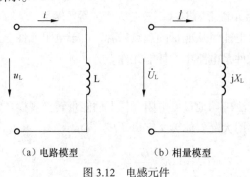

　　（a）电路模型　　　　　（b）相量模型

图 3.12　电感元件

电感元件作为
电路模型

1．电压、电流的关系

设电感元件的电路模型中电流为

$$i=I_{\mathrm{m}}\sin\omega t \tag{3.13}$$

加在电感元件两端的电压与电流为关联参考方向，根据电感元件上的伏安关系可得

$$\begin{aligned}
u_{\mathrm{L}} &= L\frac{\mathrm{d}i}{\mathrm{d}t}=L\frac{\mathrm{d}(I_{\mathrm{m}}\sin\omega t)}{\mathrm{d}t}\\
&= I_{\mathrm{m}}\omega L\cos\omega t\\
&= U_{\mathrm{Lm}}\sin(\omega t+90°)
\end{aligned} \tag{3.14}$$

由式（3.14）可得电感元件上电压最大值与电流最大值的数量关系为

$$U_{\mathrm{Lm}}=I_{\mathrm{m}}\omega L=I_{\mathrm{m}}2\pi fL$$

上式两端同除以 $\sqrt{2}$，可得到电感元件上电压有效值、电流有效值之间的数量关系式为

$$I=\frac{U_{\mathrm{L}}}{2\pi fL}=\frac{U_{\mathrm{L}}}{\omega L}=\frac{U_{\mathrm{L}}}{X_{\mathrm{L}}} \tag{3.15}$$

式（3.15）称为电感元件上的欧姆定律关系式，它表明了电感元件上电压有效值和电流有效值之间的数量关系。式中的 $X_{\mathrm{L}}=\omega L=2\pi fL$ 称为电感元件的电感电抗，简称感抗。感抗反映了电感元件对正弦交流电流的阻碍作用。需要注意的是，这种阻碍作用与电阻的阻碍作用性质不同：电阻 R 是由于电荷定向运动与导体分子间碰撞摩擦引起的，其大小与电路频率无关；感抗 X_{L} 则是交变电流通过线圈时产生的电磁感应现象引起的，电路频率越高，电磁感应现象越激烈，电感元件对交变电流产生的阻碍作用越大。例如，在稳恒直流电情况下，频率 $f=0$，则感抗也为零，所以直流下电感元件相当于短路；高频情况下，电感元件往往对电路呈现极大的感抗，根据线圈在高频电路中的这种作用，人们形象地把用于高频电路中的滤波线圈称作扼流圈。显然，电感具有一定的选频能力，且感抗与频率成正比。感抗 X_{L} 的单位和电阻一样，也是 Ω（欧姆）。

一个实际电感线圈只有在一定频率下其感抗 X_{L} 才是一个常量。由于实际电感线圈的发热电阻往往不能忽略，因此直流电路中的电感线圈视为一个电阻元件，阻值等于线圈的铜损耗电阻值，而在正弦交流电路中，实际电感线圈的铜损耗电阻及感抗均不能忽略。

再来比较式（3.13）和式（3.14）可得，电感元件上的电压、电流存在着相位正交关系，并且电压总是超前电流 90°。电压超前电流的相位关系可从物理现象上理解：只要线圈中通过交变的电流，必然立刻在线圈中引起电磁感应现象，即在线圈两端产生自感电压 u_{L}，根据楞次定律，u_{L} 对通过线圈的电流起阻碍作用，阻碍作用不等于阻止，阻碍作用的结果只是推迟了线圈中电流通过的时间，用相位反映就是电流滞后电压 90°。

归纳：电感元件上电压和电流有效值数量上符合欧姆定律的关系，其中阻碍电流的作用是感抗 X_{L}，X_{L} 与频率成正比；相位上电压、电流为正交关系。

单一参数的电感电路，其相量模型如图 3.12（b）所示。用相量表达式描述电感元件上电压和电流的关系，即

$$\dot{U}_{\mathrm{L}}=\mathrm{j}\dot{I}X_{\mathrm{L}}=\mathrm{j}\dot{I}\omega L \tag{3.16}$$

式中的复数感抗为 $\mathrm{j}X_{\mathrm{L}}$，等于电压相量和电流相量的比值，是一个只有正值虚部而没有实部

的复数。

电感元件上的电压、电流的关系还可用图 3.13 所示的相量图定性描述。

2. 电感元件的功率

（1）瞬时功率

电感元件上的瞬时功率等于电压瞬时值与电流瞬时值的乘积，即

$$
\begin{aligned}
p = u_\mathrm{L} i &= \left[U_\mathrm{Lm} \sin(\omega t + 90°) \right] \left(I_\mathrm{m} \sin \omega t \right) \\
&= U_\mathrm{Lm} I_\mathrm{m} \cos \omega t \sin \omega t \\
&= U_\mathrm{L} \sqrt{2} I \sqrt{2} \frac{\sin 2\omega t}{2} \\
&= U_\mathrm{L} I \sin 2\omega t
\end{aligned}
$$

显然，电感元件上的瞬时功率以 2 倍于电压、电流的频率关系按正弦规律交替变化，如图 3.14 所示。

由图 3.14 所示波形图可知，正弦交流电的第一、第三个 1/4 周期，电压、电流方向关联，因此元件在这两段时间内向电路吸取电能，并将吸取的电能转换成磁场能储存在元件周围，此期间瞬时功率 p 为正值；第二、第四个 1/4 周期，电压、电流方向非关联，元件向外供出能量，即把第一、第三个 1/4 周期内储存于元件周围的磁场能量释放出来送还给电路，此期间瞬时功率 p 为负值。一个周期内，瞬时功率交变两次，由于正功率等于负功率，因此平均功率 P 等于零。

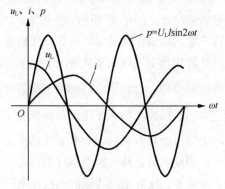

图 3.13 电感元件上的相量图　　　　图 3.14 电感元件的功率波形图

上述过程表明：单一参数的电感元件在电路中不断地进行能量转换，或将吸收的电能转换为磁场能，或又把磁场能以电能的形式送还给电路，整个能量转换的过程可逆，即电感元件上只有能量交换而没有能量消耗。因此，电感元件是储能元件。

（2）无功功率

电感元件虽然不耗能，但它与电源之间的能量交换客观存在。电工技术中，为衡量电感元件上能量交换的规模，引入了无功功率的概念：只交换、不消耗的能量转换规模称为无功功率。电感元件上的无功功率用 "Q_L" 表示，其数量上等于瞬时功率的最大值，即

$$
Q_\mathrm{L} = U_\mathrm{L} I = I^2 X_\mathrm{L} = \frac{U_\mathrm{L}^2}{X_\mathrm{L}} \tag{3.17}
$$

为区别于有功功率，无功功率的单位用 Var（乏）计量。

【**例 3.4**】　已知某线圈的电感 $L=0.127\mathrm{H}$，发热电阻可忽略不计，把它接在电压为 120V 的工频交流电源（$f=50\mathrm{Hz}$）上。①感抗 X_L、电流 I 及无功功率 Q_L 各为多大？②若频率增大为 1000Hz，感抗 X'_L、电流 I' 及无功功率 Q'_L 又为多大？

【**解**】　①由式（3.15）可得

$$X_\mathrm{L} = 2\pi f L = 6.28 \times 50 \times 0.127 \approx 40 \ (\Omega)$$

线圈中通过的电流为

$$I = \frac{U_\mathrm{L}}{X_\mathrm{L}} = \frac{120}{40} = 3 \ (\mathrm{A})$$

无功功率为

$$Q_\mathrm{L} = U_\mathrm{L} I = 120 \times 3 = 360 \ (\mathrm{Var})$$

② 频率发生变化，电感元件对电路呈现的感抗随之发生改变：

$$X'_\mathrm{L} = 2\pi f' L = 6.28 \times 1000 \times 0.127 \approx 800 \ (\Omega)$$

线圈中通过的电流为

$$I' = \frac{U_\mathrm{L}}{X'_\mathrm{L}} = \frac{120}{800} = 0.15 \ (\mathrm{A})$$

1000Hz 下的无功功率为

$$Q'_\mathrm{L} = \frac{U_\mathrm{L}^2}{X'_\mathrm{L}} = \frac{120^2}{800} = 18 \ (\mathrm{Var})$$

例 3.4 表明，频率对感抗的影响很大，频率越高，感抗越大，线圈中通过的电流越小，而元件上吸收的无功功率随着电流的减小而减小。

无功功率不能从字面上理解为无用之功，感性设备如果没有无功功率，就不能够正常工作。无功功率应理解为"只交换、不消耗"。

3.3.3　电容元件作为电路模型

电工电子技术中应用的电容器，大多由于漏电及介质损耗很小，其电磁特性与理想电容元件很接近，因此，一般可用理想电容元件直接作为其电路模型。

1．电压、电流的关系

图 3.15（a）所示电路模型中，设电压为

$$u_\mathrm{C} = U_\mathrm{Cm} \sin \omega t \tag{3.18}$$

电容元件的极间电压按正弦规律交变，当电压随时间增大时，说明电容元件在充电，当电压随时间不断减小时，说明电容元件在放电。电容元件支路中的正弦电流实质上就是电容元件上的充放电电流。若取电容元件两端电压与通过元件的电流为图示关联参考方向，根据电容元件上的伏安关系可得

$$
\begin{aligned}
i &= C\frac{\mathrm{d}u_\mathrm{C}}{\mathrm{d}t} = C\frac{\mathrm{d}(U_\mathrm{Cm}\sin\omega t)}{\mathrm{d}t} \\
&= U_\mathrm{Cm}\omega C\cos\omega t \\
&= I_\mathrm{m}\sin(\omega t + 90°)
\end{aligned}
\tag{3.19}
$$

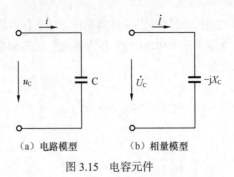

（a）电路模型   （b）相量模型

图 3.15 电容元件

电容元件作为
电路模型

由式（3.19）可推出电容元件极间电压最大值与电流最大值的数量关系为

$$I_{\mathrm{m}} = U_{\mathrm{Cm}}\omega C$$

等式两端同除以 $\sqrt{2}$，即得到电容元件上电压有效值、电流有效值之间的数量关系为

$$I = U_{\mathrm{C}}\omega C = \frac{U_{\mathrm{C}}}{X_{\mathrm{C}}} \qquad (3.20)$$

其中

$$X_{\mathrm{C}} = \frac{1}{\omega C} = \frac{1}{2\pi fC} \qquad (3.21)$$

X_{C} 称为电容元件的电抗，简称容抗。容抗和感抗类似，反映了电容元件对正弦交流电流的阻碍作用，单位也是Ω。

实际电容器的容抗值只有在频率一定时才是常量，即电容对频率具有一定的敏感性，或者说电容具有一定的选频能力。例如，电容元件接于稳恒直流电情况下，由于频率 $f=0$，所以容抗 X_{C} 趋近无穷大，说明直流下电容元件相当于开路；高频情况下，容抗极小，电容元件又可视为短路，显然，在频率极低或极高时容抗的差别将很大。通常人们说电容器具有"隔直通交"作用，实际上就是指的频率对容抗的影响。

比较式（3.18）和式（3.19）可得，电容元件上的电压、电流之间存在着相位正交关系，且电流超前电压 90°。这种相位关系同样可从物理现象上理解：电容支路上首先要有移动的电荷存在，才能形成电容极间电压的变化。这种先后顺序的因果效应，用相位来反映就是电流超前电压 90°。

电容元件上的电压、电流用相量表示，参数用复数阻抗表示时，我们可得到图 3.15（b）所示的相量模型。由相量模型可得

$$\dot{I} = \mathrm{j}\dot{U}_{\mathrm{C}}\omega C = \frac{\dot{U}_{\mathrm{C}}}{-\mathrm{j}X_{\mathrm{C}}} \qquad (3.22)$$

相量表达式（3.22）中复数阻抗等于电压相量和电流相量的比值，与复数感抗相似，是一个只有虚部而没有实部的复数，只是其虚部数值为负。

上述电容元件上的电压、电流关系，还可用图 3.16 所示相量图进行定性描述。

2. 电容元件的功率

（1）瞬时功率

电容元件上的瞬时功率 p 等于电压瞬时值与电流瞬时值的乘积，即

$$p = u_C i = \left(U_{Cm} \sin \omega t\right)\left[I_m \sin(\omega t + 90°)\right]$$
$$= U_{Cm} I_m \sin \omega t \cos \omega t$$
$$= U_C \sqrt{2} I \sqrt{2} \frac{\sin 2\omega t}{2}$$
$$= U_C I \sin 2\omega t$$

显然，电容元件上的瞬时功率 p 表达式的形式和电感元件类似，也是以 2 倍于电压、电流的频率按正弦规律交替变化的量。

由图 3.17 所示波形图可看出，正弦交流电流变化的第一、第三个 1/4 周期，电压、电流方向关联，说明电容元件从电源吸取电能，并将吸取的电能转换成极间电场能量储存在电容元件的极板上，显然这一期间电容元件在充电，因此瞬时功率为正值；第二、第四个 1/4 周期，电压、电流方向非关联，说明电容元件将储存在极板上的电荷释放出来送还给电源，这一转换过程显然是电容在放电，因此瞬时功率为负值。电压、电流变化一周，瞬时功率交替变化两次，但整个周期内瞬时功率的平均功率值等于零。

图 3.16 电容元件上的相量图

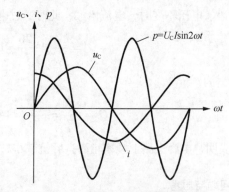

图 3.17 电容元件的功率波形图

电容元件的平均功率 $P=0$，说明电容元件不耗能。

（2）无功功率

电容元件虽然不耗能，但它与电源之间的能量转换是客观存在的。为了衡量电容元件与电路之间能量转换的规模，我们引入电容元件上的无功功率"Q_C"，数值上电容元件上的无功功率等于其瞬时功率的最大值，即

$$Q_C = U_C I = I^2 X_C = \frac{U_C^2}{X_C} \tag{3.23}$$

Q_C 的单位也是 Var（乏）或 kVar（千乏）。需要注意的是，在计算无功功率时，电感元件上的无功功率 Q_L 通常取正值，电容元件上的无功功率 Q_C 一般取负值，因为两种元件具有对偶关系：当它们串联时，电流相同，两元件上的电压反相；当它们并联时，电压相同，两元件支路电流反相。反相意味着电容充电时，电感恰好释放磁场能量；电容放电时，电感恰好储存磁场能量。这样，两个元件之间的能量可以直接交换而不需要电源提供，不够部分再由电源提供，即电感元件和电容元件上的功率可以相互补偿。

【例 3.5】已知某电容器的电容量 $C=159\mu F$，损耗电阻可忽略不计，把它接在电压为 120V 的

工频交流电源（f=50Hz）上。①容抗 X_C、电流 I 及无功功率 Q_C 为多大？②若频率增大为 1000Hz，求容抗 X_C' 、电流 I' 及无功功率 Q_C' 各为多大。

【解】 ①由式（3.21）可得

$$X_C = \frac{1}{2\pi fC} = \frac{10^6}{6.28 \times 50 \times 159} \approx 20 \text{（}\Omega\text{）}$$

电容元件上的电流为

$$I = \frac{U_C}{X_C} = \frac{120}{20} = 6 \text{（A）}$$

无功功率为

$$Q_C = U_C I = 120 \times 6 = 720 \text{（Var）}$$

② 频率增大，容抗减小，1000Hz 下电容元件对电路呈现的容抗为

$$X_C' = \frac{1}{2\pi f'C} = \frac{10^6}{6.28 \times 1000 \times 159} \approx 1 \text{（}\Omega\text{）}$$

容抗减小、电压不变时，电流增大，此时通过电容元件上的电流为

$$I' = \frac{U_C}{X_C'} = \frac{120}{1} = 120 \text{（A）}$$

无功功率为

$$Q_C' = \frac{U_C^2}{X_C'} = \frac{120^2}{1} = 14400 \text{（Var）}$$

例 3.5 表明，电容支路上频率增高，容抗减小，电路中的电流与无功功率增大。

问题与思考

1. 电容器的主要工作方式是什么？如何理解电容元件的"通交隔直"作用？

2. "只要加在电容元件两端的电压有效值不变，通过电容元件的电流也恒定不变"的说法对吗？为什么？

3. 电感元件、电容元件的正弦交流电路中，无功功率是无用之功吗？如何正确理解？

4. 有功功率与无功功率的区别是什么？它们的单位相同吗？

5. 为什么把电阻元件称为即时元件？为什么把电感元件和电容元件称为动态元件？根据什么把电阻元件又称为耗能元件？根据什么把电感元件和电容元件称为储能元件？

6. 感抗、容抗的概念与电阻有何不同？三者在哪些方面相同？

3.4 典型单相用电器——日光灯

发电厂发出来的交流电都是三相的，因此我国通常采用的也是三相四线制的供电体系。在三相四线制的供电体系中，由三相电源绕组首端引出的三根输电线称为火线，由三相电源绕组的尾端公共点引出的输电线称为中线（零线），取自于火线与火线之间的电压称为线电压，工程实际中通常为 380V；取自于火线与中线之间的电压称为相电压，通常约为同一电源线电压值的 0.577 倍，即当线电压是 380V 时，其相电压就是 220V。

日常办公设备和生活中的用电器，大多接单相交流电源，所谓单相交流电源，实际上就取自于三相供电体系中的一根火线和中线之间的电压。

3.4.1　日光灯电路的组成

日光灯是日常生活中广泛使用的一种典型单相用电器。把日光灯电路接在火线与中线之间，即可获得单相交流电源。

日光灯电路由日光灯灯管、镇流器、启辉器 3 部分及连接导线和单相电源共同组成。对日光灯电路的分析和计算，具有单相交流电路分析和计算的普遍意义。

1.　日光灯灯管

日光灯灯管是日光灯的主体，外形为一根细长的玻璃管，如图 3.18 所示。

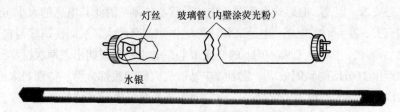

图 3.18　日光灯灯管结构原理图与实物图

在日光灯的玻璃管内壁均匀涂上一层荧光粉，在灯管的两端分别安装一个灯头，灯头内部装有灯丝，灯丝用钨丝绕成螺旋状，表面涂有三元电子粉（碳酸钨、碳酸钡和碳酸锶），以利于发射电子。为了便于启动和抑制电子粉的蒸发，灯管抽真空后，在管内充入一定量的水银蒸气和稀薄的惰性气体。其中水银量很少，一只 40W 的日光灯灯管仅放入百分之几克水银。灯管工作时，管内水银蒸气的压强很小，仅 1Pa 左右，因此又常把日光灯称作低压水银荧光灯。

由于日光灯工作属于气体放电形式，因此，仅在其两端加 220V 的市电是不能够使其点亮的，需要有某种设备在日光灯点亮时能够感应一个高压，让这个高压和市电一起同时加在灯管两端，它们所形成的强电场使灯丝溢出的电子形成高速电子流而使灯管导通；当日光灯点亮后，灯管所需电压急剧下降，从而造成管内电流的上升，如果对这个上升的电流不加限制，最终会烧坏灯管。所以，需要配备镇流元件，用以限制和稳定日光灯灯管内通过的电流。镇流器就是用来完成上述任务的。

2.　镇流器

镇流器在日光灯电路中所起的作用如下。

① 日光灯启动时，镇流器产生瞬时高压，使日光灯点亮。

② 日光灯正常工作时，镇流器由于对交流电所呈现的自感作用，在电路中可对日光灯灯管分压限流。

镇流器是一个带有铁心的电感线圈，其外形图如图 3.19 所示。

日光灯电路对镇流器的要求如下。

① 应能为日光灯的点亮提供所需要的高压。

图 3.19　镇流器实物图

② 应能够限制和稳定日光灯的工作电流。

③ 在交流市电过零时，也能使日光灯正常工作。

④ 在日光灯点亮后的正常工作期间，应能控制日光灯的能量，使灯电极被适当预热，并确保灯丝电极保持正常工作温度。

⑤ 镇流器的体积要小，工作寿命要长且功耗要低。

长期以来，家庭和办公照明使用的日光灯电路中，镇流器大多是电感式镇流器，这种镇流器可基本满足上述要求。但是，电感式镇流器的主体是铁心线圈，因此其电感的大小与线圈的匝数、铁心的尺寸均有关，若要增大电感，电感式镇流器的体积就会较大，从而使镇流器自身质量增加，相对功耗增大。而且，相对于工频 50Hz 的交流市电，电流一个周期出现两次过零，造成日光灯在工作过程中产生 100Hz 的频闪效应。频闪效应易造成人们的眼部疲劳，特别对未成年的青少年而言，频闪效应是造成他们视力下降的一个重要原因。为此，电感式镇流器近年来投入市场的数量越来越少，大有被淘汰的趋势。

为了解决电感式镇流器体积大、耗能多及频闪问题，近些年来，世界各国都在研制高性能的电子镇流器。电子镇流器采用高频开关电子变换电路的方法来实现镇流，因此电子镇流器具有节能、无频闪、起点可靠、功率因数高、输入功率和输出光通量稳定、噪声低、可调光和灯管寿命更长等一系列优点。自 20 世纪 70 年代以来，高频交流电子镇流器一经问世，虽然远没有达到人们的期望值，但立刻就受到了广大用户的欢迎。例如，市场上出现的所谓"护眼灯"，实际上就是采用一个变频器把 50Hz 的市电变换成接近自然光频率的高频交流电，以改善和消除频闪效应。

随着时间的推移，目前市场上大量投入的高频交流电子镇流器的质量距离人们的期望值会越来越近，可以断言，不久的将来，高频电子镇流器必然取代电感式镇流器。

3. 启辉器

启辉器俗称跳泡，在日光灯点亮时起自动开关作用。启辉器的内部结构及实物如图 3.20 所示。

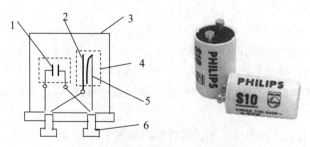

图 3.20　启辉器的结构组成与实物图

1—电容器　2—静触极　3—外壳　4—玻璃泡　5—动触极　6—插头

启辉器在外壳 3 内装着一个充有氩氖混合惰性气体的玻璃泡 4（也称辉光管），泡内有一个固定电极（静触极）2 和一个动触极 5 组成的自动开关。动触极用双金属片制成倒 U 形，受热后动触极膨胀，与静触极接通；冷却后自动收缩复位，与静触极脱离。两个触极间并联一只 0.005μF 的电容器 1，其作用是消除火花对电信设备的影响，并与镇流器组成振荡电路，延迟灯丝预热时间，有利于日光灯启辉。结构图中 6 是与电路相连接的插头。

3.4.2　日光灯电路的工作原理

日光灯电路的
工作原理

　　当日光灯电路与电源接通后，220V 的市电电压不能使日光灯点亮，通过镇流器和灯管灯丝全部加在了启辉器的两触极，致使启辉器的惰性气体电离，产生辉光放电。辉光放电的热量使倒 U 形双金属片受热膨胀而发生弯曲变形，与静触极接触，电流通过镇流器、启辉器触极和两端灯丝构成通路。灯丝很快被电流加热，从而使氧化物发射出大量电子。这时，由于启辉器两触极闭合，触极之间的电压立刻为零，辉光放电消失，双金属片因温度下降而恢复原状，两触极脱离自动复位。在两触极脱离的瞬间，回路中的电流突然切断而变为零，因此在铁心镇流器上产生一个很高的感应电压，此感应电压和 220V 市电电压叠加后作用于日光灯灯管两端，立即使管内惰性气体分子在这个强电场下发生电离而产生高速电子流，高速电子流在运动的过程中不断加速，碰撞管内惰性气体分子，使之迅速电离，惰性气体电离使灯管内温度迅速升高，热量使水银蒸气游离，并猛烈地撞击惰性气体分子而放电，同时辐射出不可见的紫外线，而紫外线激发灯管壁的荧光物质发出可见光，即我们常说的日光。

　　由于灯管和镇流器是相串联的，因此在日光灯点亮后正常发光时，交流电仍然不断通过镇流器线圈，交变的电流磁场可使镇流器线圈中产生自感电压。由电磁感应原理可知，镇流器的自感电压阻碍线圈中的电流变化，此时镇流器起降压限流作用，使电流稳定在灯管的额定电流范围内，灯管两端电压也稳定在额定工作电压范围内。由于这个电压低于启辉器的电离电压，所以并联在灯管两端的启辉器也就不再起作用了。

3.4.3　日光灯的优缺点及使用注意事项

1．日光灯的优点

　　① 日光灯比白炽灯省电。因为日光灯的发光效率高，可达 65lm/W 以上。而 60W 的钨丝白炽灯的发光效率只有 10～13lm/W。

　　② 日光灯的发光颜色比白炽灯更接近日光，光色好，且发光柔和。

　　③ 日光灯寿命较长，一般有效寿命是 3000h。

2．日光灯的缺点

　　① 日光灯的附件多，故障机会较多。

　　② 日光灯的价格比钨丝白炽灯高。

　　③ 日光灯的功率不能很大。

　　④ 由于日光灯是低压气体放电发光，所以在正常工作时存在频闪现象。频闪易造成观察运动

物体时的抖动感觉，使眼睛疲劳而影响视力，因此一般灯光球场都不用日光灯作为球场照明。

3. 日光灯使用注意事项

使用日光灯时，需要注意以下几个方面。

① 日光灯在使用时要避免频繁启动。日光灯寿命一般不少于 3000h，其条件是每启动一次连续点亮 3h。根据每启动一次连续点亮时间的长短不同，灯管的寿命也相对延长或缩短。因为日光灯的启动电流是正常点亮时电流的 2 ~ 3 倍，所以每启动一次，灯管的灯丝都会受到高压冲击，假如日光灯启动一次仅点亮 1h，则灯管的寿命就会缩短到 70%以下。日光灯频繁启动加速了灯丝上电子发射物质的消耗，当灯丝上的电子发射物质消耗尽了，灯管的寿命也就结束了。所以使用日光灯时，应尽量避免不合理的频繁启动。

② 电源电压的高低会影响日光灯的使用寿命。当电源电压高于日光灯正常工作电压时，就会造成流过灯管的电流增大，由此加速灯丝的损耗，缩短了灯管的寿命。同时，电压偏高还会使镇流器过热，造成绝缘物外溢或绝缘损坏而发生短路事故。当电源电压低于日光灯正常启动电压（约 180V）时，灯丝的预热温度低，启动困难，频繁的闪亮使灯丝的损耗加大，同样使灯管的寿命缩短。因此，在电压高的地方要采取适当的降压措施，例如接扼流圈或暂时改变镇流器的配套关系（40W 灯管暂用 30W 镇流器等）；还要注意在用电高峰时减少启动次数。在电压低的地方，可在镇流器两端并接高感抗线圈来解决启动困难问题，或用镇流器递增的方法暂时改变与灯管的配套关系。

③ 日光灯的工作性能在很大程度上与相配套工作的镇流器性能有关，在使用中必须注意：正常电压下，灯管与镇流器一定要配套使用，以使日光灯能工作在最佳状态，否则会使流过灯管的电流不正常，造成不必要的损失，或造成启动困难。当启辉器反复跳动方可点亮灯管时，灯丝受离子轰击的机会增多，极易加速灯管的老化。

3.4.4　日光灯电路及其分析计算

1. 镇流器的等效电路及其分析

镇流器主体是一个铁心线圈，工作在工频 50Hz 工况下。当交流电流通过镇流器时，必定产生热效应和磁效应。电流的热效应是使线圈发热，线圈发热这部分效应可用一个电阻元件 r 表示在电路中，电流的磁效应则表现在线圈周围磁场的自感作用，可用一个电感元件 L 表示在电路中。根据两种效应对电路的影响情况，可绘制出电阻、电感相串联作为镇流器的等效电路，如图 3.21 所示。

对于电阻、电感串联电路而言，它们通过的电流是相同的，根据前面单一元件电路的分析可知，电阻元件上的电压与电流同相，而电感元件上的电压总是超前电流 90°，电路中总电压（电源电压）将超前电流一个 φ 角。用相量图可表示为图 3.22 所示。

为了便于分析问题，我们可从相量图中抽出一个电压三角形，如图 3.23（a）所示。电压三角形各条边是带箭头的，因此是相量图，相量图中各个线段的长度反映了对应相量的数值大小，线段的箭头方向则反映了它们之间的相位关系。如果让电压三角形的各条边同除以电流相量 $\dot{I}$，我们又可得到图 3.23（b）所示的阻抗三角形；将电压三角形的各条边同乘以电流相量$\dot{I}$，还可得到图 3.23（c）所示的功率三角形。3 个三角形为相似三角形，分别表明了 rL 串联电路中，各正弦量、各参量及各功率之间的相位关系或数量关系。

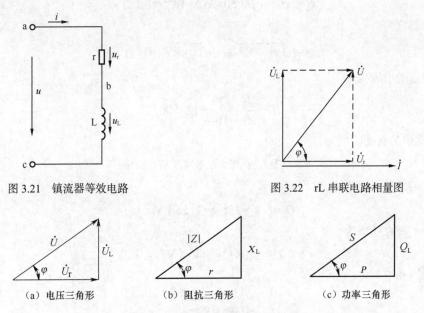

图 3.21　镇流器等效电路　　　　　　图 3.22　rL 串联电路相量图

（a）电压三角形　　　　（b）阻抗三角形　　　　（c）功率三角形

图 3.23　rL 串联电路的几个三角形

　　观察另外两个三角形，即图 3.23（b）所示的阻抗三角形和图 3.23（c）所示的功率三角形，它们的各条边都不带箭头，因此这两个三角形不是相量图，仅仅反映了各参量之间的数量关系。

　　由于这 3 个三角形都是直角三角形，所以根据直角三角形的勾股定理，可得出各电压、阻抗及功率之间的数量关系为

$$U = \sqrt{U_r^2 + U_L^2} \tag{3.24}$$

$$Z = \sqrt{r^2 + X_L^2} \tag{3.25}$$

$$S = \sqrt{P^2 + Q_L^2} \tag{3.26}$$

　　其中，电阻、感抗构成的阻抗三角形中，Z 称为阻抗，反映了 rL 串联电路中对电流总的阻碍作用。功率三角形中，有功功率 P 反映的是电路中消耗的功率，即能量转换不可逆的那部分功率；无功功率 Q_L 则反映了电路中只交换不消耗的那部分功率，功率三角形的斜边 S 是电路的视在功率，反映了电路的总容量，视在功率 S、有功功率 P 和无功功率 Q_L 之间的关系为

$$\left.\begin{aligned} S &= UI \\ P &= UI\cos\varphi \\ Q_L &= UI\sin\varphi \end{aligned}\right\} \tag{3.27}$$

　　注意各功率单位上的区别：有功功率的单位是 W（瓦），无功功率的单位是 Var（乏），视在功率的单位是 V·A（伏·安）。

　　阻抗三角形中的阻抗角、功率三角形中的功率角，在数值上均等于电压三角形中的夹角，均为 φ，由阻抗三角形可知，φ 角的大小是由电路中元件的参数决定的。

【例3.6】 将电阻为6Ω、电感为25.5mH的线圈接在120V的工频电源（*f*=50Hz）上。求：①线圈的感抗、阻抗及通过线圈的电流；②线圈上的有功功率、无功功率和视在功率。

【解】 ①线圈的感抗为

$$X_L=2\pi fL=6.28\times 50\times 25.5\times 10^{-3}\approx 8（\Omega）$$

线圈的阻抗为

$$Z=\sqrt{R^2+X_L^2}=\sqrt{6^2+8^2}=10（\Omega）$$

线圈通过的电流为

$$I=\frac{U}{Z}=\frac{120}{10}=12（A）$$

② 线圈中的有功功率为

$$P=I^2R=12^2\times 6=864（W）$$

线圈中的无功功率为

$$Q_L=I^2X_L=12^2\times 8=1152（Var）$$

线圈中的视在功率为

$$S=UI=120\times 12=1440（V\cdot A）$$

由功率三角形可得

$$\cos\varphi=\frac{P}{S}$$

上式表明：$\cos\varphi$值越大，电路中的有功功率占电源总容量的比例越大，电源的利用率越高；$\cos\varphi$值越小，电路中的有功功率占电源总功率的比例也越小，电源的利用率越低。

实际生产和生活中，如电机、变压器等用电器的主体都是铁心线圈，均属于感性设备。感性设备建立磁场时需要向电源吸取一定的无功功率，由此造成线路功率因数较低的现象。

2. 日光灯实验电路及其电路参数的分析

图3.24所示为日光灯实验电路。

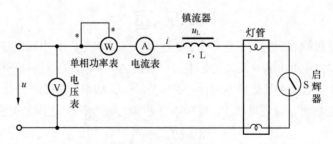

图3.24　日光灯实验电路

在日光灯实验电路中，日光灯灯管可视为一个电阻元件，这个电阻元件与镇流器相串联。实验电路中的单相功率表测量的是电路中的总有功功率 *P*，该测量值应为日光灯灯管和镇流器线圈铜损耗电阻共同消耗的，电流表的测量值是电路中电流的有效值，电压表可测量出3个电压值：一是图3.24所示位置测量的电路端电压有效值，二是镇流器端电压有效值，三是日光灯灯管的端电压值。

工频情况下的交流电阻值一般用"$R\sim$"表示，直流情况下测得的电阻值称为直流电阻，一般用"$R-$"表示。由于交流情况下所测得的阻值和直流情况下所测得的同一电阻的阻值稍有差异，在此实验电路中可采用估算法来分析计算出电路参数。

各电压之间关系可用电压三角形表示，各阻抗之间的关系可用阻抗三角形表示，如图 3.25 所示。

电压三角形的相量图中，电压 $\dot{U}_1$ 线段长度反映的是镇流器两端的电压有效值，电压 $\dot{U}_2$ 线段长度反映的是日光灯灯管两端的电压有效值，电压 $\dot{U}$ 线段长度反映的是实验电路两端的总电压有效值，图 3.25（a）的电压三角形各条边同除以电流相量，就得到了图 3.25（b）所示的阻抗三角形。

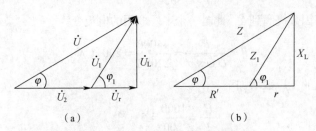

图 3.25　电压三角形与阻抗三角形

由前面所讲到的公式以及本实验获得的实验数据，可求得日光灯电路的参数：日光灯灯管的电阻值 R'，镇流器铜损耗电阻 r，镇流器的电感 L。分析步骤如下。

由测得的电路总有功功率 P、总电压 U 及电流 I，利用公式

$$P = UI\cos\varphi = I^2 R = I^2(R' + r)$$

可计算出日光灯电路的总电阻为

$$R = \frac{P}{I^2} = R' + r$$

再由测得的日光灯灯管两端的电压 U_2 除以测得的电路电流 I，可计算出日光灯灯管的电阻值 R'，用总电阻 R 减掉日光灯灯管电阻，即可得到镇流器的铜损耗电阻 r，即

$$R' = \frac{U_2}{I}, \quad r = R - R'$$

根据测得的镇流器两端的电压 U_1 除以测得的电路电流，可计算出镇流器的阻抗值 Z_1，再根据阻抗三角形可计算出镇流器的感抗 X_L，由感抗和电路频率即可计算出镇流器的电感 L 为

$$Z_1 = \frac{U_1}{I}, \quad X_L = \sqrt{Z_1^2 - r^2}, \quad L = \frac{X_L}{2\pi f}$$

日光灯电路由于镇流器的电感较大，因此功率因数很低，通常在 0.4~0.6。实际生产和生活中，如电机、变压器等用电器的主体都是铁心线圈，均像日光灯电路一样属于感性设备。感性设备建立磁场时需要向电源吸取一定的无功功率，由此造成线路功率因数较低的现象。

3. 功率因数低对供配电系统的影响

【例 3.7】已知单相发电机输出端电压为 220V，额定视在功率为 220kV·A，向电压为 220V、功率因数为 0.6、总功率为 44kW 的工厂供电，问能供给几个这样的工厂用电？若把工厂的功率因数提高到 1，又能供给几个这样的工厂用电？

【解】 发电机的额定电流为

$$I_N = \frac{S_N}{U_N} = \frac{220000}{220} = 1000 \text{（A）}$$

当工厂的功率因数为 0.6 时，一个工厂向电源取用的电流为

$$I = \frac{P}{U\cos\varphi} = \frac{44000}{220 \times 0.6} \approx 333 \text{（A）}$$

这种情况下发电机可供给用电的工厂数为

$$\frac{I_N}{I} = \frac{1000}{333} \approx 3 \text{（个）}$$

若把工厂的功率因数提高到 1，此时一个工厂取用的电流变为

$$I' = \frac{P}{U\cos\varphi'} = \frac{44000}{220 \times 1} = 200 \text{（A）}$$

这时能供给用电的工厂数增加至

$$\frac{I_N}{I'} = \frac{1000}{200} = 5 \text{（个）}$$

例 3.7 说明，用户的功率因数由 0.6 提高到 1，可使同一台发电机向外供给用电的工厂数由 3 个增加至同样的 5 个。显然，提高功率因数使供电设备的利用率得以提高。

输电线上的电压等级和输电线上的功率常常是一定的，由 $P = UI\cos\varphi$ 可知，功率因数越小，线路上的电流就会越大；功率因数越高，线路上的电流越小。发电厂和用户之间总是具有一定的距离，当输电线电阻 R_X 一定时，为了输送同样的功率，输电线上的损耗 $\Delta P = I^2 R_X$ 将随输电线路的电流增大而大大增加，从而造成负载端电压相应下降。因此，线路上的功率因数低是很不经济的。

【例 3.8】 某水电站以 220000V 的高压向 $\cos\varphi = 0.6$ 的工厂输送 240MW 的电力，若输电线路的总电阻为 10Ω，试计算当功率因数提高到 0.9 时，输电线上一年可以节约多少电能。

【解】 当 $\cos\varphi = 0.6$ 时，输电线上的电流为

$$I_1 = \frac{P}{U\cos\varphi_1} = \frac{240 \times 10^6}{22 \times 10^4 \times 0.6} \approx 1818 \text{（A）}$$

输电线上的损耗为

$$\Delta P_1 = I_1^2 R = 1818^2 \times 10 \approx 33 \text{（MW）}$$

当 $\cos\varphi = 0.9$ 时，输电线上的电流为

$$I_2 = \frac{P}{U\cos\varphi_2} = \frac{240 \times 10^6}{22 \times 10^4 \times 0.9} \approx 1212 \text{（A）}$$

输电线上的损耗为

$$\Delta P_2 = I_2^2 R = 1212^2 \times 10 \approx 14.7 \text{（MW）}$$

一年有 $365 \times 24 = 8760$（h），所以，一年输电线上节约的电能为

$$W = (\Delta P_1 - \Delta P_2) \times 8760$$

$$= (33 - 14.7) \times 10^3 \times 8760$$

$$\approx 1.6 \times 10^8 \text{kW} \cdot \text{h}$$

例 3.8 告诉我们：提高功率因数可以减少输电线上的功率损耗。

功率因数是电力技术经济中的一个重要指标。线路功率因数过低不仅造成电力能源的浪费，还会增加线路上的功率损耗。为了更好地发展国民经济，电力系统要设法提高线路上的功率因数。

提高线路的功率因数，不但对供电部门有利，而且对用电单位也大有好处。用电单位提高功率因数，可以减少电费支出，提高设备利用率，减少用电装置的电能损失。

4. 提高功率因数的方法

提高功率因数一般有自然补偿和人工补偿两种调整方法。

功率因数的提高

自然补偿法主要从合理使用电气设备、改善运行方式、提高检修质量等方面着手。例如，正确合理地选择异步电动机的型号、规格和容量，限制电动机及电焊设备的空载和尽量避免轻载，调整轻负荷变压器，提高检修电气设备的质量等。最常用的感应电动机在空载时功率因数为 0.2 ~ 0.3，而满载时的功率因数可达到 0.8 ~ 0.85，所以电源实际输出的功率往往小于电源设备所具有的潜力（视在功率）。

功率因数不但是保证电网安全、经济运行的一项主要指标，同时也是工厂电气设备使用状况和利用程度的具有代表性的重要指标。仅靠供电部门提高功率因数的办法已经不能满足工厂对功率因数的要求，因此工厂自身也需装设补偿设备，对功率因数进行人工补偿。

采用人工补偿法调整时，一般是在感性线路两端并联适当容量的电容器。但对于功率因数很低的特大容量感性线路，采用并联电容器补偿的方法也显得不太经济，实际中通常采用同步电动机过激磁来提高这类电路的功率因数。因为空载运行的过激磁同步电动机将产生一个较大的超前于电网电压的容性无功电流，这个容性无功电流恰好能补偿感性线路上所需的感性无功电流，从而提高了电路的功率因数。

【例 3.9】 已知某工厂的一台设备总功率为 100kW，接于工频电压 220V 电源上，设备本身的功率因数等于 0.6。现在要把线路的功率因数提高为 0.9，问需要在设备线路的两端并联多大容量的电容器？

【解】 根据图 3.26 所示电路的相量模型，画出图 3.27 所示相量图进行分析。由相量模型可知，设备中通过的电流为 $\dot{I}_1$，电容支路中通过的电流为 $\dot{I}_C$，电路中总电流为 $\dot{I}$。由于两条支路是并联关系，所以电路相量图中应以路端电压 $\dot{U}$ 作为参考相量。

感性设备中通过的电流总是滞后于电压的，设其电流 $\dot{I}_1$ 滞后端电压 $\dot{U}$ 的角度为 φ_1，电容支路的电流 $\dot{I}_C$ 超前电压 $\dot{U}$ 90°，总电流 $\dot{I}$ 等于两条支路电流的相量和。其中

$$I_C = U\omega C = I_1 \sin\varphi_1 - I\sin\varphi$$

并联电容器前后，负载上的有功功率是不变的，即

$$P = UI_1\cos\varphi_1 = UI\cos\varphi$$

感性设备支路电流、总电流分别为

$$I_1 = \frac{P}{U\cos\varphi_1}$$

$$I = \frac{P}{U\cos\varphi}$$

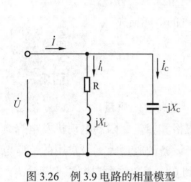

图 3.26　例 3.9 电路的相量模型

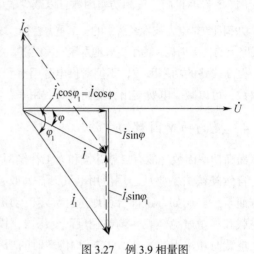

图 3.27　例 3.9 相量图

并联电容器以前的功率因数角 φ_1 和并联电容器以后的功率因数角 φ 分别为

$$\varphi_1 = \arccos 0.6 = 53.1°$$

$$\varphi = \arccos 0.9 = 25.8°$$

所以

$$
\begin{aligned}
C &= \frac{P}{U^2 \omega}(\tan \varphi_1 - \tan \varphi) \\
&= \frac{100 \times 10^3}{220^2 \times 314} \times (\tan 53.1° - \tan 25.8°) \\
&\approx 6.58 \times 10^{-3} \times (1.332 - 0.483) \\
&\approx 5586 \ (\mu F)
\end{aligned}
$$

📖 问题与思考

1. 已知交流接触器的线圈电阻为 200Ω，电感量为 7.3H，接到工频电压为 220V 的电源上。求线圈中的电流 I 是多少。如果误将此接触器接到 U=220V 的直流电源上，线圈中的电流又为多少？如果此线圈允许通过的电流为 0.1A，将产生什么后果？

2. 在电扇电动机中串联一个电感线圈可以降低电动机两端的电压，从而达到调速的目的。已知电动机电阻为 190Ω，感抗为 260Ω，电源电压为工频 220V。现要使电动机上的电压降为 180V，则串联电感线圈的电感量应为多大（设其损耗电阻等于零）？能否用串联电阻来代替此电感线圈？试比较两种方法的优、缺点。

3. 在含有储能元件 L 和 C 的多参数组合电路中，若出现了电压、电流同相位的现象，说明电路发生了什么？此时电路具有哪些特点？

4. 某工厂的配电室用安装电容器的方法来提高线路的功率因数。采取自动调控方式，即线路上吸收的无功功率不同时接入电容器的容量也各不相同，为什么？可不可以把全部电容器都接到电路上？这样做会出现什么问题？

技能训练

实验二　日光灯电路及功率因数的提高

一、实验目的

1. 进一步熟悉日光灯电路的工作原理，掌握其连线技能。
2. 学习和掌握交流电压表、电流表以及单相功率表的使用方法。

二、实验主要器材与设备

1. 单相调压器　　　　　　一台
2. 日光灯电路组件　　　　一套
3. 万用表　　　　　　　　一块
4. 电压表　　　　　　　　一块
5. 交直流电流表　　　　　一块
6. 电容箱　　　　　　　　一只
7. 单相功率表　　　　　　一块
8. 电流插箱　　　　　　　一个

三、实验原理

实验原理图如图 3.28 所示。电流插箱如图 3.29 所示，它是与一只带电流插头的电流表相配合使用的。电流表的电流插头插在电流插箱的中央插孔中，中央插孔中有动、静弹簧触片，电流插头未插入时，中央插孔中的动、静弹簧触片是短接的，相当于红、黑接线柱之间用一根导线相连的效果。当电流表的电流插头插入电流插箱的中央插孔时，动、静弹簧触片被拨开，此时相当于电流表串入在红、黑接线柱之间。实际上，电流表和电流插箱相配合的作用，就是实现一表多用的效果。当电流表的电流插头插入与功率表相连接的电流插箱孔中时，测量的电流是电路总电流有效值；当电流表的电流插头插入与镇流器相连接的电流插孔中时，电流表的读数是日光灯支路的电流有效值；若电流插头插入与电容箱相连接的电流插孔中时，电流表的读值应是电容支路的电流有效值。

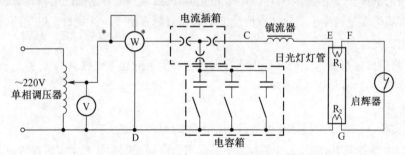

图 3.28　日光灯电路及功率因数的提高实验电路

实验原理图中的电容箱是用来提高日光灯电路功率因数的，如图 3.30 所示。电容箱左边的红色接线柱应通过导线与电流插箱（即火线）相连，左下黑色接线柱通过导线与电源零线相连，中间一排白色电键是电容量选择开关，每一个电键均控制其上方标示电容值的电容的通、断。按照实验电路连接不同电容量的要求，打开相应电容量的电键开关（这些电容是并联的）即可。

我们知道，电路中的电流表一定要串接在待测支路中，电压表一定要并接在待测支路两端，而功率表的连接值得我们注意。功率表测量的是电路中的有功功率，而有功功率是在电压和电流共同作用下构成的。因此，功率表内部有电压和电流两个线圈，这一点在第2单元电路测量中介绍过。功率表中带"*"标记的端子称为发电机端，如图3.28所示，这两个发电机端一定要与火线端相连，否则会造成功率表指针反偏的效果。日光灯电路中的镇流器和日光灯灯管，其两个对外引出端不分正、负，可任意选择某一端子与火线或零线相连。

实验原理图中的调压器如图3.31所示。

图3.29　电流插箱　　　　　　　图3.30　电容箱　　　　　　　图3.31　调压器

调压器的正确使用方法：把调压器的左边红色旋钮与电源火线相连，黑色旋钮与零线相连；调压器右边的红色旋钮与功率表的发电机"*"端相连，黑色旋钮与电容箱右端黑色旋钮及日光灯灯管的G端相连。接通电源前调压器的手轮应放在"零"位，实验电路连接好经检查无误后，接入交流市电，慢慢转动调节手轮，注意观察并接在调压器右端火线、零线之间的电压表，使输出电压调节至220V（注意：以电压表的读数值为准，不能以单相调压器面板上的读数为准）。

四、实验步骤

1. 按照实验原理图连接实验线路。注意调压器手柄打在零位。

2. 电容箱的电容全部断开，即只有日光灯灯管与镇流器相串联的感性负载支路与电源接通。此时调节调压器，使日光灯支路端电压从0增大至220V。日光灯点亮后，用毫安表测量日光灯支路的电流I和功率表的有功功率P，记录在自制的表格中。

3. 电源电压保持220V不变。依次并联电容箱中的电容，让电容量从2μF、3μF、4μF到5μF变化，观察和记录每一个电容值下日光灯支路的电流读数值、电容支路的电流读数值以及总电流读数值，观察功率表是否发生变化，数值全部记录在自制表格中（注意日光灯支路的电流和电路总电流的变化情况）。

4. 对所测数据进行技术分析。分别计算出各电容值下的功率因数$\cos\varphi$，并进行对比，判断电路在各$\cos\varphi$下的性质（感性或容性）。

五、思考题

1. 通过实验，你能说出提高感性负载功率因数的原理和方法吗？

2. 日光灯电路并联电容后，总电流减小，根据测量数据说明为什么当电容增大到某一数值时，总电流却又上升了，为什么？

3. 根据所学知识及实验效果，你能很快说出日光灯电路中启辉器和镇流器的作用吗？

3.5　三相负载电路的分析

工程应用和实际生产中，广泛使用的是三相交流电，因此学习和掌握三相负载电路的分析和计算十分必要。

3.5.1　三相电源的连接

三相电源通常有两种连接方法：星形和三角形。

1.　三相电源的星形（Ｙ）连接方式

三相电源的星形（Ｙ）连接方式如图 3.32 所示。

把三相电源绕组的尾端 X、Y、Z 连在一起向外引出一根输电线 N，称这根 N 线为电源的中性线，简称中线（俗称零线）；由三相电源绕组的首端 A、B、C 分别向外引出 L_1、L_2、$L_3$3 根输电线，称为电源的端线（或相线，俗称火线）。电源绕组按照图 3.32 的Ｙ连接方式向外供电的体制称为三相四线制。

三相四线制中，向负载供出的电压可以取自两根火线之间，也可以取自火线与零线之间。我们把火线与火线之间的电压称为线电压，分别用 u_{AB}、u_{BC}、u_{CA} 表示。各线电压的注脚字母顺序，表示各线电压的参考方向；火线与零线之间的电压叫作相电压，若忽略输电线上的阻抗，则 3 个相电压就等于发电机三相绕组的感应电压。相电压分别用 u_A、u_B、u_C 表示。

线电压采用的是双注脚，因为它们取自于两根火线之间；相电压之所以采用单注脚，原因是电源绕组中性点通常接"地"，各相火线端到零线端的电压实际上等于各相火线出线端的电位值。因为发电机发出来的三相电压通常是对称的，对称的 3 个相电压数量上相等，可用"U_P"统一表示。相电压对称的情况下，对应 3 个线电压也是对称的，对称的 3 个线电压的数量可用"U_l"统一表示。

三相电源绕组星形连接情况下，向外电路提供的两种电压之间关系如何是下面我们所要研究的问题。

图 3.33 所示相量图说明了三相电源绕组星形连接时线电压、相电压之间的数量关系和相位关系。

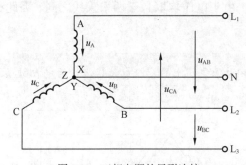

图 3.32　三相电源的星形连接

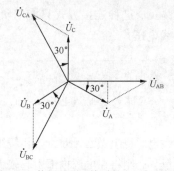

图 3.33　绕组星形连接时的电压相量图

在电源中性点接"地"情况下，各相电压即等于 L_1、L_2、$L_3$3 根火线端的电位值，则 AB 两相间的线电压、BC 两相间的线电压和 CA 两相间的线电压分别为

$$\dot{U}_{AB} = \dot{U}_A - \dot{U}_B = \dot{U}_A + (-\dot{U}_B)$$

$$\dot{U}_{BC} = \dot{U}_B - \dot{U}_C = \dot{U}_B + (-\dot{U}_C)$$

$$\dot{U}_{CA} = \dot{U}_C - \dot{U}_A = \dot{U}_C + (-\dot{U}_A)$$

3 个相电压总是对称的，如图 3.33 所示。根据上述关系式，应用平行四边形法则相量求和的方法做出相量图，根据相量图上的几何关系可求得各线电压分别为

$$\dot{U}_{AB} = \sqrt{3}\,\dot{U}_{A}\,\angle 30°$$

$$\dot{U}_{BC} = \sqrt{3}\,\dot{U}_{B}\,\angle 30°$$

$$\dot{U}_{CA} = \sqrt{3}\,\dot{U}_{C}\,\angle 30°$$

上式说明：线电压在相位上超前与其相对应的相电压（即线电压、相电压的第一个注脚相同）30°，数量上是各相电压的 $\sqrt{3}$ 倍。

线电压、相电压之间的数量关系可表示为

$$U_{1} = \sqrt{3}\,U_{P} \approx 1.732 U_{P} \tag{3.28}$$

三相四线制供电体系的优越性非常大：电源绕组星形连接三相四线制供电时，可向负载提供两种数值不同的线电压和相电压，其中相电压等于发电机一相绕组上的感应电压；而线电压的数值则是发电机一相绕组上感应电压数值的 $\sqrt{3}$ 倍。这一显著的优越性，使三相四线供电体制得以广泛应用。

一般低压供电系统中，经常采用的供电线电压为 380V，对应相电压为 220V。生活和办公设备所用电器的额定电压一般均为 220V，因此应接在火线和零线之间，这就是我们常说的单相电源，显然单相电源实际上引自于三相电源的火线和零线之间。

不加说明的三相电源和三相负载的额定电压通常都是指线电压的数值。

2. 三相电源的三角形（△）连接方式

如图 3.34 所示，将三相电源绕组的 6 个引出端依次首尾相接连成一个闭环，由 3 个连接点分别向外引出 3 根火线 L_1、L_2 和 L_3 的供电方式称为三相电源的三角形（△）连接。显而易见，这种连接方式只能向负载提供一种电压，由于电压均取自于两根火线之间，因此称为线电压。

电源△接时的线电压，数值上等于一相电源绕组上的感应电压值，仅为电源做星形连接时线电压的 $1/\sqrt{3}$ 。

电源绕组做△接时，各相绕组的首尾端绝不能接反，否则将在电源内部引起较大的环流把电源烧损，读者可利用相量图自行分析。

实际生产应用中，三相发电机和三相配电变压器的副边都可以作为负载的三相电源。发电机绕组很少接成三角形，一般都接成星形，而三相电力变压器的副边大多连接成三相四线制的星形连接，少数情况下也有采用△接的。

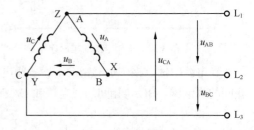
图 3.34 三相电源绕组的△接

3.5.2　三相负载的连接

1．负载的星形连接

负载做星形连接时电路的相量模型如图 3.35 所示。忽略导线上的电阻，各相负载两端的电压相量等于电源相电压相量。显然，A 相负载和 A 相电源通过火线和零线构成一个独立的单相交流电路；B 相负载和 B 相电源通过火线和零线构成一个独立的单相交流电路；C 相负载和 C 相电源通过火线和零线构成一个独立的单相交流电路。其中 3 个单相交流电路均以中线作为它们的公共线。

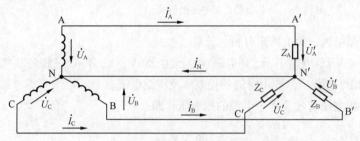

对称三相负载的
Y 连接

图 3.35　负载Y接的三相电路图

在负载的Y接电路中，我们把火线上通过的电流称为线电流，一般用"$\dot{I}_l$"表示；把各相负载中通过的电流叫作相电流，用"$\dot{I}_P$"表示。显然负载Y接时的线电流等于相电流，即

$$I_l = I_P \qquad (3.29)$$

Y接三相四线制电路的相量模型中，设各负载复阻抗分别为 Z_A、Z_B、Z_C，由于各相负载端电压相量等于电源相电压相量，因此各复阻抗中通过的电流相量为

$$\dot{I}_A = \frac{\dot{U}_A}{Z_A}, \quad \dot{I}_B = \frac{\dot{U}_B}{Z_B}, \quad \dot{I}_C = \frac{\dot{U}_C}{Z_C} \qquad (3.30)$$

相量模型中，中线上通过的电流相量，根据相量形式的 KCL 可得

$$\dot{I}_N = \dot{I}_A + \dot{I}_B + \dot{I}_C \qquad (3.31)$$

相量模型中，中线上通过的电流相量 $\dot{I}_N$ 有以下两种情况。

（1）对称Y接三相负载时

复阻抗符合 $Z_A = Z_B = Z_C = Z = |Z| \underline{/\varphi}$ 的对称负载条件时，由于复阻抗端电压相量也是对称的，因此构成Y接对称三相电路。对称三相电路中，3 个复阻抗中通过的电流相量也必然对称，因此中线电流相量为

$$\dot{I}_N = \dot{I}_A + \dot{I}_B + \dot{I}_C = 0 \qquad (3.32)$$

中线电流相量为零，说明中线中无电流通过，因此中线不起作用。这时中线的存在与否对电路不会产生影响。实际工程应用中的三相异步电动机、三相电炉和三相变压器等三相设备，都属于对称三相负载，因此把它们Y接后与电路相连时，一般都不用中线。没有中线的三相供电方式称为三相三线制。

图 3.36 所示为三相电路常见的连接形式，其中图（a）所示为三相四线制Y接；图（b）所示为三相三线制Y接；图（c）所示为三相三线制△接。

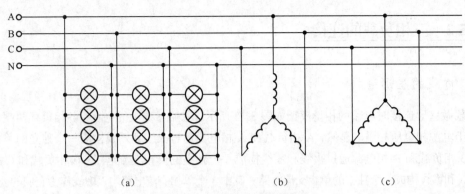

（a）　　　　　　　　　　　（b）　　　　　　（c）

图 3.36　三相电路常见的连接形式

对称三相丫接电路可以归结为一相电路来分析、计算。

【例 3.10】　在图 3.36（a）所示电路中，已知电源线电压为 380V，A、B、C 三相各装"220V、40W"白炽灯 50 盏。求三相灯负载全部使用时的各相电流及中线电流。

【解】　负载丫接时，各相电压有效值等于电源的相电压，即

$$U_P = \frac{U_1}{\sqrt{3}} \approx \frac{380}{1.732} \approx 220 \ （V）$$

各相负载电阻为

$$R_P = \frac{U_P^2}{P \times 50} = \frac{220^2}{40 \times 50} = 24.2 \ （\Omega）$$

各相负载电流为

$$I_P = \frac{U_P}{R_P} = \frac{220}{24.2} \approx 9.09 \ （A）$$

由于三相负载对称，所以三相负载中电流为对称三相交流电，此时

$$I_N = I_A + I_B + I_C = 0$$

例 3.10 说明，三相负载对称时，只需对一相进行分析，若要求其余两相结果，也可根据对称关系直接写出。

（2）不对称丫接三相负载时

三相电路的复阻抗模值不等或幅角不同时，都可构成不对称的丫接三相电路。

【例 3.11】　在图 3.37 所示照明电路中，电源线电压与负载参数和例 3.10 相同。假设 A 相灯全部打开，B 相没有用电，而 C 相仅开了 25 盏灯。试分析有中线、中线断开两种情况下，各相负载上实际承受的电压分别为多少。

【解】　由于丫接三相负载不对称，因此各相应分开计算。由题意可得

$$R_A = 24.2\Omega, \ R_B = \infty, \ R_C = 48.4\Omega$$

① 有中线时，无论负载是否对称，各相负载承受的电压仍为相电压 220V。

实际应用中，电力系统对照明电路均采用三相四线制供电方式，原因是照明电路通常都工作在不对称条件下。三相四线制供电系统中，由于电路存在中线，尽管负载不对称，但是加在各相负载上的端电压仍是火线与零线之间的相电压，因此三相丫接不对称负载的端电压仍能继续保持平衡。当一相出现故障或断开时，其他两相照常正常使用。

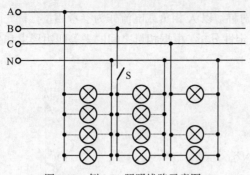

Y接不对称三相
电路的分析

图 3.37 例 3.11 照明线路示意图

② 无中线且 B 相开路时，A、C 两相构成串联，接在两火线之间，有

$$I_A = I_C = \frac{U_{AC}}{R_A + R_C} = \frac{380}{24.2 + 48.4} \approx 5.23 \ （A）$$

两相负载串联时通过的电流相同，因此它们各自的端电压与其电阻成正比：

$$U_A = 5.23 \times 24.2 \approx 127 \ （V）$$

$$U_C = 5.23 \times 48.4 \approx 253 \ （V）$$

分析计算结果表明：不对称三相电路中，中线不允许断开。如果中线断开，Y接三相不对称负载的端电压就会出现严重不平衡，低于额定电压的负载不能正常工作，高于额定电压的负载影响寿命，甚至有烧坏灯泡（包括电气设备）的危险。

电力系统为保证中线不断开，要求中线采用机械强度较高的导线（通常采用钢芯铝线），而且要求连接良好，并规定中线上不得安装熔断器和开关。

2. 负载的三角形连接

三相负载的三角形
连接

如图 3.38 所示，把三相负载的首、尾端依次相接连成一个闭环，再由各相的首端分别引出端线与电源的三根火线相连，即构成三相负载的三角形连接。

显然，图 3.38 中各相复阻抗均连接在两根火线之间，即其端电压等于电源的线电压：

$$U_{P\triangle} = U_{l\triangle} \tag{3.33}$$

各复阻抗中通过的电流分别为

$$\left.\begin{aligned}
\dot{I}_{AB} &= \frac{\dot{U}_{AB}}{Z_{AB}} \\
\dot{I}_{BC} &= \frac{\dot{U}_{BC}}{Z_{BC}} \\
\dot{I}_{CA} &= \frac{\dot{U}_{CA}}{Z_{CA}}
\end{aligned}\right\} \tag{3.34}$$

各火线上通过的电流根据相量模型中的 3 个节点，分别列出 KCL 方程式为

$$\left.\begin{aligned}
\dot{I}_A &= \dot{I}_{AB} - \dot{I}_{CA} = \dot{I}_{AB} + (-\dot{I}_{CA}) \\
\dot{I}_B &= \dot{I}_{BC} - \dot{I}_{AB} = \dot{I}_{BC} + (-\dot{I}_{AB}) \\
\dot{I}_C &= \dot{I}_{CA} - \dot{I}_{BC} = \dot{I}_{CA} + (-\dot{I}_{BC})
\end{aligned}\right\} \tag{3.35}$$

三相负载对称时，各相电流必然对称。以 A 相负载电流作为参考相量，首先画出 3 个相电流相量，然后根据式（3.35）在相量图上定性分析，根据相量之间的平等四边形求和关系可得图 3.39 所示的△接电流相量图。

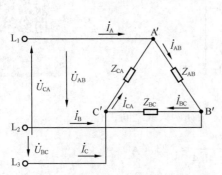

图 3.38　负载△接的三相电路相量模型

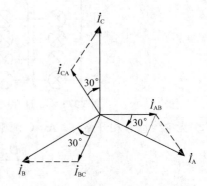

图 3.39　负载△接时的电流相量图

由相量图可知，△接的对称三相电路中，线电流在数量上是对应相电流的 $\sqrt{3}$ 倍，即

$$I_1 = \sqrt{3} I_P \tag{3.36}$$

在相位上，线电流滞后与其相对应的相电流 30°电角。

【例 3.12】　某三相用电器，已知各相等效电阻 $R = 6\Omega$，感抗 $X_L = 8\Omega$，试求下列两种情况下三相用电器的相电流和线电流，并比较所得结果。

① 用电器的三相绕组连接成星形，接于 $U_1 = 380\text{V}$ 的三相电源上。

② 绕组连接成三角形接于 $U_1 = 220\text{V}$ 的三相电源上。

【解】　①负载丫接时

$$U_P = \frac{U_1}{\sqrt{3}} \approx \frac{380}{1.732} \approx 220 \,(\text{V})$$

$$I_P = \frac{U_P}{|Z_P|} = \frac{220}{\sqrt{6^2 + 8^2}} = 22 \,(\text{A})$$

$$I_1 = I_P = 22\text{A}$$

② 负载△接时

$$U_P = U_1 = 220\text{V}$$

$$I_P = \frac{U_P}{|Z_P|} = \frac{220}{\sqrt{6^2 + 8^2}} = 22 \,(\text{A})$$

$$I_1 = \sqrt{3} I_P \approx 1.732 \times 22 \approx 38 \,(\text{A})$$

此例表明：若实际应用中三相用电器额定电压标为 220V/380V，说明当电源线电压为 220V 时，用电器三相应连接成三角形；当电源线电压为 380V 时，负载三相应连接成星形。比较两种连接方式，负载端电压及通过负载的电流是相同的，因此负载在两种连接方式下均能正常工作。区别是，用电器△接时的线电流是它丫接线电流的 $\sqrt{3}$ 倍。

【例 3.13】　三相对称负载，各相等效电阻 $R = 12\Omega$，感抗 $X_L = 16\Omega$，接在线电压为 380V 的三相四线制电源上。试分别计算负载丫接和△接时的相电流、线电流，并比较结果。

【解】　负载丫接时

$$U_\mathrm{P} = \frac{U_1}{\sqrt{3}} \approx \frac{380}{1.732} \approx 220 \text{（V）}$$

$$I_\mathrm{P} = \frac{U_\mathrm{P}}{\left|Z_\mathrm{P}\right|} = \frac{220}{\sqrt{12^2 + 16^2}} = 11 \text{（A）}$$

$$I_1 = I_\mathrm{P} = 11\mathrm{A}$$

负载△接时

$$U_\mathrm{P} = U_1 = 380\mathrm{V}$$

$$I_\mathrm{P} = \frac{U_\mathrm{P}}{\left|Z_\mathrm{P}\right|} = \frac{380}{\sqrt{12^2 + 16^2}} = 19 \text{（A）}$$

$$I_1 = \sqrt{3} I_\mathrm{P} \approx 1.732 \times 19 \approx 33 \text{（A）}$$

比较结果可知：同一三相负载，在电源线电压相同时，△接时的负载端电压是Y接时负载端电压的 $\sqrt{3}$ 倍。由于两种不同连接方式下负载端电压不同，造成通过各相负载的电流也不相同，通过火线上的线电流相差更大，△接情况下通过的线电流是Y接情况下线电流的 3 倍。这种结果说明：负载正常工作时的额定电压是确定的，当负载额定电压等于电源的线电压时，负载Y接就不能够正常工作；当负载的额定电压等于电源的相电压时，则负载△接就会由于过压和过流而造成损坏。

3. 三相负载的正确连接

三相负载究竟接成△还是接成Y，应根据三相负载的额定电压和电源的线电压决定。因为实际电气设备的正常工作条件是加在设备两端的电压等于其额定电压。从供电方面考虑，我国低压供电系统的线电压一般采用 380V 的标准；从电气设备来考虑，我国低压电气设备的额定值多按 380V 或 220V 设计。因此，在电源线电压一定、电气设备又必须得到额定电压值的前提下，供、用电的协调可用调整三相负载的连接方法。

保证电气设备正常工作，还要考虑三相负载的对称与否，这是确定在Y接时是否要中线的前提。当三相电源的线电压为 380V，低压电气设备的额定电压也为 380V 时（通常指三相负载，如三相异步电动机、三相变压器、三相感应炉等一般都是按 380V 设计的），三相电气设备就应该连接成三角形；若三相负载的额定电压为 220V，负载就必须连接成星形。三相用电器一般都是对称的，所以即便是连接成星形，也可以把中线省略。

实际应用中，日常办公和生活中用到的照明电路、计算机、电扇、空调、吹风机等都属于单相用电设备。为了照顾供、用电和安装的方便，常常把它们接在三相电源上，这些单相电气设备的额定电压一般采用 220V 电压标准。在三相四线制供电系统中，一般把它们接在三相电源的火线与零线之间，使之获得 220V 的电源相电压。在连接这些设备时，一般应考虑各相负载的对称，尽量相对均匀地分布在三相四线制电源上。这时的"三相负载"就是不对称的三相负载，连接成星形时必须要有中线。

3.5.3 三相负载电路的功率

在单相交流电路中，有功功率 $P = UI\cos\varphi$，无功功率 $Q = UI\sin\varphi$，视在功率 $S = UI = \sqrt{P^2 + Q^2}$。

三相电路的功率又如何计算呢？

三相交流电路可以视为 3 个单相交流电路的组合。因此，三相交流电路的有功功率、无功功率和视在功率的计算公式为

三相负载电路的
功率

$$\left.\begin{array}{l} P = P_{\mathrm{A}} + P_{\mathrm{B}} + P_{\mathrm{C}} \\ Q = Q_{\mathrm{A}} + Q_{\mathrm{B}} + Q_{\mathrm{C}} \\ S = \sqrt{P^2 + Q^2} \end{array}\right\} \tag{3.37}$$

若三相负载对称，无论负载是丫接还是△接，各相功率都是相等的，此时三相总功率是各相功率的 3 倍，即

$$\left.\begin{array}{l} P = 3U_{\mathrm{P}}I_{\mathrm{P}}\cos\varphi = \sqrt{3}U_{\mathrm{l}}I_{\mathrm{l}}\cos\varphi \\ Q = 3U_{\mathrm{P}}I_{\mathrm{P}}\sin\varphi = \sqrt{3}U_{\mathrm{l}}I_{\mathrm{l}}\sin\varphi \\ S = 3U_{\mathrm{P}}I_{\mathrm{P}} = \sqrt{3}U_{\mathrm{l}}I_{\mathrm{l}} \end{array}\right\} \tag{3.38}$$

【例 3.14】　一台三相异步电动机，铭牌上额定电压是 220V/380V，接线是△/丫，额定电流是 11.2A/6.48A，$\cos\varphi = 0.84$。试分别求出电源线电压为 380V 和 220V 时，输入电动机的电功率。

【解】　当电源线电压 U_{l}=380V 时，按铭牌规定电动机定子绕组应丫接，此时输入电功率为

$$\begin{aligned} P_1 &= \sqrt{3}U_{\mathrm{l}}I_{\mathrm{l}}\cos\varphi \\ &\approx 1.732 \times 380 \times 6.48 \times 0.84 \\ &\approx 3582(\mathrm{W}) \approx 3.6\mathrm{kW} \end{aligned}$$

当线电压 U_{l}=220V 时，按铭牌规定电动机绕组应△接，此时输入的电功率为

$$\begin{aligned} P_2 &= \sqrt{3}U_{\mathrm{l}}I_{\mathrm{l}}\cos\varphi \\ &\approx 1.732 \times 220 \times 11.2 \times 0.84 \\ &\approx 3585(\mathrm{W}) \approx 3.6\mathrm{kW} \end{aligned}$$

例 3.14 表明：只要按照铭牌数据上的要求接线，输入电动机的功率将不变。

【例 3.15】　电路如图 3.40 所示。某台电动机的额定功率是 2.5kW，绕组按△接，当 $\cos\varphi = 0.866$，线电压为 380V 时，求图中两个功率表的读数。说明：这是利用两个功率表测量三相电路功率的实例。图中功率表 W_1 的读数为 $P_1 = U_{\mathrm{AB}}I_{\mathrm{A}}\cos(\varphi - 30°)$，$W_2$ 的读数为 $P_2 = U_{\mathrm{CB}}I_{\mathrm{C}}\cos(\varphi + 30°)$，两个功率表读数之和等于三相总有功功率。

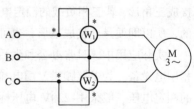

【解】　用二表法测量三相电路的功率，若要求得 P_1 和 P_2，需先求出电路中的线电流和功率因数角，即

图 3.40　例 3.15 电路图

$$\begin{aligned} I_{\mathrm{l}} &= \frac{P_{\mathrm{N}}}{\sqrt{3}U_{\mathrm{l}}\cos\varphi} \\ &\approx \frac{2.5 \times 10^3}{1.732 \times 380 \times 0.866} \\ &\approx 4.39(\mathrm{A}) \\ \varphi &= \arccos 0.866 \approx 30° \end{aligned}$$

代入上述功率计算式可得两表读数为

$$P_1 = U_{AB}I_A \cos(\varphi - 30°) = 380 \times 4.39 \times \cos 0° = 1668.2 \text{ (W)}$$

$$P_2 = U_{BC}I_C \cos(\varphi + 30°) = 380 \times 4.39 \times \cos 60° = 834.1 \text{ (W)}$$

两功率表读数之和为

$$P = P_1 + P_2 = 834.1 + 1668.2 = 2502.3 \text{ (W)} \approx 2.5 \text{kW}$$

计算结果与给定的 2.5kW 基本相符，微小的误差是由计算的精度引起的。本例所述的二表法只适用于三相三线制电路功率的测量，或三相四线制对称电路的功率测量。对三相四线制不对称电路，需要用 3 个功率表分别测量各相的功率，各功率表的连接方法与单相交流电功率测量时方法类似，最后将三表所测结果相加即为三相总功率。

问题与思考

1. 某设备采用三相三线制供电。当因故断掉一相时，能否认为变成两相供电了？

2. 有 3 根额定电压为 220V、功率为 1kW 的电热丝，与 380V 的三相电源相连接时，它们应采用哪一种连接方式？

3. 三相照明电路如图 3.41 所示，如果中线在 × 处断开，各相灯泡是否还有电流通过？如果有电流通过，各相灯负载还能正常发光吗？

4. 何为对称三相电路？

5. 安装照明负载时，为什么一定要求火线进开关？

6. 一般情况下，当人手触及中线时会不会触电？

7. 指出图 3.42 中各相负载的连接方式。

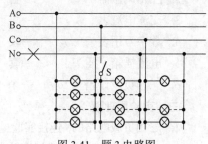

图 3.41　题 3 电路图

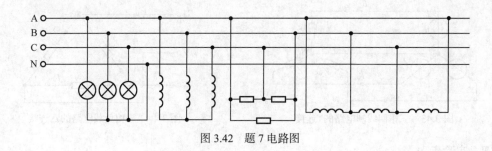

图 3.42　题 7 电路图

8. 何为三相负载、单相负载和单相负载的三相连接？三相用电器有三根电源线接到电源的三根火线上，称为三相负载，电灯有两根电源线，为什么不称为两相负载，而称为单相负载？

9. 三相交流电器铭牌上标示的功率是指额定的输入电功率吗？

10. 三相四线制照明电路中，设 A 相接 4 盏 "220V、25W" 的白炽灯，B 相接 3 盏 "220V、100W" 的白炽灯，C 相中没有负载，这时接通的白炽灯灯泡都能正常发光。如果不慎中线断开了，这两组灯泡还能否正常发光？会出现什么现象？试通过分析计算来说明。

11. 三相照明电路的功率应如何测量？画出三相功率测量的电路连接图。三相动力电路的功率如何测量？画出其功率测量的电路接线图。

技能训练

实验三　三相负载电路中电压、电流的测量

一、实验目的

1. 进一步熟悉三相负载电路的丫和△接法。

2. 通过实验数据加深对三相负载丫接和△接时线电压、相电压，线电流、相电流之间的数量关系。

3. 加深对中线作用的理解。

4. 熟悉三相负载的连接方法及掌握三相电路中电压与电流的测量方法。

二、实验主要器材与设备

1. 电工实验台　　　　　一台

2. 三相调压器　　　　　一台

3. 交流电流表　　　　　一只

4. 数字万用表　　　　　一块

5. 电流插箱、插头　　　一套

6. 三相负载灯箱　　　　一个

三、实验原理图

1. 三相负载电路的丫连接实验电路如图 3.43 所示。

2. 三相负载电路的△连接实验电路如图 3.44 所示。

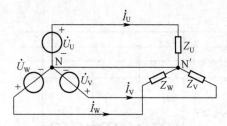

图 3.43　三相四线制电路的丫连接

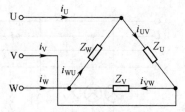

图 3.44　三相负载电路的△连接

四、实验步骤

1. 按照图 3.45 把负载连接成丫。同组同学一人连线，一人检查。

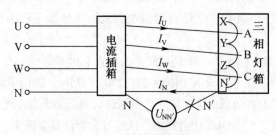

图 3.45　丫连接线路图

2. 调节三相调压器，使线电压等于 220V。分别测量三相负载对称和不对称、有中线和无中

线 4 种情况下的各相电压、线电压，各相电流及中线电流，记录在自制表格中。

测中点电压时，必须在断开中线情况下才有意义，断开位置如图 3.45 中"×"处。

3. 根据所测数据分析在哪些情况下 $U_1 = \sqrt{3}U_P$ 成立，哪些情况下不成立；分析中点电压、中线电流分别在哪些情况下存在，数值如何。

4. 将电源关断，把调压器打到零位。

5. 按照图 3.46 把三相负载电路连接成△，注意在连线之前要看懂连线图和线路原理图之间的对应关系。

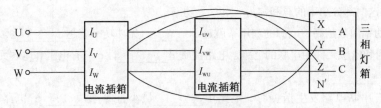

图 3.46 △连接线路图

6. 调节三相调压器，使电源线电压仍为 220V。检查电路连接无误后才能把电源开关接通。分别测量三相△接负载对称和不对称两种情况下的各相电流、线电流，记录在自制表格中。

7. 根据所测数据分析在哪种情况下 $I_1 = \sqrt{3}I_P$ 成立，哪种情况下不成立，得出实验结论。

8. 分析实验数据的合理性，如果理论与实际相符，实验成功。此时可断开电源后拆除线路，使设备复位。

五、思考题

1. 根据实验现象简要阐述中线的作用。实际应用中照明线路如果安装时三相对称，能否不要中线？

2. 三相负载不对称有中线时为什么中点电压为零？而三相负载不对称又无中线时为什么中点电压就存在呢？能用相量图分析吗？

第3单元技能训练检测题1（共100分，120分钟）

一、填空题（每空 0.5 分，共 20 分）

1. 正弦交流电的三要素是_____、_____和_____。_____值可用来确切反映交流电的做功能力，其值等于与交流电_____相同的直流电的数值。

2. 已知正弦交流电压 $u = 380\sqrt{2}\sin(314t - 60°)$V，则它的最大值是_____V，有效值是_____V，频率为_____Hz，周期是_____s，角频率是_____rad/s，相位为_____，初相是_____度，合_____弧度。

3. 实际电气设备大多为_____性设备，功率因数往往_____。若要提高感性电路的功率因数，常采用人工补偿法进行调整，即在_____。

4. 电阻元件正弦电路的复阻抗是_____；电感元件正弦电路的复阻抗是_____；电容元件正弦电路的复阻抗是_____；多参数串联电路的复阻抗是_____。

5. 串联各元件上_____相同，因此画串联电路相量图时，通常选择_____作为参考相量；并联各元件上_____相同，所以画并联电路相量图时，一般选择_____作为参考相量。

6. 电阻元件上的伏安关系瞬时值表达式为_____，因此称其为_____元件；电感元件上伏安关系瞬时值表达式为_____；电容元件上伏安关系瞬时值表达式为_____，因此把它们称为_____元件。

7. 能量转换过程不可逆的电路功率常称为_____功率；能量转换过程可逆的电路功率叫作_____功率；这两部分功率的总和称为_____功率。

8. 电网的功率因数越高，电源的利用率就越_____，无功功率就越_____。

9. 只有电阻和电感元件相串联的电路，电路性质呈_____性；只有电阻和电容元件相串联的电路，电路性质呈_____性。

10. 当 RLC 串联电路发生谐振时，电路中_____最小且等于_____；电路中电压一定时_____最大，且与电路总电压_____。

二、判断题（每小题 1 分，共 10 分）

1. 正弦量的三要素是指其最大值、角频率和相位。 （   ）

2. 正弦量可以用相量表示，因此可以说，相量等于正弦量。 （   ）

3. 正弦交流电路的视在功率等于有功功率和无功功率之和。 （   ）

4. 电压三角形、阻抗三角形和功率三角形都是相量图。 （   ）

5. 功率表应串接在正弦交流电路中，用来测量电路的视在功率。 （   ）

6. 正弦交流电路的频率越高，阻抗就越大；频率越低，阻抗越小。 （   ）

7. 单一电感元件的正弦交流电路中，不消耗有功功率。 （   ）

8. RLC 串联电路的阻抗由容性变为感性的过程中，必然经过谐振点。 （   ）

9. 在感性负载两端并联电容就可提高电路的功率因数。 （   ）

10. 电抗和电阻由于概念相同，所以它们的单位也相同。 （   ）

三、选择题（每小题 2 分，共 20 分）

1. 有 "220V、100W""220V、25W" 白炽灯两盏，串联后接入 220V 交流电源，其亮度情况是（   ）。

　　A. 100W 灯泡较亮　　　　　　　　　B. 25W 灯泡较亮

　　C. 两只灯泡一样亮

2. 已知工频正弦电压有效值和初始值均为 380V，则该电压的瞬时值表达式为（   ）。

　　A. $u = 380\sin 314t$ V　　　　　　　B. $u = 537\sin(314t + 45°)$ V

　　C. $u = 380\sin(314t + 90°)$ V

3. 一个电热器，接在 10V 的直流电源上，产生的功率为 P。把它改接在正弦交流电源上，使其产生的功率为 P/2，则正弦交流电源电压的最大值为（   ）。

　　A. 7.07V　　　　　B. 5V　　　　　　C. 14V　　　　　　D. 10V

4. 提高供电线路的功率因数，下列说法正确的是（   ）。

　　A. 减少了用电设备中无用的无功功率

B. 可以节省电能

C. 减少了用电设备的有功功率，提高了电源设备的容量

D. 可提高电源设备的利用率并减小输电线路中的功率损耗

5. 已知 $i_1 = 10\sin(314t + 90°)$ A，$i_2 = 10\sin(628t + 30°)$ A，则（　　）。

　　A. i_1 超前 i_2 60°　　B. i_1 滞后 i_2 60°　　　C. 相位差无法判断

6. 纯电容正弦交流电路中，电压有效值不变，当频率增大时，电路中电流将（　　）。

　　A. 增大　　　　　　B. 减小　　　　　　C. 不变

7. 在 RL 串联电路中，U_R=16V，U_L=12V，则总电压为（　　）。

　　A. 28V　　　　　　B. 20V　　　　　　C. 2V

8. RLC 串联电路在 f_0 时发生谐振，当频率增加到 $2f_0$ 时，电路性质呈（　　）。

　　A. 电阻性　　　　　B. 电感性　　　　　C. 电容性

9. 串联正弦交流电路的视在功率表征了该电路的（　　）。

　　A. 电路中总电压有效值与电流有效值的乘积

　　B. 平均功率

　　C. 瞬时功率最大值

10. 实验室中的功率表用来测量电路中的（　　）。

　　A. 有功功率　　　　B. 无功功率　　　　C. 视在功率　　　　D. 瞬时功率

四、简答题（每小题 3 分，共 12 分）

1. 有"110V、100W"和"110V、40W"两盏白炽灯，能否将它们串联后接在 220V 的工频交流电源上使用？为什么？

2. 试述提高功率因数的意义和方法。

3. 某电容器额定耐压值为 450V，能否把它接在交流 380V 的电源上使用？为什么？

4. 一位同学在做日光灯电路实验时，用万用表的交流电压挡测量电路各部分的电压，实测路端电压为 220V，灯管两端电压 U_1=110V，镇流器两端电压 U_2=178V。即总电压既不等于两分电压之和，又不符合 $U^2=U_1^2 + U_2^2$，此实验结果如何解释？

五、分析计算题（共 38 分）

1. 试求下列各正弦量的周期、频率和初相，以及二者的相位差。（5 分）

（1）$3\sin314t$　　　　　（2）$8\sin(5t + 17°)$

2. 某电阻元件的参数为 8Ω，接在 $u = 220\sqrt{2}\sin314t$ V 的交流电源上。通过电阻元件上的电流 i，如用电流表测量该电路中的电流，其读数为多少？电路消耗的功率是多少瓦？若电源的频率增大一倍，电压有效值不变又如何？（8 分）

3. 某线圈的电感量为 0.1H，电阻可忽略不计，接在 $u = 220\sqrt{2}\sin314t$ V 的交流电源上。试求电路中的电流及无功功率。若电源频率为 100Hz，电压有效值不变又如何？写出电流的瞬时值表达式。（8 分）

4. 利用交流电流表、交流电压表和交流单相功率表可以测量实际线圈的电感量。设加在线圈两端的电压为工频 110V，测得流过线圈的电流为 5A，功率表读数为 400W，则该线圈的电感量为多大？（9 分）

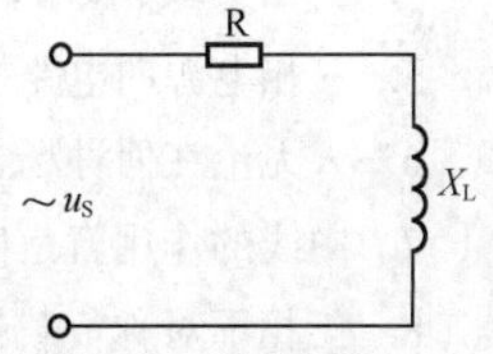

5. 如图 3.47 所示电路中，已知电阻 R=6Ω，感抗 X_L=8Ω，电源端电压的有效值 U_S=220V。求电路中电流的有效值 I。（8 分）

图 3.47　分析计算题 5 电路图

第3单元技能训练检测题2（共100分，120分钟）

一、填空题（每空 0.5 分，共 20 分）

1. 对称三相交流电是指_____相等、_____相同、_____上互差120° 的 3 个_____的组合。

2. 三相四线制供电系统中，负载可从电源获取_____和_____两种不同的电压值。其中_____是_____的 $\sqrt{3}$ 倍，且相位上超前与其相对应的_____30°。

3. 由发电机绕组首端引出的输电线称为_____，由电源绕组尾端中性点引出的输电线称为_____。_____与_____之间的电压是线电压，_____与_____之间的电压是相电压。电源绕组为_____接时，其线电压是相电压的_____倍；电源绕组为_____接时，线电压是相电压的_____倍。对称三相丫接电路中，中线电流通常为_____。

4. 有一对称三相负载丫接，每相阻抗均为 22Ω，功率因数为 0.8，测出负载中的电流是 10A，那么三相电路的有功功率等于_____；无功功率等于_____；视在功率等于_____。假如负载为感性设备，其等效电阻是_____；等效电感量是_____。

5. 实际生产和生活中，工厂的一般动力电源电压标准为_____；生活照明电源电压的标准一般为_____；_____V 以下的电压称为安全电压。

6. 三相三线制电路中，测量三相有功功率通常采用_____法。

7. _____功率的单位是瓦特，_____功率的单位是 Var（乏），_____功率的单位是 V·A（伏·安）。

8. 有功功率意味着_____；无功功率意味着_____。

9. 根据一次能源形式的不同，电能生产的主要方式有_____、_____、风力发电和_____等。

10. 三相负载的额定电压等于电源线电压时，应做_____连接，额定电压约等于电源线电压的 0.577 倍时，三相负载应做_____连接。按照这样的连接原则，两种连接方式下，三相负载上通过的电流和获得的功率_____。

二、判断题（每小题 1 分，共 10 分）

1. 三相四线制当负载对称时，可改为三相三线制而对负载无影响。　　　　（　　）

2. 三相负载丫连接时，总有 $U_1 = \sqrt{3}U_P$ 关系成立。　　　　　　　　（　　）

3. 三相用电器正常工作时，加在各相上的端电压等于电源线电压。　　　　（　　）

4. 三相负载丫接时，无论负载对称与否，线电流总等于相电流。　　　　　（　　）

5. 三相电源向电路提供的视在功率为 $S = S_A + S_B + S_C$。　　　　　　（　　）

6. 人无论在何种场合，只要所接触电压为 36V 以下，就是安全的。　　　　（　　）

7. 中线的作用就是使不对称丫接三相负载的端电压保持对称。　　　　　　（　　）

8. 三相不对称负载越接近对称，中线上通过的电流就越小。　　　　　　　（　　）

9. 为保证中线可靠，不能安装熔断器和开关，且中线截面较粗。　　　　　（　　）

10. 电能是一次能源。　　　　　　　　　　　　　　　　　　　　　　　（　　）

三、选择题（每小题 2 分，共 12 分）

1. 对称三相电路是指（　　）。

    A．三相电源对称的电路　　　　　　B．三相负载对称的电路

    C．三相电源和三相负载都是对称的电路

2. 三相四线制供电线路，已知做星形连接的三相负载中 A 相为纯电阻，B 相为纯电感，C 相为纯电容，通过三相负载的电流均为 10A，则中线电流为（　　）。

    A．30A　　　　　　B．10A　　　　　　C．7.32A

3. 在电源对称的三相四线制电路中，若三相负载不对称，则该负载各相电压（　　）。

    A．不对称　　　　　B．仍然对称　　　　　C．不一定对称

4. 三相发电机绕组接成三相四线制，测得 3 个相电压 $U_A=U_B=U_C=220V$，3 个线电压 $U_{AB}=380V$，$U_{BC}=U_{CA}=220V$，这说明（　　）。

    A．A 相绕组接反了　　B．B 相绕组接反了　　C．C 相绕组接反了

5. 三相对称交流电路的瞬时功率是（　　）。

    A．一个随时间变化的量

    B．一个常量，其值恰好等于有功功率

    C．0

6. 三相四线制中，中线的作用是（　　）。

    A．保证三相负载对称　　　　　　　B．保证三相功率对称

    C．保证三相电压对称　　　　　　　D．保证三相电流对称

四、简答题（共 30 分）

1. 某教学楼照明电路发生故障，第二层和第三层楼的所有电灯突然暗下来，只有第一层楼的电灯亮度未变，试问这是什么原因？同时发现第三层楼的电灯比第二层楼的还要暗些，这又是什么原因？你能说出此教学楼的照明电路是按何种方式连接的吗？这种连接方式符合照明电路安装原则吗？（8 分）

2. 对称三相负载做△接，在火线上串入 3 个电流表来测量线电流的数值，在线电压 380V 下，测得各电流表读数均为 26A，当 AB 之间的负载发生断路时，3 个电流表的读数各变为多少？当发生 A 火线断开故障时，各电流表的读数又是多少？（6 分）

3. 指出图 3.48 所示电路各表读数。已知 V_1 表的读数为 380V。（8 分）

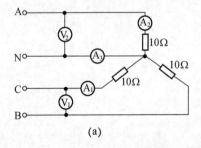
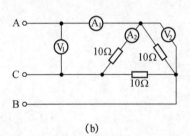

图 3.48　简答题 3 电路图

4. 手持电钻、手提电动砂轮机都采用 380V 交流供电方式。使用时要穿绝缘胶鞋、戴绝缘手套工作。既然它整天与人接触，为什么不用安全低压 36V 供电？（4 分）

5. 楼宇照明电路是不对称三相负载的实例。在什么情况下三相灯负载的端电压对称？在什么情况

下三相灯负载的端电压不对称？（4分）

五、分析计算题（共28分）

1. 一台三相异步电动机，定子绕组按丫接方式与线电压为380V的三相交流电源相连。测得线电流为6A，总有功功率为3kW。试计算各相绕组的等效电阻 R 和等效感抗 X_L 的数值。（8分）

2. 已知三相对称负载连接成三角形，接在线电压为220V的三相电源上，火线上通过的电流均为17.3A，三相功率为4.5kW。求各相负载的电阻和感抗。（8分）

3. 三相对称负载，已知 $Z=(3+j4)\Omega$，接于线电压等于380V的三相四线制电源上，试分别计算星形连接和三角形连接时的相电流、线电流、有功功率、无功功率、视在功率。（8分）

4. 已知 $u_{AB}=380\sqrt{2}\sin(314t+60°)\text{V}$，试写出 u_{BC}、u_{CA}、u_A、u_B、u_C 的解析式。（4分）

第4单元

磁路与变压器

变压器是一种既能变换电压、又能变换电流、还能变换阻抗的重要电气设备，在电力系统和电子电路中得到了广泛的应用。由于变压器是依据电磁感应原理工作的，因此讨论变压器时，既会遇到电路问题，又会遇到磁路问题，其中磁路是掌握变压器原理的基础知识，也是后面学习电机、电器的理论基础。本单元将在介绍磁路的基础上，对变压器的基本结构组成及工作原理进行分析研究。

4.1 铁心线圈、磁路

电流不仅具有热效应，同时还具有磁效应。空心载流线圈产生的磁场较弱，不能满足电工设备的需要，若在线圈中套入铁心，则铁心线圈就会获得较强的磁场，从而满足电工设备小电流、强磁场的要求。

铁心线圈、磁路

4.1.1 磁路的基本物理量

高中物理学中，我们认识了自然界中磁铁的周围空间和电流的周围空间存在的一种特殊物质——磁场。磁场中磁力作用的通路称为磁路。磁场在磁路中某点的强弱和方向可以用磁力线定性描述。

实际工程应用中，仅能定性描述磁场和磁路情况，已经满足不了电工电子技术上的需求。因此，引入能够定量反映磁场和磁路基本性质与特征的以下几个物理量。

磁路的基本物理量

1. 磁感应强度

磁感应强度 B 是描述介质中某点磁场强弱和方向的物理量，其大小可用位于该点的通电导体所受磁场作用力来衡量。磁感应强度 B 的大小主要取决于磁场介质的性质。磁

感应强度的单位是 T（特斯拉，简称特）和 Gs（高斯），二者的换算关系为

$$1T=10^4Gs$$

2. 磁通

垂直穿过磁场中单位面积的磁力线总量称为磁通，用符号 Φ 表示。在电磁学中，我们常把磁通所经过的路径称作磁路。磁通定义为磁感应强度 B 与垂直于磁场方向的面积 S 的乘积，即

$$\Phi = BS \text{ 或 } B = \frac{\Phi}{S} \tag{4.1}$$

当磁感应强度 B 的单位取 T、面积 S 的单位取 m^2 时，磁通 Φ 的单位是 Wb（韦伯）；当磁感应强度 B 的单位取 Gs、面积 S 的单位取 cm^2 时，磁通 Φ 的单位是 Mx（麦克斯韦）。两种单位之间的换算关系是

$$1Wb=10^8Mx$$

3. 磁场强度

为了计算方便，引入磁场强度的概念，并把它定义为磁感应强度 B 与该处物质的磁导率 μ 之比，即

$$H = \frac{B}{\mu} \tag{4.2}$$

式（4.2）表明，磁场强度 H 仅描述了电流的磁场强弱和方向，与磁场所处介质无关。磁场强度 H 的单位是 A/m（安/米）或 A/cm（安/厘米），换算关系为

$$1A/m = 10^{-2}A/cm$$

磁感应强度和磁场强度都是反映磁场强弱和方向的物理量，但磁感应强度反映的是介质的磁场，其大小取决于介质的导磁性能；而磁场强度反映的是电流的磁场，其大小取决于通过铁心线圈中的电流大小。

4.1.2 磁路欧姆定律

图 4.1 所示为交流铁心线圈示意图。电源和绕组构成铁心线圈的电路部分，铁心构成线圈的磁路部分。当铁心线圈两端加上正弦交流电压 u 时，线圈电路中就会有按正弦规律变化的电流 i 通过。电流 i 通过 N 匝线圈时形成的磁动势 $F_m = IN$，磁动势在铁心中激发按正弦规律变化、沿铁心闭合的工作磁通 Φ。

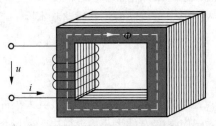

磁路欧姆定律

图 4.1 交流铁心线圈示意图

磁路与电路比较：电路中流通的是电流 I，磁路中穿过的是磁通 Φ；电动势是激发电流的因素，磁动势是激发磁通的原因；电阻阻碍电流，磁阻阻碍磁通。因此，磁路中的磁动势、磁通和磁阻三者之间的关系可比照电路欧姆定律写作

$$\Phi = \frac{F_m}{R_m} = \mu S \frac{NI}{l} \tag{4.3}$$

式（4.3）称为磁路欧姆定律。式中磁阻 $R_m = \dfrac{l}{\mu S}$，l 为磁路的长度，S 为磁路的横截面积。

由于铁磁材料的磁导率 μ 是一个变量，所以磁阻 R_m 不是常数。因此，磁路欧姆定律远没有电路欧姆定律应用得那么广泛。工程实际中，磁路欧姆定律通常用来对磁路进行定性分析，很少用来定量计算。

由磁路欧姆定律可知，若铁心磁路中存在气隙，由于铁磁材料的磁导率 μ 要比空气的磁导率 μ_0 大几百倍、几千倍甚至上万倍，因此很小一段气隙的磁阻就会远大于整个铁心的磁阻。当铁心磁路存在气隙或气隙增大时，必然造成磁路中磁阻 R_m 的大大增加，由此必将引起激磁电流大大增加。

4.1.3 铁磁物质的磁性能

铁磁物质具有高导磁性、磁饱和性、磁滞性及剩磁性。

1. 高导磁性

铁磁物质的磁性能

铁磁物质之所以具有良好的导磁性能，是由物质内部结构决定的：在铁磁物质内部，往往几百或更多相邻的分子电流流向一致，这些流向一致的分子电流的磁场排列整齐，方向相同，在它们所处的局部范围显示一个个小磁性区域，这些天然的小磁性区域称为磁畴，磁畴的体积约为 $10^{-9}\mathrm{cm}^3$。铁磁物质内部的这种磁畴结构，就好比它们内部存在一个个小磁体，这些小磁体在无外磁场作用时，排列顺序杂乱无章，因此它们的磁场相互抵消，对外不能显示磁性，如图 4.2（a）所示。

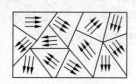
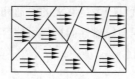

（a）无外磁场   （b）有外磁场

图 4.2　铁磁材料的磁畴与磁化

如果铁磁物质处在外磁场中，物质内部的磁畴就会受到外磁场的作用而进行归顺性排列，原来无序的小磁畴将顺着外磁场的方向转向，形成一个与外磁场方向一致的附加磁场，从而使铁磁物质内部的磁感应强度大大增加，如图 4.2（b）所示。

铁磁物质由没有磁性到具有磁性的过程，称为磁化。非铁磁物质内部没有磁畴结构，即使处在磁场中，也不能够被磁化。

铁磁物质磁化的过程可用 $B\text{-}H$ 曲线来描述。把一个原来不具有磁性的环形铁心线圈接在图 4.3（a）所示的实验电路中。先在线圈中加以正向电压，调节可变电阻 R 使正向电流从零开始

增大，原来不具有磁性的铁心就会在电流的磁场 H 作用下被磁化，磁化过程如图 4.3（b）所示。

在磁化曲线的 Oa 段，铁磁材料的内部磁畴由于处在惯性扭转范围，因此内部附加磁场的磁感应强度 B 随外磁场的增加基本成正比增大；到了磁化曲线的 ab 段，绝大多数磁畴受外磁场的作用进行归顺性扭转，内部附加磁场的磁感应强度 B 随外磁场的增加几乎直线上升，表明了铁磁物质具有的高导磁性。铁磁材料这一高导磁性被广泛应用于电工设备中。如电机、变压器及各种电磁铁的线圈都套在铁心上，正是利用了铁磁物质的这种高导磁性，为小电流获得强磁场提供了可能。

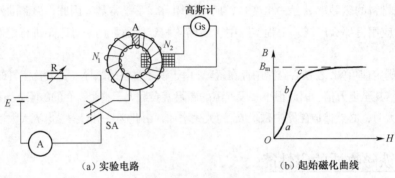

（a）实验电路　　　　　　　　　　　（b）起始磁化曲线

图 4.3　物质的磁化曲线

2. 磁饱和性

起始磁化曲线的 bc 段，由于绝大多数磁畴已经排列好，只有剩余极少部分的磁畴继续顺外磁场方向进行排列，因此铁磁材料内部的附加磁场随外电流磁场增加的速度慢下来，这一段称为起始磁化曲线的膝部；过 c 点以后，由于铁磁物质内部的磁畴几乎全部转向完毕，再增加外磁场，磁感应强度 B 几乎不能再增加，表明铁磁材料内部的附加磁场已经饱和。铁磁材料的磁饱和性说明磁路中的磁通和线圈中的电流并不总是成正比，磁导率在接近饱和时会下降，致使磁阻 R_{m} 上升，而 R_{m} 又不像电阻 R 数值恒定，因此，线圈铁心工作在饱和段时，激磁电流较 c 点之前会大大增加。

工程实际中，通常把铁心的最佳工作点选择在 bc 之间的某一点。这样，在加有铁心的线圈中通入不大的励磁电流，就可产生足够大的磁通和磁感应强度，从而达到了既要磁通大又要励磁电流小的要求。同时，选用高导磁性的材料可使容量相同的电器体积大大减小。

3. 磁滞性和剩磁性

铁心磁化至饱和段后，调节可变电阻 R 使电流慢慢减小到零，然后再改变双向开关的位置，让线圈中通入反向的磁化电流，当反向激磁电流从零开始增大直到铁心磁化至反向饱和时，再减小反向电流。如此让铁心反复磁化一周，可得到一个图 4.4 所示的闭合回线。闭合回线显示：当电流的磁场强度 H 减到零时，铁磁材料内部的附加磁场强度 B 并不为零。

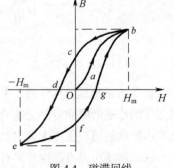

图 4.4　磁滞回线

这一现象说明铁磁物质内部已经排列整齐的磁畴不会完全恢复到磁化前杂乱无章的状态，仍保留一定的磁性，这部分剩余磁性就是图 4.4 中的 Oc 段和 Of 段，称为剩磁，各种人造的永久磁体就是根据剩磁原理制作的。若要消除剩磁，必须施加反向矫顽磁力，如图 4.4 中的 *Od* 段和 *Og* 段，强行把磁畴扭转到原来的状态。可以看出，铁心在反复磁化的过程中，磁感应强度 *B* 的变化总是落后于磁场强度 *H* 的变化，这种现象称为铁磁物质的磁滞性，相应的 *B-H* 关系绘出的闭合回线称为磁滞回线。

4.1.4　铁磁材料的分类和用途

不同铁磁物质的磁滞回线形状各不相同，如图 4.5 所示。

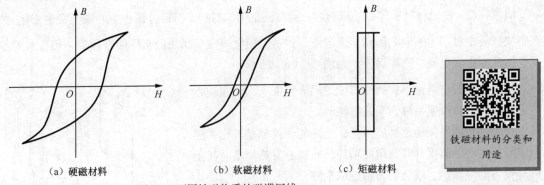

(a) 硬磁材料　　　　　　(b) 软磁材料　　　　　　(c) 矩磁材料

铁磁材料的分类和用途

图 4.5　不同铁磁物质的磁滞回线

观察图 4.5（a），这种铁磁材料磁滞回线包围的面积较宽大，表明其磁导率不太高，因此磁化时需较大的激磁电流。撤掉外磁场后，这种铁磁材料还能保留很大的剩磁，若要去掉剩磁，又需较大的矫顽磁力，即不易去磁。这类物质构成的工程应用材料称为硬磁材料。如铁磁物质中的碳钢、钨钢、铝镍钴合金等。硬磁材料主要用来制作各种永久磁铁，用于磁电式仪表、永磁式扬声器、永磁电动机、发电机、磁悬浮、软水器、流量计、微波器、核磁共振、磁疗、传感器、耳机等。

观察图 4.5（b），这种铁磁材料磁滞回线包围的面积比较小，回线很窄，表明其磁导率很高、极易磁化、剩磁较小、易退磁的特点。工程实际中的纯铁、硅钢、坡莫合金和软磁铁氧体等铁磁物质构成的工程材料均属于这类软磁材料。软磁材料适用于需要反复磁化的场合，其中低碳钢和硅钢片多用作电机和变压器的铁心；含镍的铁合金片多用于变频器和继电器；铁氧体和非晶态材料多用于振荡器、滤波器、磁头等高频磁路。

观察图 4.5（c）的磁滞回线，其特点是加很小的外磁场就能使它磁化，并立刻达到饱和值，去掉外磁场后，磁性仍然保持饱和时的状态。加反向磁场时，又会马上由正向饱和值跳变为反向饱和值，并保持该反向饱和值不变。由于这类铁磁物质构成的工程材料在反复磁化时获得的磁滞回线形状像一个矩形而被称为矩磁材料。矩磁材料磁化时只具有正向饱和和反向饱和两种稳定状态，工作可靠，稳定性良好，同时这两种稳定状态恰好对应二进制中的 0 和 1 两个数码，因此在计算机和控制系统中被广泛应用于制作各类存储器记忆元件、开关元件和逻辑元件的磁芯。常用的矩磁材料有镁锰铁氧体及 1J51 型铁镍合金等。

综上所述，铁磁材料根据工程上用途的不同可分为硬磁材料、软磁材料和矩磁材料三大类。

4.1.5　铁心损耗

铁心工作在交变磁场中会发热，铁心发热所造成的能量损耗称为铁损耗，铁损耗包括磁滞损耗和涡流损耗。

磁滞损耗：铁磁材料工作在交变电流的磁场中时，内部磁畴的极性取向随着外磁场来回翻转，翻转过程中磁畴间相互碰撞和内摩擦使铁心发热，这种热量损失称为磁滞损耗。显然，磁滞损耗与电流的频率有关。磁滞回线包围的面积越大，磁滞损耗越大。

铁心损耗

涡流损耗：铁磁材料不仅是导磁材料，同时还是导电材料，当穿过铁心中的磁通发生变化时，在整块铁心中将产生感应电压和感应电流。这种感应电流在金属块内自成闭合回路，很像水的漩涡，因此叫作涡电流，简称涡流，如图 4.6（a）所示。

整块金属的电阻很小，所以形成的涡流很强。涡流在铁心电阻上引起的热量损失称为涡流损耗。

无论是磁滞损耗还是涡流损耗，最终的形式都是转化为热量，致使铁心的温度升高而增加功耗，当铁心发热严重时甚至破坏设备的绝缘性，就会对设备造成损害。

为减少铁损耗带给设备的危害，交流电工设备中的铁心都不用整块铁磁性材料制作，而是在顺着磁场的方向上

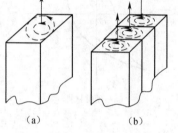

(a) 　　　　(b)

图 4.6　铁心中的涡流

用表面彼此绝缘的 0.35mm 或 0.5mm 厚的硅钢片叠压制成，如图 4.6（b）所示。硅钢片具有较大的电阻率和磁导率，同时又因硅钢片将涡流限制在较小的截面内流通，加长了涡流的路径，另外，由于硅钢材料的电阻率大，其涡流损失只有普通钢的 1/5 ~ 1/4，从而最大限度地减小了涡流和涡流损耗。硅钢片越薄铁损越低，当硅钢片用于高频电路中时，厚度只有 0.05 ~ 1mm。

事物总是有两面性的，涡流对电机、电器的铁心可造成损害，必须采取措施加以限制。但是，利用涡流效应可以做成一些感应加热的设备，或用以减少运动部件振荡的阻尼器件等。如用来冶炼合金钢的真空冶炼炉，炉外绕有线圈，线圈中通入反复变化的高频大电流，就会在炉内的金属中产生涡流。涡流产生的热量使金属熔化。利用涡流冶炼金属的优点是整个冶炼能在真空中进行，可防止空气中的杂质进入金属，从而冶炼出高质量的合金。另外家庭中常用的电磁炉，也是采用涡流感应加热原理工作的。使用时，电磁炉内部电子线路板的组成部分可产生交变磁场，当铁质锅具底部放置炉面时，锅具即切割交变磁场而在锅具底部金属部分产生涡流，使锅具铁原子高速无规则运动，原子互相碰撞、摩擦而产生热能，用来加热和烹饪食物，从而达到煮食的目的。另外，电能表的铝盘转动，也是利用了涡流原理。

4.1.6　主磁通原理

仍以图 4.1 所示交流铁心线圈进行讨论。当线圈两端所加电压为正弦量时，电路中的电流和磁路中的磁通也都是同频率的正弦量，根据法拉第电磁感应定律，线圈上的感应电压为

$$u_{\mathrm{L}} = N\frac{\mathrm{d}\varPhi}{\mathrm{d}t} = N\frac{\mathrm{d}(\varPhi_{\mathrm{m}}\sin\omega t)}{\mathrm{d}t}$$
$$= N\omega\varPhi_{\mathrm{m}}\cos\omega t$$
$$= 2\pi fN\varPhi_{\mathrm{m}}\sin(\omega t + 90°)$$
$$= U_{\mathrm{Lm}}\sin(\omega t + 90°) \tag{4.4}$$

一般情况下，电源电压有效值与自感电压有效值近似相等，因此

$$U \approx \frac{U_{\mathrm{Lm}}}{\sqrt{2}} = \frac{2\pi fN\varPhi_{\mathrm{m}}}{1.414} = 4.44fN\varPhi_{\mathrm{m}} \tag{4.5}$$

式（4.5）表明，当线圈匝数 N 及电源频率 f 一定时，铁心中工作主磁通最大值 $\varPhi_{\mathrm{m}}$ 的大小，取决于励磁线圈的外加电压有效值，与铁心的材料及几何尺寸无关。

主磁通原理

主磁通原理：对交流铁心线圈而言，当外加电压有效值 U 与频率 f 一定时，铁心中工作主磁通的最大值 $\varPhi_{\mathrm{m}}$ 将始终维持不变。

主磁通原理和磁路欧姆定律作用类似，都是分析交流铁心线圈磁路的重要依据。由主磁通原理可知，电机、电器在正常工作时，由于主磁通 $\varPhi$ 基本保持不变，因此铁损耗基本不变，所以通常把铁损耗称为不变损耗。电机、电器绕组上的铜损耗由于与通过绕组中电流的平方成正比，所以负载变动时电流变动，铜损耗随之变化，因此常把铜损耗称为可变损耗。

【例 4.1】 一个交流电磁铁因出现机械故障，造成通电后衔铁不能吸合，结果把线圈烧坏，试分析其原因。

【解】 衔铁不能吸合，造成磁路中始终存在一个气隙，气隙虽小但气隙磁阻 R_{m} 却远大于衔铁正常吸合时磁路的磁阻。由主磁通原理可知，线圈两端电压有效值 U 及电源频率 f 不变时，铁心磁路中工作主磁通的最大值 $\varPhi_{\mathrm{m}}$ 基本保持不变。又由磁路欧姆定律可知，磁路中工作主磁通不变，意味着磁动势 IN 和磁阻 R_{m} 二者的比值不能变。磁阻增大，磁动势 IN 必须相应增大。由于线圈匝数 N 制造时就确定了，因此，必须增大电流以产生足够的磁动势 IN，才能保持 $\varPhi_{\mathrm{m}}$ 基本不变。

结论：交流电磁铁的衔铁被卡住不能吸合时，由于磁阻的大大增加而造成激磁电流急剧增大，通常会超出正常值很多倍，导致线圈过热而烧坏。

问题与思考

1. 磁通 $\varPhi$、磁导率 μ、磁感应强度 B 和磁场强度 H 分别表征了磁路的哪些特征？这些描述磁场的物理量单位上有何不同？其中 B 和 H 的概念有何异同？

2. 根据物质导磁性能的不同，自然界中的物质可分为哪几类？它们在相对磁导率上的区别是什么？铁磁物质具有哪些磁性能？

3. 铜和铝能够被磁化吗？为什么？

4. 根据工程上用途的不同，铁磁材料可分为哪几类？试述它们的特点和用途。

5. 何为铁损耗？什么是磁滞损耗？什么是涡流损耗？

6. 通常电机、电器的铁心为什么做成闭合的？如果铁心回路中存在间隙，对电机、电器有何影响？

4.2　变压器的基本结构和工作原理

4.2.1　变压器的基本结构

在图 4.1 的交流铁心上再加上一个线圈，就构成了一个图 4.7（a）所示最简单的双绕组单相变压器，双绕组单相变压器的电路图形符号如图 4.7（b）所示。

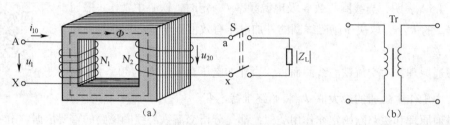

图 4.7　变压器结构原理图及图形符号

变压器的主体结构是由铁心和绕组两大部分构成的。变压器的绕组与绕组之间、绕组与铁心之间均相互绝缘。

绕组构成了变压器的电路部分。电力变压器的绕组通常用绝缘的扁铜线或扁铝线绕制而成；小型变压器的绕组一般用漆包线绕制而成。变压器电路部分的作用是接收和输出电能，通过电磁感应实现电量的变换。与电源相接的绕组称为原边（或原绕组、一次侧），单相变压器的原边首、尾端通常用 A、X 表示；与负载相接的绕组称为副边（或副绕组、二次侧），常用 a、x 表示。原边各量一般采用下标"1"，副边各量采用下标"2"。

变压器的基本结构

铁心构成变压器的磁路部分。各类变压器用的铁心材料都是软磁材料。电力系统中为减小铁心中的磁滞损耗和涡流损耗，常用 0.35～0.5mm 厚的硅钢片叠压制成变压器铁心；电子工程中音频电路的变压器铁心一般采用坡莫合金制作，高频电路中的变压器铁心则广泛使用铁氧体。变压器磁路的作用是利用磁耦合关系实现电能的传递。

4.2.2　变压器的工作原理

1. 变压器的空载运行与变换电压的作用

变压器原边接交流电源，副边开路的运行状态称空载。变压器的空载运行如图 4.7（a）所示。

当变压器原边所接电源电压和频率不变时，根据主磁通原理可知，变压器铁心中通过的工作主磁通 Φ 应基本保持为一个常量。

由于变压器铁心是用高导磁性的软磁材料制成的，因此，产生工作主磁通 Φ 仅需很小的激励电流 i_{10}。变压器原边空载运行时的激励电流值通常仅为变压器额定电流的 3%～8%。

变压器的工作原理

变压器铁心中交变的工作主磁通 Φ，穿过其原边时产生自感电压 u_{L1}，其有效值为

$$U_{L1} \approx 4.44 f N_1 \Phi_m$$

由于变压器的空载损耗极小，通常可认为电源电压 $U_1 \approx U_{L1}$。铁心中的工作主磁通 Φ 穿过副边时将在副边产生互感电压 u_{M2}，互感电压的有效值为

$$U_{M2} = 4.44 f N_2 \Phi_m$$

变压器空载时，副边开路电流为零，此时副边不存在损耗，有 $U_{20} = U_{M2}$。

这样，我们就可得到变压器空载情况下原边、副边电压的比值为

$$\frac{U_1}{U_{20}} \approx \frac{U_{L1}}{U_{M2}} = \frac{4.44 f N_1 \Phi_m}{4.44 f N_2 \Phi_m} = \frac{N_1}{N_2} = k \qquad (4.6)$$

式中 k 称为变压器的变压比，简称变比。显然，变压器原边、副边电压之比等于其原边、副边的匝数之比。当 $k > 1$ 时为降压变压器；当 $k < 1$ 时为升压变压器。

【例 4.2】　一台 $S_N = 600 \text{kV} \cdot \text{A}$ 的单相变压器，接在 $U_1 = 10\text{kV}$ 的交流电源上，空载运行时它的副边电压 $U_{20} = 400\text{V}$，试求变比 k；若已知 $N_2 = 32$ 匝，求 N_1。

【解】　根据式（4.6）可得

$$k \approx \frac{U_1}{U_{20}} = \frac{10000}{400} = 25$$

$$N_1 = k N_2 = 25 \times 32 = 800 \text{（匝）}$$

【例 4.3】　一台 35kV 的单相变压器接在工频交流电源上，已知副边空载电压 $U_{20} = 6.6\text{kV}$，铁心截面积为 1120cm^2，若选取铁心中的磁感应强度 $B_m = 1.5\text{T}$，求变压器的变比及其原边、副边匝数 N_1 和 N_2。

【解】　根据式（4.6）可得

$$k \approx \frac{U_1}{U_{20}} = \frac{35}{6.6} \approx 5.3$$

铁心中工作主磁通的最大值为

$$\Phi_m = B_m S = 1.5 \times 1120 \times 10^{-4} = 0.168 \text{（Wb）}$$

原边、副边匝数分别为

$$N_1 = \frac{U_1}{4.44 f \Phi_m} = \frac{35000}{4.44 \times 50 \times 0.168} \approx 938 \text{（匝）}$$

$$N_2 = \frac{N_1}{k} = \frac{938}{5.3} \approx 177 \text{（匝）}$$

2. 变压器的负载运行与变换电流的作用

图 4.8 所示为变压器的负载运行原理图。变压器在负载运行状态下，副边感应电压 u_2 将在负载回路中激发电流 i_2。由于 i_2 的大小和相位主要取决于负载的大小和性质，因此常把 i_2 称为负载电流。

负载电流通过副边时建立磁动势

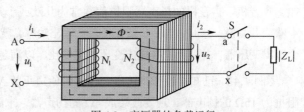

图 4.8　变压器的负载运行

$\dot{I}_2 N_2$，$\dot{I}_2 N_2$ 作用于变压器磁路并力图改变工作主磁通 Φ。但是 U_1 和电源频率 f 并没有发生变化，因此变压器铁心中的工作主磁通 Φ 应维持原值不变。这时，原边磁动势将由空载时的 $\dot{I}_{10} N_1$ 相应增大至 $\dot{I}_1 N_2$，其增大的部分恰好与副边磁动势 $\dot{I}_2 N_2$ 的影响相抵消，即

$$\dot{I}_1 N_1 + \dot{I}_2 N_2 = \dot{I}_{10} N_1 \tag{4.7}$$

其中 $\dot{I}_{10}$ 很小，如果忽略不计，上式可改写为

$$\dot{I}_1 N_1 + \dot{I}_2 N_2 \approx 0$$

或

$$\dot{I}_1 N_1 \approx -\dot{I}_2 N_2 \tag{4.8}$$

由式（4.8）可推出变压器负载运行时的原边、副边电流有效值的关系为

$$\frac{I_1}{I_2} \approx \frac{N_2}{N_1} = \frac{1}{k} \tag{4.9}$$

需注意：副边电流的大小是由负载阻抗的大小决定的，原边电流的大小又取决于副边电流，因此，变压器原边电流的大小取决于负载的需要。当负载需要的功率增大（或减小）时，即 $I_2 U_2$ 增大（或减小），$I_1 U_1$ 随之增大（或减小）。换句话说，变压器原边通过磁耦合将功率传送给负载，并能自动适应负载对功率的需求。

变压器在能量传递过程中损耗很小，基本上可认为其输入、输出容量基本相等，即

$$U_1 I_1 \approx U_2 I_2 \tag{4.10}$$

由式（4.10）也可看出

$$\frac{I_1}{I_2} \approx \frac{U_2}{U_1} = \frac{N_2}{N_1} = \frac{1}{k}$$

可见，变压器改变电压的同时也改变了电流，这就是变压器变换电流的原理。

3. 变压器的变换阻抗作用

仍以图 4.8 作为分析对象。图中 $Z_L = U_2/I_2$，原边输入等效阻抗 $Z_1 = U_1/I_1$。把变压器上的电压、电流变换关系代入到原边输入等效阻抗公式中可得

$$Z_1 = \frac{U_1}{I_1} = \frac{U_2 k}{I_2 / k} = k^2 \frac{U_2}{I_2} = k^2 Z_L \tag{4.11}$$

式中的 Z_1 称为变压器副边阻抗 Z_L 归结到变压器原边电路后的折算值，也称为副边对原边的反映阻抗。显然，通过改变变压器的变比，可以达到阻抗变换的目的。

电子技术中常采用变压器的阻抗变换功能，来满足电路中对负载上获得最大功率的要求。例如，收音机、扩音机的扬声器阻抗值通常为几欧或十几欧，而功率输出级常常要求负载阻抗为几十欧或几百欧。这时，为使负载获得最大输出功率，就需在电子设备功率输出级和负载之间接入一个输出变压器，并适当选择输出变压器的变比，以满足阻抗匹配的条件，使负载上获得最大功率。

【例 4.4】 已知某收音机输出变压器的原边匝数 $N_1 = 600$ 匝，副边匝数 $N_2 = 30$ 匝，原来接有阻抗为 16Ω 的扬声器，现要改装成 4Ω 的扬声器，求副边匝数改为多少。

【解】 接 $Z_L = 16\Omega$ 的扬声器时，已达阻抗匹配，原来的变比为

$$k=N_1/N_2=600/30=20$$

则
$$Z_1=k^2Z_L=20^2\times16=6400（\Omega）$$

改装成 $Z_L'=4\Omega$ 的扬声器后，根据式（4.11）可得

$$k'^2=6400/4=1600,\ k'=40$$

因此
$$N_2'=N_1/k'=600/40=15（匝）$$

4.2.3　变压器的外特性及性能指标

1. 变压器的外特性

当变压器接入负载后，随着负载电流 i_2 的增加，副边的阻抗压降也增加，使副边输出电压 u_2 随着负载电流的变化而变化。另一方面，当原边电流 i_1 随 i_2 的增加而增加时，原边的阻抗压降也增加。由于电源电压不变，则原边、副边感应电压都将有所下降，当然也会使副边的输出电压 u_2 下降。变压器的外特性就是用来描述输出电压 u_2 随负载电流 i_2 变化的关系，即 $u_2=f(i_2)$。若把两者之间的对应关系用曲线表示出来，我们就可得到图 4.9 所示的变压器外特性。

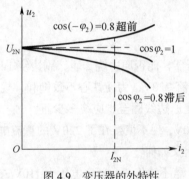

变压器的外特性及
性能指标

图 4.9　变压器的外特性

当负载性质为纯电阻时，功率因数 $\cos\varphi_2=1$，u_2 随 i_2 的增加略有下降；当功率因数 $\cos\varphi_2=0.8$、为感性负载时，u_2 随 i_2 的增加下降的程度加大；当 $\cos(-\varphi_2)=0.8$、为容性负载时，u_2 随 i_2 的增加反而有所增加。由此可见，负载的功率因数对变压器外特性的影响很大。

2. 电压调整率

变压器外特性变化的程度，可以用电压调整率 $\Delta U\%$ 来表示。电压调整率定义如下：变压器由空载到满载（额定电流 I_{2N}）时，副边输出电压 u_2 的变化程度，即

$$\Delta U\%=\frac{U_{20}-U_{2N}}{U_{20}}\times100\% \tag{4.12}$$

电压调整率反映了变压器运行时输出电压的稳定性，是变压器的主要性能指标之一。一般变压器的漏阻抗很小，故电压调整率不大，为 2%～3%。若负载的功率因数过低，会使电压调整率大为增加，负载电流此时的波动必将引起供电电压较大的波动，对负载运行带来不良的影响。为此，当电压波动超过用电的允许范围时，必须进行调整。提高线路的功率因数，也能起到减小电压调整率的作用。

3. 变压器的损耗和效率

在能量传递的过程中，变压器内部将产生损耗。变压器内部的损耗包括铜损耗和铁损耗两部分，即 $\Delta P = \Delta P_{Cu} + \Delta P_{Fe}$。在电源电压有效值 U_1 和频率 f 不变的情况下，由于工作主磁通 Φ 始终维持不变，因此无论空载或满载，变压器的铁损耗 ΔP_{Fe} 几乎是一个固定值，从而印证了铁损耗 ΔP_{Fe} 为不变损耗；而变压器的铜损耗 $\Delta P_{Cu} = I_1^2 R_1 + I_2^2 R_2$，与原边、副边电流的平方成正比，即 ΔP_{Cu} 随负载的大小变化而变化，又印证了铜损耗是可变损耗。

变压器的效率是指变压器输出功率 P_2 与输入功率 P_1 的比值，通常用百分数表示，即

$$\eta = \frac{P_2}{P_1} \times 100\% = \frac{P_2}{P_2 + \Delta P_{Cu} + \Delta P_{Fe}} \times 100\% \tag{4.13}$$

变压器没有旋转部分，内部损耗也较小，故效率较高。控制装置中的小型电源变压器效率通常在 80% 以上，而电力变压器的效率一般可达 95% 以上。

运行中需要注意的是，变压器并非运行在额定负载时效率最高。经实践证明，变压器的负载为满负荷的 70% 左右时，其效率可达最高值。因此，实际应用中需根据负载情况采用最好的运行方式。譬如控制变压器运行的台数、投入适当容量的变压器等，以使变压器能够处在高效率情况下运行。

📖 **问题与思考**

1. 欲制作一个 220V/110V 的小型变压器，能否原边绕 2 匝，副边绕 1 匝？为什么？

2. 已知变压器原边额定电压为工频交流 220V，为使铁心不致饱和，规定铁心中工作磁通的最大值不能超过 0.001Wb，问变压器铁心上原边线圈至少应绕多少匝？

3. 一个交流电磁铁，额定值为工频 220V，现不慎接在了 220V 的直流电源上，会不会烧坏？为什么？若接于 220V、50Hz 的交流电源上又如何？

4. 变压器能否变换直流电压？为什么？若不慎将一台额定电压为 110V/36V 的小容量变压器的原边接到 110V 的直流电源上，副边会出现什么情况？原边会出现什么情况？

5. 变压器运行中有哪些基本损耗？其可变损耗指的什么？不变损耗又是指的什么？

技能训练

实验四　变压器参数测定及绕组极性判别

一、实验目的

1. 学习单相变压器的空载、短路的实验方法。

2. 会利用单相变压器的空载、短路实验测定单相变压器的参数。

3. 掌握变压器同极性端的测试方法。

二、实验主要器材与设备

1. 单相小功率变压器　　　　　　　　一台

2. 交流 380V/220V 电源及单相调压器　　一台

3. 交流电流表　　　　　　　　　　　一块

4. 交流电压表、直流电压表　　　　　　各一块

5. 单相功率表和数字万用表　　　　　　各一块

6. 电流插箱及导线　　　　　　　　　　一套

三、实验原理图及实验步骤

1. 空载实验原理图

单相变压器空载实验原理图如图 4.10 所示。

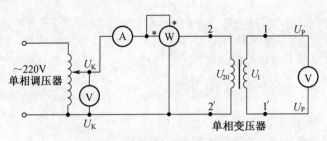

图 4.10　单相变压器空载实验原理图

利用空载实验可以测试出变压器的变压比：$\dfrac{U_1}{U_{20}} = k_U$。空载实验应在低压侧进行，即低压端接电源，高压端开路。

2. 空载实验步骤

（1）按图 4.10 连线，注意单相调压器打在零位上，经检查无误后才能闭合电源开关。

（2）用电压表观察 U_K 读数，调节单相调压器使 U_K 读数逐渐升高到变压器额定电压的 50%。

（3）读取变压器 U_{20} 和 U_1（U_P）电压值，记录在自制的表格中，算出变压器的变比。

（4）继续升高电压至额定值的 1.2 倍，然后逐渐降低电压，把空载电压（电压表读数）、空载电流（电流表读数）及空载损耗（功率表的读数）记录下来，要求在 0.3~1.2 倍额定电压的范围内读取 6 ~ 7 组数据，记录在自制的表格中。注意：U_N 点最好测出。

3. 短路实验原理图

单相变压器短路实验原理图如图 4.11 所示。

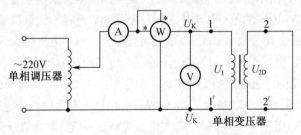

图 4.11　单相变压器短路实验原理图

短路实验一般在高压侧进行，即高压端经调压器接电源，低压端直接短路。

4. 短路实验步骤

（1）为避免出现过大的短路电流，在接通电源之前，必须先将调压器调至输出电压为零的位置，然后才能合上电源开关。

（2）电压从零值开始增加，调节过程要非常缓慢，开始时稍加一个较低的小电压，检查各仪

表是否正常。

（3）各仪表正常后，逐渐缓慢地增加电压数值，并监视电流表的读数，使短路电流升高至额定值的 1.1 倍，把各表读数记录在自制的表格中。

（4）缓慢逐次降低电压，直至电流减小至额定值的 0.5 倍。在从 $1.1I_N$ 往 $0.5I_N$ 调节的过程中读取 5～6 组数据，包括额定电流 I_N 点对应的各电表数值，记录在自制的表格中。

记录电流表（原边电流 I_D）、电压表（原边电压 U_D）及功率表的读数（$P_0=P_{Fe}+P_{Cu}$）。

　①空载实验在升压过程中，要单方向调节，避免磁滞现象带来的影响；②不要带电作业，有问题要首先切断电源，再进行操作；③短路实验应尽快进行，否则绕组过热，绕组电阻增大，会带来测量误差。

5. 同极性端判别实验原理图

变压器绕组同极性端判别实验原理图如图 4.12 所示。

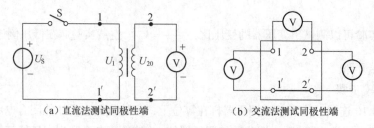

（a）直流法测试同极性端　　　　（b）交流法测试同极性端

图 4.12　变压器绕组同极性端判别实验原理图

6. 变压器绕组同极性端判别实验原理及步骤

变压器的同极性端（同名端）是指通过各绕组的磁通发生变化时，在某一瞬间，各绕组上感应电动势或感应电压极性相同的端钮。根据同极性端钮，可以正确连接变压器绕组。变压器同极性端的测定原理及步骤如下。

（1）直流法测试同极性端

① 按照图 4.12（a）所示电路原理图接线。直流电压的数值根据实验变压器的不同而选择合适的值，一般可选择 6V 以下数值。直流电压表先选择 20V 量程，注意其极性。

② 电路连接无误后，闭合电源开关，在 S 闭合瞬间，原边电流由无到有，必然在原边绕组中引起感应电动势 e_{L1}，根据楞次定律判断 e_{L1} 的方向应与原边电压参考方向相反，即下"−"上"+"；S 闭合瞬间，变化的原边电流的交变磁通不但穿过一次侧，而且由于磁耦合同时穿过副边，因此在副边也会引起一个互感电动势 e_{M2}，e_{M2} 的极性可由接在副边的直流电压表的偏转方向而定：当电压表正偏时，极性为上"+"下"−"，即与电压表极性一致；如指针反偏，则表示 e_{M2} 的极性为上"−"下"+"。

③ 把测试结果填写在自制的表格中。

（2）交流法测试同极性端

① 按照图 4.12（b）所示电路原理图接线。可在原边接交流电压源，电压的数值根据实验变压器的不同而选择合适的值。

② 电路原理图中 1' 和 2' 之间的黑色实线表示将变压器两侧的一对端子进行串联，可串接在两

x

侧任意一对端子上。

③ 连接无误后接通电源。用电压表分别测量两绕组的原边电压、副边电压和总电压。如果测量结果为 $U_{12} = U_{11'} + U_{22}$，则导线相连的一对端子为异极性端；若测量结果为 $U_{12} = U_{11'} - U_{22}$，则导线相连的一对端子为同极性端。

④ 把测试结果填写在自制的表格中。

四、思考题

1. 变压器进行空载实验时，连接原则有哪些？短路实验呢？

2. 用直流法和交流法测得变压器绕组的同极性端是否一致？为什么要研究变压器的同极性端？其意义如何？

3. 你能从变压器绕组引出线的粗细区分原边、副边吗？

4.3 实际应用中的常见变压器

4.3.1 电力变压器

由于各种用电设备使用的场合不同，其额定电压也不尽相同。如日常生活和照明用电一般需用 220V 工频电压，工农业生产中的交流电动机一般用 380V 工频电压，大型设备的高压电动机一般采用 3kV 或 6kV 工频电压等，如果用很多不同电压的发电机向各类负载供电，则既不经济又不方便，实际上也是不可能的。电力系统中为了输电、供电、用电的需要，采用电力变压器把同一频率的交流电压变换成各种不同等级的电压，以满足不同用户的需求。

电力变压器

目前使用的电能，主要是火电厂和水电站的交流发电机产生的。受绝缘水平的限制，发电机的出口电压不可能太高，一般以 6.3kV、10.5kV、13.8kV、18.5kV 居多。这样的电压要将电能输送到很远是不可能的，因为当输送一定功率的电能时，电压越低，则电流越大，因而电能有可能大部分或全部消耗在输电线的电阻上；如果要减小输电线电阻以输送大电流，就要用大截面积的输电线，这样就使铜损耗量大大增加。为了减少输电线路上的能量损耗和减小输电线截面积，需用升压变压器将电能升高到几十千伏或几百千伏，以降低输送电流。例如，将输电电压升高到 110kV 时，可以把 5 万千瓦的功率送到 50～150km 以外的地方去；若将输电电压升高到 220kV，则可把 10 万～20 万千瓦的功率送到 200～300km 的地方去。目前，我国远距离交流输电电压有 35kV、110kV、220kV、550kV 等几个等级，国际上正在实验的交流最高输电电压是 1000kV。如此高的电压是无法直接用于电气设备的。一方面用电设备的绝缘材料不可能具备如此高的耐压等级，另一方面使用也不安全。所以需要通过降压变压器将高电压降到用户需要的低压后方能使用。通常，电能从发电厂（站）到用户的整个输送过程中，需要经过 3～5 次变换电压。

由此可见，在电力系统中，电力变压器的应用是非常广泛的，而且它对电能的经济传输、合理分配和安全使用也具有十分重要的意义。电力变压器如图 4.13 所示。

图 4.13 电力变压器

4.3.2　自耦变压器

电力变压器是双绕组变压器，其原、副绕组相互绝缘绕在同一铁心柱上，两绕组之间仅有磁的耦合而无电的联系。自耦变压器只有一个绕组，原绕组的一部分兼作副绕组。两者之间不仅有磁的耦合，而且还有电的直接联系。

自耦变压器的工作原理和普通双绕组变压器一样，由于同一主磁通穿过两绕组，所以原、副边电压的变比仍等于原、副绕组的匝数比。

实验室使用的自耦变压器通常做成可调式的。它有一个环形的铁心，线圈绕在环形的铁心上。转动手柄时，带动滑动触头来改变副绕组的匝数，从而均匀地改变输出电压，这种可以平滑调节输出电压的自耦变压器称为自耦调压器。图 4.14 所示为单相和三相自耦调压器产品外形图。

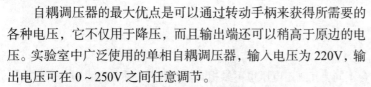

自耦调压器的最大优点是可以通过转动手柄来获得所需要的各种电压，它不仅用于降压，而且输出端还可以稍高于原边的电压。实验室中广泛使用的单相自耦调压器，输入电压为 220V，输出电压可在 0～250V 之间任意调节。

自耦变压器的原、副绕组电路直接连接在一起，因此一旦高压侧出现电气故障必然会波及低压侧，这是它的缺点。当高压绕组的绝缘损坏时，高电压会直接传到副绕组，这是很不安全的。由于上述原因，接在变压器低压侧的电气设备，必须有防止过电压的措施，而且规定不准把自耦变压器作为安全电源变压器使用。此外，自耦调压器接电源之前，一定要把手柄转到零位。

图 4.14　自耦调压器外形图

4.3.3　电焊变压器

图 4.15 所示交流弧焊机在生产实际中应用很广泛，它实质上是一种特殊的降压变压器，故也称为电焊变压器或弧焊变压器。电弧焊靠电弧放电的热量来熔化焊条和金属以达到焊接金属的目的。为了保证焊接质量和电弧燃烧的稳定性，对电焊变压器有以下几点要求。

① 具有较高的起弧电压。起弧电压应达到 60～70V，额定负载时约为 30V。

② 起弧以后，要求电压能够迅速下降，同时在短路时（如焊条碰到工件上，副边输出电压为零）次级电流也不要过大，一般不超过额定值的两倍。也就是说，电焊变压器要具有陡降的外特性，如图 4.16 所示。

③ 为了适应不同的焊接要求，要求电焊变压器的焊接电流能够在较大的范围内进行调节，而且工作电流要比较稳定。

为满足上述要求，交流电焊机的电源由一个能提供大电流的变压器和一个可调电抗器组成。当工作时，焊件内有电流通过，形成电弧。电抗器起限流作用，并产生电压降，使焊枪与焊件间的电压降低，形成陡降的外特性。为了维持电弧，工作电压通常为 25～30V。当电弧长度变化时，电流变化比较小，可保证焊接质量和电弧的稳定。为了满足大小不同、厚度不同的焊件对焊接电流的要求，可调节电抗器活动铁心的位置，即改变电抗器磁路中的空气隙，使电抗随之改变，以调节焊接电流。电抗器的铁心有一定的空气隙，通过转动螺杆可以改变空气隙的长短。当空气隙加长后，磁阻增大，由磁路欧姆定律可知，此时的电流增大；当空气隙减小时，工作电流随之减小。由此可见，要获得不同大小的焊接电流，通过改变空气隙的长短即可实现。

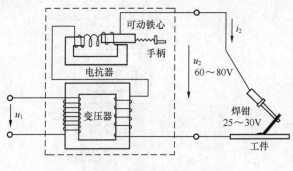

图 4.15　交流弧焊机示意图

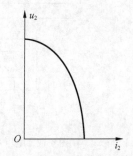

图 4.16　电焊变压器的外特性

电焊变压器的空载电压为 60～80V，当电弧起燃后，焊接电流通过电抗器产生电压降，使焊接电压降至 25～30V 维持电弧工作。通常手工电弧焊使用的电流范围是 40～450A。

4.3.4　仪用互感器

电力系统中，电压可高达几百兆伏，电流可大到几万安培。如此大的电量要直接用于检测或取作继电保护装置用电是不可能的。此时，可用特种变压器将原边的高电压或大电流，按比例缩小为副边的低电压或小电流，以供测量或继电保护装置使用。这种专门用来传递电压或电流信息，以供测量或继电保护装置使用的特种变压器，称为仪用互感器。

仪用互感器

仪用互感器按其用途不同，可分为电压互感器和电流互感器两种，其中用于测量高电压的互感器为电压互感器，用于测量大电流的互感器为电流互感器。

1.　电压互感器

电压互感器实质上是一种变压比较大的降压变压器。图 4.17 所示是电压互感器的原理图。电压互感器的原边并联于被测电路中，副边接电压表或其他仪表，如功率表的电压线圈。使用电压互感器时应注意以下几点。

① 副边不允许短路。

② 互感器的铁心和副边的一端必须可靠接地。

③ 使用时，在副边并接的电压线圈或电压表不宜过多，以免副边负载阻抗过小，导致原边、副边电流增大，使电压互感器内阻抗压降增大，影响测量的精度。

通常电压互感器低压侧的额定值均设计为 100V。

2. 电流互感器

图4.18是电流互感器的原理图。电流互感器的原边是由一匝或几匝截面积较大的导线构成的，直接串联在被测电路中，流过的是被测电流。电流互感器的副边的匝数较多，且与电流表或功率表的电流线圈构成闭合回路。由于电流表和其他仪表的电流线圈阻抗很小，因此电流互感器运行时，接近于变压器短路运行。

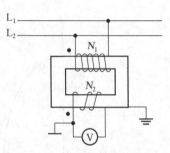

图 4.17　电压互感器原理图

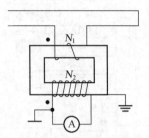

图 4.18　电流互感器原理图

在使用电流互感器时应注意以下几点。

① 副边不允许开路。因为一旦副边开路，I_2 的去磁作用将消失，这时流过原边的大电流便成为励磁电流。如此大的励磁电流将使电流互感器铁心中的磁通猛增，导致铁心过热使电流互感器绕组绝缘损坏，甚至危及人身安全。为了在更换仪表时不使电流互感器副边开路，通常在电流互感器的副边并联一开关，在更换仪表之前，先将开关闭合，然后更换仪表。

② 电流互感器副边必须可靠接地，以防止由于绝缘损坏而将原边高压传到副边，避免事故发生。

③ 电流互感器副边所接的仪表阻抗不得大于规定值。否则，会降低电流互感器的精确度。为使测量仪表规格化，通常电流互感器副边额定电流设计成标准值，一般为 5A 或 1A。

问题与思考

1. 自耦变压器为什么不能作安全变压器使用？
2. 电压互感器与电流互感器在使用时应注意什么？
3. 电焊变压器的外特性和普通变压器相比有何不同？

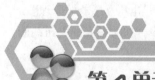

第4单元技能训练检测题（共80分，100分钟）

一、填空题（每空 0.5 分，共 19 分）

1. 变压器运行中，绕组中电流的热效应引起的损耗称为＿＿＿＿损耗；交变磁场在铁心中所引起的＿＿＿＿损耗和＿＿＿＿损耗合称为＿＿＿＿损耗。其中＿＿＿＿损耗又称为不变损耗；＿＿＿＿损耗称为可变损耗。

2. 变压器空载电流的_____分量很小，_____分量很大，因此空载的变压器，其功率因数_____，而且是_____性的。

3. 电压互感器实质上是一个_____变压器，在运行中副边绕组不允许_____；电流互感器是一个_____变压器，在运行中副绕组不允许_____。从安全使用的角度出发，两种互感器在运行中，其_____绕组都应可靠接地。

4. 变压器是既能变换_____、变换_____，又能变换_____的电气设备。变压器在运行中，只要_____和_____不变，其工作主磁通 Φ 将基本维持不变。

5. 三相变压器的原边额定电压是指其_____值，副边额定电压指_____值。

6. 变压器空载运行时，其_____很小而_____耗也很小，所以空载时的总损耗近似等于_____损耗。

7. 根据工程上用途的不同，铁磁性材料一般可分为_____材料、_____材料和_____材料三大类。

8. 自然界的物质根据导磁性能的不同一般可分为_____物质和_____物质两大类。其中_____物质内部无磁畴结构，而_____物质的相对磁导率远大于1。

9. _____经过的路径称为磁路，其单位有_____和_____。

10. 发电厂向外输送电能时，应通过_____变压器将发电机的出口电压进行变换后输送；分配电能时，需通过_____变压器将输送的_____变换后供应给用户。

二、判断题（每小题1分，共10分）

1. 变压器的损耗越大，其效率就越低。　　　　　　　　　　　　　　　　　（　　）

2. 变压器从空载到满载，铁心中的工作主磁通和铁损耗基本不变。　　　　　（　　）

3. 变压器无论带何性质的负载，当负载电流增大时，输出电压必降低。　　　（　　）

4. 电流互感器运行中副边不允许开路，否则会感应出高电压而造成事故。　　（　　）

5. 防磁手表的外壳是用铁磁材料制作的。　　　　　　　　　　　　　　　　（　　）

6. 变压器是只能变换交流电，不能变换直流电的设备。　　　　　　　　　　（　　）

7. 电机、电器的铁心通常都是用软磁材料制作的。　　　　　　　　　　　　（　　）

8. 自耦变压器由于原边、副边有电的联系，所以不能作为安全变压器使用。　（　　）

9. 无论何种物质，内部都存在磁畴结构。　　　　　　　　　　　　　　　　（　　）

10. 磁场强度 H 的大小不仅与励磁电流有关，还与介质的磁导率有关。　　（　　）

三、选择题（每小题2分，共12分）

1. 变压器若带感性负载，从轻载到满载，其输出电压将会（　　　）。

    A. 升高　　　　　　　　B. 降低　　　　　　　　C. 不变

2. 变压器从空载到满载，铁心中的工作主磁通将（　　　）。

    A. 增大　　　　　　　　B. 减小　　　　　　　　C. 基本不变

3. 电压互感器实际上是降压变压器，其原边、副边匝数及导线截面积情况是（　　　）。

    A. 原边匝数多，导线截面积小　　　　　B. 副边匝数多，导线截面积小

4. 自耦变压器不能作为安全电源变压器的原因是（　　　）。

    A. 公共部分电流太小

    B. 原边、副边有电的联系

    C. 原边、副边有磁的联系

5. 决定电流互感器原边电流大小的因素是（　　　）。

　　A. 副边电流　　　　　B. 副边所接负载　　　C. 变流比　　　　　　D. 被测电路

6. 若电源电压高于额定电压，则变压器空载电流和铁损耗比原来的数值将（　　　）。

　　A. 减少　　　　　　　B. 增大　　　　　　　C. 不变

四、简答题（每小题 3 分，共 21 分）

1. 变压器的负载增加时，其原边中电流怎样变化？铁心中工作主磁通怎样变化？输出电压是否一定要降低？

2. 若电源电压低于变压器的额定电压，输出功率应如何适当调整？若负载不变会引起什么后果？

3. 变压器能否改变直流电压？为什么？

4. 铁磁材料具有哪些磁性能？

5. 简述硬磁材料的特点。

6. 为什么铁心不用普通的薄钢片而用硅钢片？制作电机电器的芯子能否用整块铁心或不用铁心？

7. 具有铁心的线圈电阻为 R，加直流电压 U 时，线圈中通过的电流 I 为何值？若铁心有气隙，当气隙增大时电流和磁通哪个改变？为什么？若线圈加的是交流电压，当气隙增大时，线圈中电流和磁路中磁通又是哪个变化？为什么？

五、分析计算题（共 18 分）

1. 一台容量为 20kV·A 的照明变压器，它的电压为 6600V/220V，则它能够正常供应 220V、40W 的白炽灯多少盏？能供给 $\cos\varphi = 0.6$、电压为 220V、功率为 40W 的日光灯多少盏？（10 分）

2. 已知输出变压器的变比 $k=10$，副边所接负载电阻为 8Ω，原边信号源电压为 10V，内阻 $R_0=200Ω$，求负载上获得的功率。（8 分）

第 5 单元
异步电动机及其控制技术

利用电磁原理实现电能与机械能相互转换的机械装置，称为电机，包括发电机和电动机。从能量转换的角度来看，电动机是把电能转换为机械能的一种动力机械。根据用电性质的不同，电动机可分为直流电动机和交流电动机。交流电动机主要包括异步电动机和同步电动机两大类，两类电动机在结构上既具有共同之处，又各有其自身特点。共同之处在于定子铁心和绕组，不同之处在于转子结构和绕组。由于工农业生产和日常生活中通常使用的是交流电，因此交流电动机得到了极其广泛的应用。其中异步电动机的应用最为广泛，厂矿企业、交通工具、娱乐、科研、农业生产、日常生活都离不开异步电动机。

5.1 电动机概述

5.1.1 电动机的发展概况

电动机俗称马达，其主要作用是产生驱动力矩，作为用电器或小型机械的动力源。从 1831 年法拉第发现电磁感应现象到 20 世纪初，是电动机工业的初期发展时期，在这个阶段，电动机从无到有，直到具备各种电动机基本形式为止。20 世纪则是电动机工业的近代发展阶段，在初期阶段的实践基础上，总结了电动机运行、设计和制造经验，对其理论探讨进一步深化，材料、设计、工艺也不断改进，经济指标更是日益提高，电动机运行特性发生了较大的改善。进入 21 世纪，随着

电动机的发展概况

科学技术的突飞猛进，电气化时代进入计算机和自动控制阶段，社会的发展对电动机工业提出了更高的发展要求，特别是对计算机控制电动机，提出了高可靠性、高精度、快速响应的要求，以实现计算机"中枢神经"的作用，起到人工无法完成的快速、复杂的精巧运动。

电动机自 19 世纪后半叶诞生以来，已经经历了一个多世纪。电动机的发展始终同国民经济和科学技术的发展有着密切联系，从人们日常生活的楼宇，到冶金、化工、轻工等各行各业，几乎都离不开电动机。在机械、冶金、石油、煤炭和化学工业及其他工业企业中，广泛应用电动机去拖动各种生产机械；在城市交通运输和电气铁道的发展中，离不开大量的牵引电动机；在电力排灌、脱粒、榨油等农业机械中，需要用到各种规格的电动机拖动这些机械运转；在当今自动控制技术中，检测、放大、执行和解算等各个环节中也都离不开电动机。由电动机为主体的电力拖动已渗透了人类活动的诸多领域，为社会的发展做出了不可磨灭的贡献。

5.1.2 电动机的发展趋势

从电动机的发展趋势来看，国内外中小型电动机制造厂在材料、工艺、设计等方面不断进行改进，电动机更新换代速度快、开发周期短。目前，电动机的先进水平主要体现在可靠性高、寿命长、专业化程度高、电动机效率高、噪声低、质量轻、外形美观、绝缘等级高（采用 F 级或 H 级）等方面。除此之外，以美国为代表的工业发达国家又在高效电动机、变频电动机和特种电动机等方面做了大量细致和深入的研究工作，推出了新的产品系列，制定了相应的产品标准，极大地丰富了电动机种类和电动机理论，拓展了电动机市场。

电动机的发展趋势

电动机的能效标准产生的背景是 20 世纪 70 年代的两次世界性能源危机，当依赖能源进口的美国经历了两次能源危机后，他们深深体会到能源对国民经济和社会的稳定起着至关重要的作用，是经济发展的命脉，并于 20 世纪 80 年代制定了电动机能效标准。当时能够达到电动机能效标准的电动机被视为高效电动机，凡购买这种高效电动机的用户，都可以获得电力公司发放的补贴。

进入 20 世纪 90 年代，全球环境问题又成为困扰世界经济持续发展的大问题。人们认识到现代经济的发展必须依赖于大量能源的消耗，而消耗能源所带来的污染降低了人们的生活品质，以加大能源的消耗来发展经济显然行不通，而简单地限制能源的使用量也是不可取的。为解决这一问题，最可行的方法是提高能源利用的技术水平。因此，就目前电动机发展趋势来看，提高能源利用率，已成为当前电动机发展的首要任务。

5.1.3 异步电动机的分类

1. 按结构分类

按结构的不同，异步电动机可分为感应电动机和交流换向器电动机。感应电动机又可分为三相感应电动机、单相感应电动机和罩极异步电动机；交流换向器电动机则分为单相串励电动机、交直流两用电动机和推斥电动机。

电动机的分类

2. 按启动与运行方式分类

异步电动机可分为电容启动式电动机、电容运转式电动机、电容启动运转式电动机和分相式电动机。

3. 按用途分类

异步电动机按用途可分为驱动用电动机和控制用电动机。驱动用电动机又分为电动工具（包括钻孔、抛光、磨光、开槽、切割、扩孔等工具）用电动机、家电（包括洗衣机、电风扇、电冰箱、空调器、录音机、录像机、影碟机、吸尘器、照相机、电吹风、电动剃须刀等）用电动机及其他通用小型机械设备（包括各种小型机床、小型机械、医疗器械、电子仪器等）用电动机。控制用电动机则可分为步进电动机和伺服电动机等。

4. 按转子的结构分类

异步电动机可分为鼠笼式感应电动机和绕线式异步电动机。

5. 按运转速度分类

异步电动机可分为高速电动机、低速电动机、恒速电动机、调速电动机。其中低速电动机又分为齿轮减速电动机、电磁减速电动机、力矩电动机等。

问题与思考

1. 电动机的主要作用是什么？
2. 异步电动机按转子结构类型的不同可分为哪几类？
3. 从目前电动机的发展趋势来看，什么是电动机发展的首要任务？

5.2　三相异步电动机的结构和工作原理

工程应用和实际生产中，广泛使用的是三相交流电，因此三相异步电动机得到了极其广泛的应用，三相异步电动机属于一种典型的三相用电器。

5.2.1　三相异步电动机的结构与组成

三相异步电动机的
结构与组成

从图 5.1（b）所示三相异步电动机的结构示意图上来看，三相异步电动机可分为定子、转子两大部分以及一些辅件。

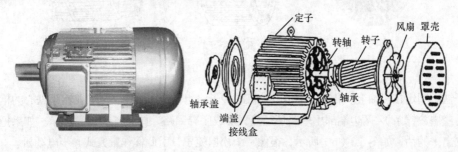

（a）外形图　　　　　　　　　　（b）结构示意图

图 5.1　三相异步电动机

三相异步电动机的固定部分称为定子，定子绕组与电源相连，是获取电能的部分；旋转部分称为转子。转子转轴通过齿轮和皮带等传动机械与生产机械相连，是输出机械能的部分。异步电动机的转子和定子之间由气隙隔开，在电路上没有联系，但是它们通过磁耦合及电磁感应，可实现电能与机械能二者的转换。因此，异步电动机又被称为感应电动机。

在异步电动机中，鼠笼式异步电动机和绕线式异步电动机相比，具有结构简单、制造成本低廉、使用和维修方便、运行可靠且效率高等优点，因此在工农业生产中的各种机床、水泵、通风机、锻压和铸造机械、传送带及家用电器、实验设备中应用最为广泛。

1. 定子

异步电动机的定子由定子铁心、定子绕组、机座等固定部分组成。定子铁心是电动机磁路的一部分，由 0.5mm 厚的硅钢冲片叠压制成。在定子铁心硅钢冲片上，其内圆冲有均匀分布的槽，如图 5.2 所示。定子铁心槽内对称嵌放定子绕组。定子绕组是电动机电路的一部分，三相异步电动机的三相绕组，通常由漆包线绕制而成的多个线圈按一定规则连接后对称嵌入定子铁心槽中，根据需要可以连接成星形或三角形。三相定子绕组与电源相接的引线，由机座上的接线盒端子板引出。机座是电动机的支架，一般用铸铁或铸钢制成。

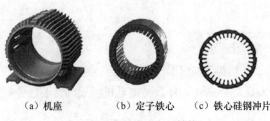

（a）机座　　　　　（b）定子铁心　　　（c）铁心硅钢冲片

图 5.2　异步电动机定子结构

2. 转子

电动机的转子由转子铁心、转子绕组和转轴 3 部分组成。转子铁心也是由 0.5mm 厚的硅钢冲片叠压制成的，在转子铁心硅钢冲片的外圆上冲有均匀分布的槽，用来嵌放转子绕组，如图 5.3（a）所示。

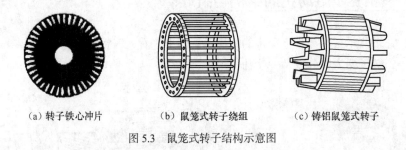

（a）转子铁心冲片　　　　（b）鼠笼式转子绕组　　　　（c）铸铝鼠笼式转子

图 5.3　鼠笼式转子结构示意图

转子铁心固定在转轴上。鼠笼式异步电动机的转子绕组与定子绕组不同，在转子铁心的槽内浇铸铝导条（或嵌放铜条），两边端部用短路环短接，形成闭合回路，如图 5.3（c）所示。如果把转子绕组单独拿出来的话，如图 5.3（b）所示，很像一个松鼠笼子，由此称作鼠笼式异步电动机。

绕线式异步电动机的转子绕组与定子绕组相似，在转子铁心槽内嵌放转子绕组，三相转子绕组一般为星形连接，绕组的 3 根端线分别与装在转轴上的 3 个彼此相互绝缘的铜质滑环连接，通过一套电刷装置引出，与外电路的可调变阻器相连，如图 5.4 所示。

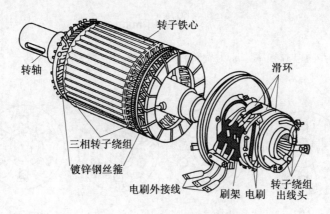

图 5.4　绕线式转子结构示意图

三相异步电动机的转轴由中碳钢制成，转轴的两端由轴承支撑。通过转轴，电动机对外输出机械转矩。

5.2.2　三相异步电动机的工作原理

三相异步电动机若要转动起来，首先需要解决的问题就是旋转磁场。

在空间位置上互差 120° 的三相对称定子绕组中通入图 5.5 所示的对称三相交流电流后，就会在定子、转子之间的气隙中产生一个旋转的磁场。

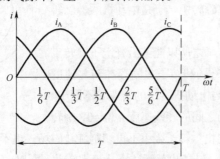

图 5.5　对称三相交流电流的波形

三相异步电动机的
工作原理

从电流的波形图来观察 $t=0$、$t=T/3$、$t=2T/3$、$t=T$ 等几个时刻定子绕组中电流产生的磁场方向（规定电流为正值时由首端流入、尾端流出；电流为负值时由尾端流入、首端流出），由此可得到图 5.6 所示的三相电流的旋转磁场。

由图 5.6 可看出，三相绕组中合成磁场的旋转方向是由三相绕组中电流变化的顺序决定的。若在三相绕组 U、V、W 中通入三相正序电流（$i_A \rightarrow i_B \rightarrow i_C$），旋转磁场按顺时针方向旋转；若通入逆序电流，则旋转磁场沿逆时针方向旋转。实际应用中，把电动机与电源相连的三相电源线调换任意两根后，即可改变电动机的旋转方向。

三相异步电动机旋转磁场的磁极对数用"p"表示，图 5.6 所示为一对磁极时旋转磁场的转动情况。显然，$p=1$ 时，电流每变化一周，旋转磁场在空间也旋转一周。工频情况下，旋转磁场的转速通常 r/min（转/分钟）来计，即

$$n_0 = \frac{60 f_1}{p} \quad (\text{r/min}) \tag{5.1}$$

式（5.1）中，f_1 为电源频率，n_0 为旋转磁场的转速，也称为同步转速。一对磁极的电动机同步转速为 3000r/min。

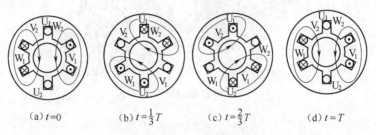

(a) $t=0$　　　　(b) $t=\frac{1}{3}T$　　　　(c) $t=\frac{2}{3}T$　　　　(d) $t=T$

图 5.6　三相电流产生的旋转磁场（$p=1$）

对于一台具体的电动机来讲，磁极对数在制造时就已确定好了，因此工频情况下不同磁极对数的电动机同步转速也是确定的：$p=2$ 时，$n_0=1500$r/min；$p=3$ 时，$n_0=1000$r/min；$p=4$ 时，$n_0=750$r/min；……

旋转磁场的产生，使固定不动的转子绕组与旋转磁场相切割，从而在转子绕组中产生感应电动势（用右手发电机定则判断）；由于转子绕组是闭合的，感应电动势在转子绕组中产生感应电流而成为载流导体；载流的转子绕组处在旋转磁场中，必定会受到电磁力的作用（用左手电动机定则判断）；不同磁极下的一对对电磁力偶对转轴形成电磁转矩，于是电动机顺着旋转磁场的方向旋转起来，如图 5.7 所示。

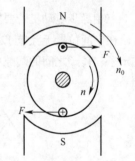

从异步电动机的转动原理可知，转子之所以能够沿着定子旋转磁场的方向转动，首先是因为定子旋转磁场和转子之间存在转差速度 $\Delta n=n_0-n\neq0$，即旋转磁场的同步转速 n_0 与电动机转子的转速 n 不同步。假如 $n=n_0$，则转子绕组与定子旋转磁场之间的转差速度 $n_0-n=0$，旋转磁场和转子绕组之间的相对切割运动终止，转子绕组不再切割旋转磁场，也不会产生感应电动势和感应电流，因此也不会形成电磁转矩，转子也就无法维持正常转动。所以，$n_0>n$ 是异步电动机旋转的必要条件。异步电动机的"异步"也由此而得名。

图 5.7　异步电动机转动原理

　　三相异步电动机的气隙大小，是决定电动机运行性能的一个重要因素。气隙过大将使励磁电流过大，功率因数降低，效率降低；气隙过小，机械加工安装困难，同时在轴承磨损后易使转子和定子相碰。所以异步电动机的气隙一般为 0.2～1.0mm，大型电动机的空气隙为 1.0～1.5mm，不得过大或过小。

电动机的转差速度 Δn（n_0-n）与同步转速 n_0 之比称为转差率，用 s 表示：

$$s = \frac{n_0-n}{n_0} \tag{5.2}$$

异步电动机的转差率 s 是分析其运行情况的一个极其重要的概念和参量，转差率 s 与电动机的转速、电流等有着密切的关系，转子电路中的感应电动势、感应电流、频率、感抗以及转子电路的功率因数等均随转差率的变化而变化。由式（5.2）可知，当电动机空载运行时，由于电动机轴上未接负载，所以电动机的转速 n 从 0 迅速增大至接近同步转速 n_0，转差率 s 达到最小。显然，电动机的转差率随电动机转速 n 的升高而减小。但是，在电动机刚刚启动一瞬间或发生堵转（$n=0$）时，转差率 $s=1$ 达到最大，旋转磁场和转子导体的相对切割速度达到最大，此时转子、定子中的电流也达到最大，通常为额定值的 4~7 倍。由于电动机均具有短时过载能力，因此在启动瞬间的过流通常不会造成电动机的损坏；可一旦发生电动机堵转现象，迅速增大的电流将造成电动机的烧损事故。

【例 5.1】 有一台三相异步电动机，其额定转速为 975r/min。试求工频情况下电动机的额定转差率及电动机的磁极对数。

【解】 由于电动机的额定转速接近于同步转速，所以可得此电动机的同步转速为 1000r/min，磁极对数 $p=3$。额定转差率为

$$s_N = \frac{n_0 - n}{n_0} = \frac{1000 - 975}{1000} = 0.025$$

5.2.3 三相异步电动机的铭牌数据

若要经济合理地使用电动机，必须先看懂铭牌。现以 Y132M-4 型电动机为例，介绍铭牌上各个数据的意义。

三相异步电动机		
型号 Y132M-4	功率 7.5kW	频率 50Hz
电压 380V	电流 15.4A	接法 △
转速 1440r/min	绝缘等级 B	防护等级 IP44
标准编号	工作制方式 S_1	效率 87% 功率因数 0.85
年 月	编号	××电机厂

三相异步电动机的
铭牌数据

1. 型号

为了适应不同用途和不同工作环境的需要，电动机制成不同的系列，每种系列用各种型号表示。其中 Y 表示三相异步电动机；YR 表示绕线式三相异步电动机，YB 表示防爆型三相异步电动机，YQ 表示高启动转矩的三相异步电动机；132（mm）表示机座中心高度；M 代表中机座（L——长机座，S——短机座）；4 表示电动机的磁极数。

小型 Y、Y-L 系列鼠笼式异步电动机是取代 JO 系列的新产品，封闭自扇冷式。Y 系列定子绕组为铜线，Y-L 系列为铝线。电动机功率是 0.55~90kW。同样功率的电动机，Y 系列比 JO_2 系列体积小、质量轻、效率高。

2. 接法

图 5.8 所示为三相异步电动机定子绕组的接法。根据需要，电动机三相绕组可接成星形或三角形。图中 U_1、V_1、W_1（旧标号是 D_1、D_2、D_3）是电动机绕组的首端；U_2、V_2、W_2（D_4、D_5、

D_6）表示电动机绕组的尾端。

3. 额定电压

铭牌上标示的电压值是指电动机在额定状态下运行时定子绕组上应加的线电压值。一般规定电动机的电压不应高于或低于额定值的5%。

4. 额定电流

铭牌上标示的电流值是指电动机在额定状态下运行时的定子绕组的线电流值，是由定子绕组的导线截面积和绝缘材料的耐热能力决定的，与电动机轴上输出的额定功率相关联。轴上的机械负载增大到使电动机的定子绕组电流等于额定值时称为满载，超过额定值时称为过载。短时少量过载，电动机尚可承受，长期大量过载将影响电动机寿命，甚至烧坏电动机。

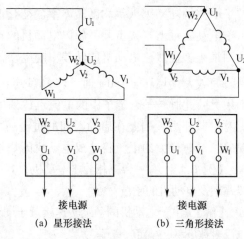

图 5.8　三相异步电动机定子绕组的两种接法

5. 额定功率和额定效率

铭牌上标示的功率值是电动机额定运行状态下轴上输出的机械功率值。电动机输出的机械功率 P_2 与它输入的电功率 P_1 是不相等的。输入的电功率减掉电动机本身的铁损耗 ΔP_{Fe}、铜损耗 ΔP_{Cu} 及机械损耗 ΔP_α 后才等于 P_2。额定情况下 $P_2 = P_N$。

输出的机械功率与输入的电功率之比，称为电动机的效率，即

$$\eta = \frac{P_2}{P_1} \times 100\% = \frac{P_2}{P_2 + \Delta P_{Fe} + \Delta P_{Cu} + \Delta P_\alpha} \times 100\% \qquad (5.3)$$

6. 功率因数

电动机是感性负载，因此功率因数较低，在额定负载时为 0.7～0.9，在空载和轻载时更低，只有 0.2～0.3。因此异步电动机不宜运行在空载和轻载状态下，使用时必须正确选择电动机的容量，防止"大马拉小车"的浪费现象，并力求缩短空载的时间。

7. 转速

由于生产机械对转速的要求各有差异，因此需要生产不同转速的电动机。电动机的转速与磁极对数有关，磁极对数越多的电动机转速越低。

8. 绝缘等级

电动机的绝缘等级是按其绕组所用的绝缘材料在使用时允许的极限温度来分的。所谓极限温度，是指电动机绝缘结构中最热点的最高容许温度，其技术数据如表 5.1 所示。

表 5.1　　　　　　　　　　　　　　　　电动机各绝缘等级对应的极限温度

绝缘等级	A	E	B	F	H
极限温度/℃	105	120	130	155	180

9. 工作制

工作制反映了异步电动机的运行情况，可分为 3 种基本方式：连续运行、短时运行和断续周期性运行。其中连续工作方式用 S_1 表示；短时工作方式用 S_2 表示，分为 10min、30min、60min、90min 4 种；断续周期性工作方式用 S_3 表示。

【例 5.2】 有一台 JO_2-62-4 型三相异步电动机，其铭牌数据：10kW，380V，50Hz，△接法，n_N=1450r/min，η=87%，$\cos\varphi = 0.86$。试求该电动机的额定电流和额定转差率。

【解】 从铭牌数据可知，该电动机的定子绕组为三角形接法，所以加在电动机各相定子绕组上的电压等于电源线电压 380V，由于三相异步电动机是对称三相负载，所以三相绕组中通过的电流也是对称的，3 个线电流也是对称的，因此可按一相法进行分析计算。

该电动机输入的电功率可根据铭牌数据中的额定功率及额定效率求得，即

$$P_1 = \frac{P_2}{\eta} = \frac{10}{0.87} \approx 11.5 \ (\text{kW})$$

由三相电功率的计算公式 $P_1 = \sqrt{3}U_lI_l\cos\varphi$ 可进一步求出额定电流，即

$$I_N = \frac{11500}{\sqrt{3}\times380\times0.86} \approx 20.3 \ (\text{A})$$

由铭牌数据可知电动机为 4 极电动机，所以同步转速 $n_0 = 1500\text{r/min}$，额定转差率为

$$s_N = \frac{1500-1450}{1500} \approx 0.033$$

5.2.4 单相异步电动机简介

单相异步电动机功率小，主要制成小型电动机。实验室、家庭及办公场所通常是单相供电，因此实验室的很多仪器、各种电动小型工具（如手电钻）、家用电器（如洗衣机、电冰箱、电风扇）、医用器械、自动化仪表等都采用单相异步电动机。

单相异步电动机由定子、转子、轴承、机壳、端盖等构成，定子上嵌有定子绕组，而转子多半为鼠笼式。单相异步电动机容量一般在 0.75kW 以下。

单相异步电动机简介

1. 单相异步电动机的启动问题

在单相异步电动机的定子绕组通入正弦交流电，当电流的大小和方向变化时，会产生一个大小和极性随着电流变化，但磁场在空间的位置却始终不变的脉振磁场。这个只沿正、反两个方向反复交替变化的脉振磁场如图 5.9 所示。显然，脉振磁场作用下的单相异步电动机转子是不能产生启动转矩而转动的，即单相异步电动机是不能自行启动的。

若要单相异步电动机转动起来，必须解决它的旋转磁场问题。

单相异步电动机从结构组成上看，定子和转子的组成与三相鼠笼式异步电动机类似，只是定子铁心槽中只嵌装一相工作绕组。为解决旋转磁场问题，在单相异步电动机原来的转子和一套工作绕组基础上，再加上一套启动装置。加装的启动装置多种多样，形成多种不同启动形式的单相异步电动机。常用的有电容式和罩极式两种单相异步电动机。

2. 单相异步电动机的启动原理

图 5.10 为单相电容式异步电动机的接线原理图。

由图 5.10 可看出，单相电容式异步电动机解决自行启动问题的方法是在工作绕组两端并联一个容性的启动绕组，即在其定子铁心槽内，除原来的工作绕组外，再按照一定的工艺嵌入一个启动绕组，使得两个绕组在空间的安装位置相差 90°。

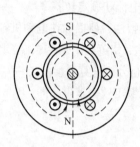

图 5.9 单相异步电动机的脉振磁场

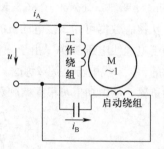

图 5.10 单相电容式异步电动机接线图

方法如下：在作为启动绕组的支路中串联上一个电容器，适当选择电容器的容量，使通入启动绕组中的电流与工作绕组中通入的电流产生 90° 的相位差，如图 5.11（a）中波形图所示，与工作绕组并联后接于单相交流电源上。

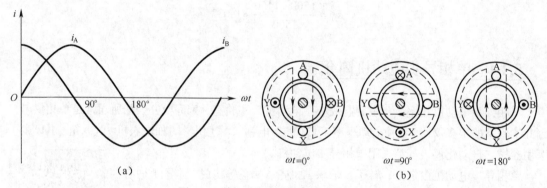

图 5.11 单相异步电动机旋转磁场的形成

相位正交的两绕组电流可在单相异步电动机定子、转子之间的气隙中产生二相旋转磁场，如图 5.11（b）所示。有了旋转磁场，当然电动机也就转动起来了。电动机转动起来之后，启动绕组可以留在电路中，也可以利用离心式开关或电压、电流型继电器把启动绕组从电路中切除。按前者设计制造的电动机叫作电容运转式电动机，按后者设计制造的电动机叫作电容启动式电动机。

单相电容式异步电动机也可以反向运行。例如家用洗衣机，在电源一端接一串接有电容器的转换开关，另一端与工作绕组和启动绕组的一端相连，由定时器控制转换开关转换的时间，使之一会儿和启动绕组相连，一会儿和工作绕组相连，从而实现了洗衣机自动转向工作。

三相异步电动机运行时若断了一根电源线，称为"缺相"运行，"缺相"运行的三相异步电动机由于剩余两相构成串联，因此相当于单相异步电动机。此时三相异步电动机虽然仍能继续运转下去，但"缺相"运行情况下电流大大超过其额定值，时间稍长必然导致电动机烧损。若三相异步电动机启动时电源线就断了一根，显然构成了三相异步电动机的单相启动，由于单相启动气隙中产生的是脉动磁场，因此三相异步电动机转动不起来，但转子电流和定子电流都远大于正常启动电流，若不马上把电源切断，就会使电动机因堵转而产生烧损事故。

问题与思考

1. 说出三相鼠笼式异步电动机名称的由来。为什么异步电动机也经常被人们称为感应电动机？

2. 你能否从异步电动机结构上识别出是鼠笼式还是绕线式？二者的工作原理相同吗？

3. 何为异步电动机的转差速度和转差率？异步电动机处在何种状态时转差率最大？最大转差率等于多少？何种状态下转差率最小？最小转差率又为多大？

4. 已知两台异步电动机的额定转速分别为 1450r/min 和 585r/min，它们的磁极对数各为多少？额定转差率又为多少？

5. 单相异步电动机如果没有启动绕组能否转动起来？为什么？

6. 三相异步电动机启动前有一根电源线断开，接通电源后该三相异步电动机能否转动起来？若三相异步电动机在运行过程中"缺相"，情况又如何？

技能训练

单相异步电动机（电风扇用）的检修

单相异步电动机（电风扇用）在使用过程中，必须加强维护检修，以延长使用寿命，经常擦除风叶、机壳灰尘，摇头齿轮箱内润滑油脂每 2～3 年更换一次，且要用品质纯净的油脂，在每年使用结束时，做一次彻底清洗工作，并且用塑料套包装放于干燥场所。

电风扇中的单相异步电动机在使用过程中，因使用不当，可导致电动机出现不同的故障，同一现象的故障可能产生于多种原因，同一原因又可能表现出不同的故障形式。因此必须对故障进行具体分析和认真检查，方能找出排除故障的措施和方法。电动机的故障分为电气故障与机械故障。

机械故障中轴承损坏是一种常见现象。风扇电动机轴承在长期使用过程中造成磨损，一旦发现磨损严重必须及时更换轴承。拆卸轴承是一项比较复杂的工作，需要耐心。家用风扇的轴承有两种形式，一种是滚珠轴承，另一种是含油轴承。

滚珠轴承拆卸有两种方法：一种是用拉钩拆卸，拆卸时要使拉钩的钩手紧紧地扣住轴承的内圈，然后慢慢地转动螺杆把轴承卸下来；另一种方法是敲打法，用铜棒顶紧轴承内圈，用手锤沿轴承内圈均匀用力敲打铜棒使轴承卸下来。用铜棒的目的是为了不损伤电动机的转轴和轴承。

含油轴承拆卸比较简单，只要把轴承端盖内的压板垫与紧固螺钉旋松即可将轴承取出。

含油轴承在装配前需要在轻质机油内浸泡数小时，使油充分地渗透到轴承里面，以便在使用过程中起良好的润滑作用。还应注意装配时使前、后端盖孔与含油轴承保持同心。

风扇在检修时，发现轴承齿轮箱有故障现象时，必须首先清洗轴承齿轮箱，然后决定是否更换或继续使用。清洗轴承和齿轮箱一般采用毛刷蘸取汽油、柴油、甲苯等溶液进行清洗，在刚开始时，不要很快地转动轴承及齿轮箱，以免杂物进入轴承中损伤轴承和齿轮。清洗完后用干净的布擦干，不要用棉纱头等多绒毛的东西擦轴承及齿轮箱，以免绒毛等杂物落入轴承内。清洗过的轴承及齿轮箱最好不要用手去摸，以免轴承、齿轮箱沾染汗水而锈蚀，清洗后轴承齿轮箱要更换新的润滑油脂。

检修完的风扇，或较长时间没有使用的风扇，在使用前必须测量其绝缘电阻。取 500V 兆欧表一块，把表上"L"一端分别接在电动机的主、副绕组的引出线端，"E"一端接在电动机外壳上，以 120r/min 左右的速度摇动兆欧表的手柄，此时表针所指示的数值即为电动机绕组与机座之间的绝缘电阻值。如果电动机的绝缘电阻在 0.5MΩ 以上，则说明绝缘良好，可以使用；如果绝缘电阻在 0.5MΩ 以下，甚至接近于零，则说明电动机绕组已经受潮，不能继续使用，必须烘干。

操作要求：拆卸实验用的单相电容式异步电动机或电风扇，进行清洗、加油，测量其绝缘电阻，随后再进行组装及通电试用。

5.3 异步电动机的电磁转矩和机械特性

5.3.1 异步电动机的电磁转矩

电动机拖动生产机械工作时，负载改变，电动机输出的电磁转矩随之改变，因此电磁转矩是异步电动机的一个重要参数。因为三相异步电动机是由转子绕组中电流与旋转磁场相互作用而产生的，所以转矩 T 的大小与旋转磁场的主磁通 Φ 及转子电流 I_2 有关。

异步电动机的电磁转矩

三相异步电动机的电磁关系与变压器类似，定子绕组相当于变压器的一次绕组；通常是短接的转子绕组相当于变压器的二次绕组；旋转磁场主磁通相当于变压器中的主磁通，其数学表达式也与变压器相似，旋转磁场每极下工作主磁通为

$$\Phi \approx \frac{U_1}{4.44 k_1 f_1 N_1} \tag{5.4}$$

式中，U_1 是定子绕组相电压；k_1 是定子绕组结构常数；f_1 是电源频率；N_1 是定子每相绕组的匝数。由于 k_1、f_1 和 N_1 都是常数，因此旋转磁场每极下主磁通 Φ 与外加电压 U_1 成正比，当 U_1 恒定不变时，Φ 基本上保持不变。

与变压器不同的是，异步电动机的转子是旋转的，并且以 n_1-n 的相对速度与旋转磁场相切割，转子电路的频率为

$$f_2 = \frac{n_1 - n}{60} p = \frac{n_1 - n}{n_1} \cdot \frac{n_1}{60} p = s f_1 \tag{5.5}$$

可见，转子电路的频率与转差率 s 有关，$s=1$ 时，$f_2=f_1$；s 越小，转子电路频率越低。

旋转磁场的工作主磁通不仅与定子绕组相交链，同时也交链着转子绕组，在转子绕组中产生的感应电动势为

$$E_2 = 4.44 k_2 f_2 N_2 \Phi = 4.44 k_2 s f_1 N_2 \Phi = s E_{20} \tag{5.6}$$

其中，k_2 是转子绕组结构常数；N_2 是转子每相绕组的匝数。

电动机的转子电流是由转子电路中的感应电动势 E_2 和阻抗 $|Z_2|$ 共同决定的，即

$$I_2 = \frac{s E_{20}}{\sqrt{R_2^2 + (s X_{20})^2}} \tag{5.7}$$

式（5.7）表明，转子电路的感应电动势随转差率的增大而增大，转子电路阻抗虽然也随转差

率的增大而增大，但增加量与感应电动势相比较小，因此，转子电路中的电流随转差率的增大而上升。若 $s=0$，则 $I_2=0$；当 $s=1$ 时，I_2 最大，其值为额定转速下转子电路电流 I_{2N} 的 4 ~ 7 倍。

由于转子电路中存在电抗 X_2，因而使转子电流 I_2 滞后转子感应电动势 E_2 一个相位差 φ_2，转子电路的功率因数为

$$\cos\varphi_2 = \frac{R_2}{\sqrt{R_2^2 + (sX_{20})^2}} \tag{5.8}$$

显然，转子电路的功率因数随转差率 s 的增大而下降。当 $s=0$ 时，$\cos\varphi_2=1$；当 $s=1$ 时，$\cos\varphi_2$ 的值很小，为 0.2 ~ 0.3。

经实验和数学推导证明，异步电动机的电磁转矩与气隙磁通及转子电流的有功分量成正比，其关系式为

$$T=K_T\Phi I_2\cos\varphi_2 \tag{5.9}$$

式中，K_T 是与电动机结构有关的常数，将式（5.4）、式（5.7）和式（5.8）代入式（5.9）可得

$$T = K_T\frac{U_1}{4.44k_1f_1N_1}\cdot\frac{sE_{20}}{\sqrt{R_2^2+(sX_{20})^2}}\cdot\frac{R_2}{\sqrt{R_2^2+(sX_{20})^2}}$$

$$= K_T\frac{U_1}{4.44k_1f_1N_1}\cdot\frac{U_1\dfrac{N_2}{N_1}}{\sqrt{R_2^2+(sX_{20})^2}}\cdot\frac{sR_2}{\sqrt{R_2^2+(sX_{20})^2}} \tag{5.10}$$

$$\approx K_TU_1^2\frac{sR_2}{R_2^2+(sX_{20})^2}$$

式中，U_1 为电源电压的有效值；R_2 为转子绕组电阻；X_{20} 为转子静止时转子绕组感抗；R_2、X_{20} 通常为常数。式（5.10）表明：当电源电压有效值 U_1 一定时，电磁转矩 T 是转差率 s 的函数，其 $T=f(s)$ 关系曲线如图 5.12 所示，称为异步电动机的转矩特性。

转矩特性曲线中有 3 个重要值。

① T_N 反映了电动机带额定负载时的运行情况，也是电动机在额定转速、额定输出功率时所具有的额定电磁转矩，可由电动机铭牌上的额定数据获得。异步电动机轴上输出的机械功率为 $P_2=T\omega$，额定转矩遵循下述公式：

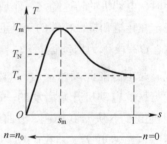

图 5.12　异步电动机的转矩特性曲线

$$T_N = \frac{P_{2N}}{\omega_N} = \frac{P_{2N}\times10^3}{\dfrac{2\pi n_N}{60}} = 9550\frac{P_{2N}}{n_N} \tag{5.11}$$

式中，P_{2N} 是电动机额定状态下输出的机械功率，单位是 kW（千瓦）；额定转速 n_N 的单位是 r/min；T_N 的单位是 N·m（牛·米）。

② 对应转差率 $s=1$ 的电磁转矩称为启动转矩，用 T_{st} 表示，它反映了异步电动机的启动能力。一般情况下，异步电动机的 T_{st} 均大于 1N·m，高启动转矩的鼠笼式异步电动机的 T_{st} 可达 2N·m 左右。绕线式异步电动机的启动能力较大，T_{st} 可达 3N·m 左右。

转矩特性曲线的最高点对应的转矩称为最大电磁转矩，用 T_m 表示，T_m 反映了异步电动机的过载能力。一般情况下，异步电动机的 $T_m=\lambda_m T_N\approx(1.6~2.0)T_N$，特殊用途的异步电动机，如起

重用电动机、冶金机械用电动机的过载系数 λ_{m} 可超过 2.0。

额定转矩、启动转矩和最大电磁转矩是分析异步电动机运行性能的 3 个重要转矩，学习中应注意充分理解，在理解的情况下牢固掌握。

③ 转矩特性曲线中的 s_{m} 称为临界转差率，对应电动机的最大电磁转矩。

由式（5.10）可知，电磁转矩与电源电压的平方成正比，即 $T \propto U_1^2$。因此，异步电动机运行时，电源电压的波动对电动机的运行会造成很大的影响。

必须指出：$T \propto U_1^2$ 的关系并不意味着电动机的工作电压越高，电动机实际输出的转矩就越大。电动机稳定运行情况下，不论电源电压是高是低，其输出机械转矩的大小，只决定于负载转矩的大小。换言之，当电动机产生的电磁转矩 T 等于来自于转轴上的负载阻转矩 T_{L} 时，电动机在某一速度下稳定运行；在 $T > T_{\mathrm{L}}$ 时，电动机加速运行；在 $T < T_{\mathrm{L}}$ 时，电动机将做减速运行或者直至停转。

5.3.2 异步电动机的机械特性

当异步电动机电磁转矩改变时，异步电动机的转速也会随之发生变化，这种反映转子转速和电磁转矩之间对应关系 $n=f(T)$ 的曲线（见图 5.13），称为异步电动机的机械特性。机械特性由电动机本身的结构、参数所决定，与负载无关。

异步电动机的机械
特性

机械特性曲线上的 AB 段称为异步电动机的稳定运行段。一般情况下，异步电动机只能运行在稳定段。在 AB 段运行，显然电动机的转速 n 随输出转矩的增大略有下降。这说明电动机具有硬机械特性；当负载转矩增大或减小时，电动机的转速随之减小或增大，最后都将以某一转速稳定在转矩和机械特性的交点上，如 E 点和 D 点。

CB 段称为启动运行段。对于转矩不随转速变化的负载，是不能在此段稳定运行的，因此 CB 段也叫作不稳定运行区。电动机开始启动的一瞬间，必有 $T_{\mathrm{st}} > T_{\mathrm{反}}$ 才能使电动机由 C 点从 $n=0$ 加速，沿曲线经 B 点仍加速，直到电动机的电磁转矩 $T=T_{\mathrm{N}}$ 时，电动机才能稳定在 D 点运行，对应的转速 $n=n_{\mathrm{N}}$，CB 段内，电动机始终处于不稳定的过渡过程状态。

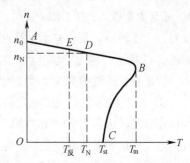

图 5.13 异步电动机的机械特性曲线

曲线上 D 点对应的转矩称为额定转矩，用 T_{N} 表示。

电动机都具有一定的过载能力，目的是给电动机工作留有余地，当电动机工作时突然受到冲击性负荷情况下，由于电动机本身具有短时过载能力，不至于短时电动机转矩低于负载转矩而发生停机事故，从而保证电动机运行时的稳定性。为了避免电动机出现过热现象，一般不允许电动机在超过额定转矩的情况下长期运行。

📖 问题与思考

1. 电动机的转矩与电源电压之间的关系如何？若在运行过程中电源电压降为额定值的 60%，而负载不变，电动机的转矩、电流及转速有何变化？

2. 为什么增加三相异步电动机的负载时，定子电流会随之增加？

3. 将三相绕线式异步电动机的定子、转子三相绕组开路，问这台电动机能否转动？

4. 三相异步电动机中的空气隙大小对电动机运行有何影响？

5. 已知三相异步电动机运行在额定状态下，当负载增大，电压升高，频率升高时，试分别分析电动机的转速和电流的变化情况。

5.4　三相异步电动机的控制技术

5.4.1　三相异步电动机的启动控制

异步电动机通电后从静止状态过渡到稳定运行状态的过程称为启动。

异步电动机若要启动成功，必须保证启动转矩 T_{st} 大于来自轴上的负载阻转矩 T_L。T_{st} 和 T_L 之间的差值越大，电动机启动过程越短；差值过大又会引起传动机构受到较大的冲击力而造成损坏；频繁启动的生产机械，其启动时间的长短将对劳动生产率或线路产生一定的影响。如电动机启动的初始时刻，$n=0$，$s=1$，转子绕组以最大转差速度与旋转磁场相切割，因此转子绕组中的感应电流达到最大，一般中、小型鼠笼式异步电动机的 I_{st} 为额定电流 I_N 的 4～7 倍。这么高的电流为什么不会烧坏电动机呢？

三相异步电动机的
启动控制

启动不同于堵转，电动机的启动过程一般很短，小型异步电动机的启动时间只有零点几秒，大型电动机的启动时间为十几秒到几十秒，从发热的角度考虑对电动机不会构成损害，因为电动机一经启动后转速就会迅速升高，相对转差速度很快减小，从而使转子、定子电流很快下降。但是，当电动机频繁启动或电动机容量较大时，由于热量囤积或过大启动电流在输电线路上造成的短时较大压降，会对电动机造成损坏或者影响同一电网上其他设备的正常工作。

为此，人们对电动机的启动提出了要求：启动电流小，启动转矩大，启动时间短和所用启动装置及操作方法尽量简单易行。

同时满足上述几点显然困难，实际应用中常根据具体情况适当地选择启动方法。首先要考虑是否需要限制启动电流，若不需要，可用刀闸或其他设备直接将电动机与电源相接，这种启动方式称为全压启动或直接启动。

直接启动所需设备简单、操作方便、启动迅速。通常规定，电源变压器容量在 180kV·A 以上、电动机功率在 7kW 以下的三相异步电动机才可采用直接启动的方法。也可遵照下面的经验公式来确定一台电动机能否直接启动：

$$\frac{I_{st}}{I_N} \leqslant \frac{3}{4} + \frac{\text{电源变压器容量（kV·A）}}{4\times\text{电动机功率（kW）}} \tag{5.12}$$

凡不满足上述直接启动条件的，就要考虑限制启动电流，但考虑限制启动电流的同时应当保证电动机有足够的启动转矩，并且尽可能采用操作方便、简单经济的启动设备进行降压启动。

降压启动即分两步进行：先给电动机接通较低电压以限制启动电流，待电动机转速接近额定转速时，再加上额定电压使其进入正常运行。

降压启动的目的主要是为了限制启动电流，问题是在限制启动电流的同时，启动转矩也被限制了。因此，降压启动的方法只适用于在轻载或空载情况下启动的电动机，待电动机启动完毕后再加上机械负载。常用的降压启动方法有丫-△降压启动和自耦补偿降压启动。

1. 丫-△降压启动

图5.14所示的启动方法显然只适用于正常运行时定子绕组为△接法的异步电动机。

降压启动过程：启动时把双向开关 QS_2 投向下方，三相异步电动机的定子绕组即成丫接，待转速上升到接近额定值时，QS_2 迅速投向上方，则电动机定子绕组切换成三角形正常运行。

由三相交流电的知识可知，丫接启动时线电流是△接时线电流的1/3，启动转矩也是△接时的1/3。丫-△启动方法设备简单，成本低，操作方便，动作可靠，使用寿命长。目前，4～100kW的异步电动机均设计成380V的△接，因此这种启动方法在实际应用中得到了广泛的应用。

2. 自耦补偿降压启动

自耦补偿降压启动是利用三相自耦变压器来降低加在定子绕组上的电压，如图5.15所示。启动时，先将开关 QS_2 扳到"启动"位置，使自耦变压器的高压侧与电网相连，低压侧与电动机定子绕组相接，电源电压经自耦变压器降压后加到异步电动机的三相定子绕组上，当转速接近额定值时，再将 QS_2 扳向"运行"位置，将自耦变压器切除，电动机的定子绕组直接与电网相接，进入正常的全压运行状态。

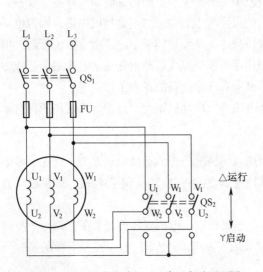

图5.14 三相异步电动机丫-△降压启动原理图

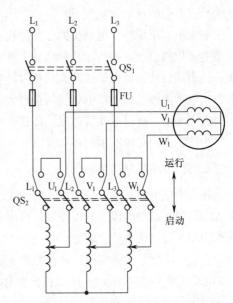

图5.15 自耦补偿降压启动原理图

自耦变压器备有不同的抽头，以便得到不同的电压（如73%、64%、55%），用户可依据对启动电流和启动转矩的要求加以选用。

自耦补偿降压启动的优点是启动电压可根据需要来选择，但是自耦变压器的体积大、成本高，而且需要经常维修。因此，自耦补偿降压启动方法只适用于容量较大或正常运行时不能采用丫-△降压启动的鼠笼式三相异步电动机。

3. 绕线式异步电动机的启动

绕线式异步电动机启动时，只要在转子电路中串入适当的启动电阻 R_{st}，就可以达到减小启动电流、增大启动转矩的目的，如图 5.16 所示。

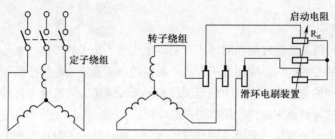

图 5.16　绕线式异步电动机启动接线图

启动过程中逐步切除启动电阻，启动完毕后将启动电阻全部短接，电动机正常运行。除在转子回路中串电阻启动外，目前用得更多的是在转子回路中接频敏变阻器启动，此变阻器在启动过程中能自动减小阻值，以代替人工切除启动电阻。

普通鼠笼式异步电动机启动转矩较小，满足不了某些特殊场合生产机械的需求，这时我们可选用具有较大启动转矩的双笼型或深槽型异步电动机。而绕线式异步电动机的启动转矩更大，常用于要求启动转矩较大的卷扬机、起重机等场合。

5.4.2　三相异步电动机的调速控制

许多生产机械在工作过程中为了提高生产效率或满足生产工艺的要求，在负载不变的情况下，用人为的方法使电动机的转速从某一数值改变到另一数值的过程称为调速。

由 $n = (1-s)n_0 = (1-s)\dfrac{60f_1}{p}$ 可知，三相异步电动机的调速方法有变极（p）调速、变转差率（s）调速和变频（f_1）调速 3 种。

三相异步电动机的调速控制

1. 变极调速

这种调速方法只适用于三相鼠笼式异步电动机，不适合绕线式异步电动机。因为鼠笼式异步电动机的转子磁极数是随定子磁极数的改变而改变的，而绕线式异步电动机的转子绕组在转子嵌线时应当已确定了磁极数，一般情况下很难改变。

采用变极调速的电动机一般每相定子绕组由两个相同的部分组成，这两部分可以串联也可以并联，通过改变定子绕组接法可制作出双速、三速、四速等品种。变极调速时需有一个较为复杂的转换开关，但整个设备相对来讲比较简单，常用于需要调速又对调速过程要求不高的场合。变极调速能做到分级变速，不可能实现无级调速。但变极调速比较经济、简便，目前广泛应用于机床中各拖动系统，以简化机床的传动机构。

2. 变转差率调速

这种方法只适用于绕线式异步电动机。在绕线式异步电动机的转子回路中串可调电阻，恒负载转矩下通过调节电阻的阻值大小，从而使转差率得到调整和改变。这种变转差率调速的方法，其优点是有一定的调速范围，且可做到无级调速，设备简单、操作方便。缺点是能耗较大，效率较低，并且随着调速电阻的增大，机械特性将变软，使运行稳定性变差。一般应用于短时工作制且对效率要求不高的起重设备中。

3. 变频调速

改变电源频率可以改变旋转磁场的转速，同时也改变了转子的转速。这种调整方法的关键是为电动机设置专用的变频电源，因此成本较高。现在的晶闸管变频电源已经可以把 50Hz 的交流电源转换成频率可调的交流电源，以实现范围较宽的无级调速，随着电子器件成本的不断降低和可靠性不断提高，这种调速方法的应用将越来越广泛。

工农业生产中常用的风机、泵类是用电量很大的负载，其中多数在工作中要求调速。若拖动它们的电动机转速一定，用阀门调节流量，相当一部分的功率将消耗在阀门的节流阻力上，使能量严重浪费，且运行效率很低。如果电动机改为变频调速，靠改变转速来调节流量，一般可节电20%~30%，其长期效益远高于增加变频电源的设备费用，因此变频调速是交流调速的发展方向。

5.4.3　三相异步电动机的反转控制

三相异步电动机的转动方向总是同旋转磁场的旋转方向相一致，而旋转磁场的方向取决于通入异步电动机定子绕组中的三相电流的相序。因此，只需把接到电动机定子绕组上的 3 根电源线中的任意两根对调一下位置，三相异步电动机即可改变旋转方向。

三相异步电动机的
反转控制

5.4.4　三相异步电动机的制动控制

采用一定的方法让高速运转的电动机迅速停转的措施称为制动。

正在运行的电动机断电后，由于转子旋转和生产机械的惯性，电动机总要经历一段时间后才能慢慢停转。为了提高生产机械的效率及安全性，往往要求电动机能够快速停转，或有的机械从安全角度考虑，要求限制电动机不致过速（如起吊重物下降的过程），这时就必须对电动机进行制动控制。三相异步电动机常用的制动控制方法有以下几种。

三相异步电动机的
制动控制

1. 能耗制动

能耗制动的原理如图 5.17 所示。当电动机三相定子绕组与交流电源断开后，将直流电通入定子绕组，产生固定不动的磁场。转子由于惯性转动，与固定磁场相切割而在转子绕组中感应出电流，这个感应的转子电流与固定磁场再相互作用，从而产生制动转矩。这种制动方法是把电动机轴上的旋转动能转变为电能，消耗在转子回路电阻上，故称为能耗制动。能耗制动的特点是制动准确、平稳，但需要直流电源，且制动转矩随转速降低而减小。能耗制动的方法常用于生产机械中的各种机床制动。

2. 反接制动

反接制动的原理如图 5.18 所示。把与电源相连接的 3 根火线任意两根的位置对调，使旋转磁场反向旋转，产生制动转矩。当转速接近零时，利用某种控制电器将电源自动切断。反接制动方法制动动力强，停转迅速，无需直流电源，但制动过程中冲击力大，电路能量消耗也大。反接制动通常适用于某些中型车床和铣床的主轴制动。

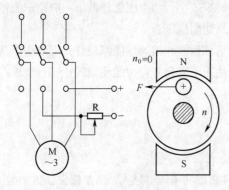

图 5.17　能耗制动

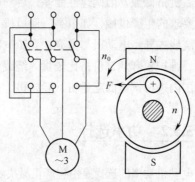

图 5.18　反接制动

3. 再生发电制动

再生发电制动的原理如图 5.19 所示。在多速电动机从高速调到低速的过程中，极对数增加时旋转磁场随转速减小，但由于惯性，电动机的转速只能逐渐下降，这时出现了 $n > n_0$ 的情况；起重机快速下放重物时，重物拖动转子也会出现 $n > n_0$ 的情况。只要电动机转速 n 超过旋转磁场转速 n_0 的情况发生，电动机将从电动状态转入发电机运行状态，这时转子电流和电磁转矩的方向均发生改变，其中电动机的转矩成为阻止电动机加速、限制转速的制动转矩。在制动过程中，电动机将重物的势能转变为电能再反馈回送给电网，所以再生发电制动也常被称为反馈制动。反馈制动实际上不是让电动机迅速停转而是用于限制电动机的转速。

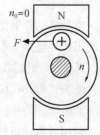

图 5.19　再生发电制动

📖 问题与思考

1. 何为三相异步电动机的启动？直接启动应满足什么条件？
2. 何为三相异步电动机的调速？鼠笼式异步电动机的调速方法有哪些？
3. 三相异步电动机若要反转，须采取什么措施？
4. 何为三相异步电动机的制动？电气制动的方法有哪些？
5. 一台 380V、丫接的鼠笼式异步电动机，能否采用丫-△启动？为什么？

5.5　三相异步电动机的选择

异步电动机应用很广，它所拖动的生产机械多种多样，要求也各不相同。选用异步电动机应从技术和经济两个方面进行考虑，以实用、合理、经济和安全为原则，正确选用其种类、功率、结构、转速等，以确保其安全可靠地运行。

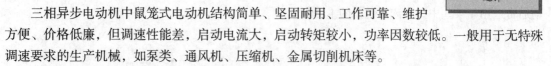

三相异步电动机的
选择

5.5.1 种类选择

三相异步电动机中鼠笼式电动机结构简单、坚固耐用、工作可靠、维护方便、价格低廉，但调速性能差，启动电流大，启动转矩较小，功率因数较低。一般用于无特殊调速要求的生产机械，如泵类、通风机、压缩机、金属切削机床等。

绕线式异步电动机与鼠笼式异步电动机相比较，启动性能和调速性能都较好，但结构复杂，启动、维护较麻烦，价格比较贵。绕线式异步电动机适用于需要有较大的启动转矩，且要求在一定范围内进行调速的起重机、卷扬机、电梯等。

5.5.2 功率选择

电动机功率的选择是由生产机械决定的。如果电动机的功率选得过大，虽然能保证正常运行，但不经济。若电动机的功率选得过小，又不能保证电动机和生产机械的正常运行，长期过载运行还将导致电动机烧坏。电动机功率选择的原则：电动机的额定功率等于或稍大于生产机械的功率。

5.5.3 结构选择

电动机的外形结构，根据使用场合可分为开启式、防护式、封闭式及防爆式等。应根据电动机的工作环境来进行选择，以确保安全、可靠地运行。

开启式电动机在结构上无特殊防护装置，但通风散热好，价格便宜，适用于干燥、无灰尘的场所。

防护式电动机的机壳或端盖处有通风孔，可防雨、防溅及防止铁屑等杂物掉入电动机内部，但不能防尘、防潮，适用于灰尘不多且较干燥的场所。

封闭式电动机外壳严密封闭，能防止潮气和灰尘进入，但体积较大，散热差，价格较高，常用于多尘、潮湿的场所。

防爆式电动机外壳和接线端全部密闭，不会让电火花溅到壳外，能防止外部易燃、易爆气体侵入机内，适用于石油、化工企业，煤矿及其他有爆炸性气体的场所。

5.5.4 转速选择

电动机额定转速是根据生产机械的要求来选择的。当电动机的功率一定时，转速越高，体积就越小，价格也越低，但需要变速比较大的减速机构。因此，必须综合考虑电动机和机械传动等诸方面因素。

📖 问题与思考

1. 在启动性能要求不高的场合，通常选用鼠笼式异步电动机还是选择绕线式异步电动机？
2. 电动机的功率选择原则是什么？

3. 工厂机床内的异步电动机通常采用哪种外形结构？

技能训练

实验五　异步电动机的丫-△降压启动和自耦补偿降压启动

一、实验目的

1. 熟悉实际电动机控制线路的连接，初步掌握三相异步电动机绕组的首、尾端判别方法及外引线连接方法。

2. 掌握三相异步电动机启动瞬间电流的测量方法。

3. 了解钳形电流表的使用。

二、实验主要器材与设备

1. 三相异步电动机　　　　　　两台
2. 三相自耦补偿器　　　　　　一台
3. 丫-△启动手动装置　　　　　一个
4. 钳形电流表　　　　　　　　一块
5. 电流表　　　　　　　　　　一块
6. 电源控制装置及导线　　　　若干

三、实验原理图

1. 丫-△降压启动原理图如图 5.20 所示。

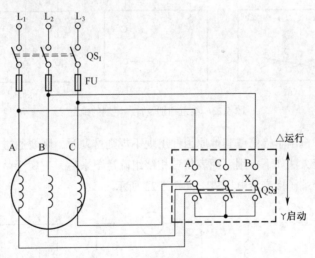

图 5.20　丫-△降压启动原理图

2. 自耦补偿降压启动原理如图 5.21 所示。

四、实验步骤

1. 三相绕组的判别及首、尾端的确定

（1）三相绕组的判别

利用万用表的欧姆挡，对三相异步电动机定子绕组出线接线端进行测量，可以判别三相绕组。

具体方法是用万用表的一支表笔固定一个接线端，另一支表笔分别与其他接线端接触，若有一个接线端使万用表读数接近零，则此两个端子为一相绕组。用相同的方法可以确定另外两相绕组。

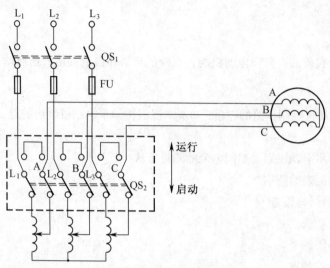

图 5.21 自耦补偿降压启动原理图

（2）三相绕组首、尾端的确定

三相异步电动机定子绕组的出线端一般如图 5.22（a）所示。定子绕组可以接成Y或△两种，分别如图 5.22（b）、（c）所示。采用哪种接线则要根据电动机铭牌及电压等级来决定。

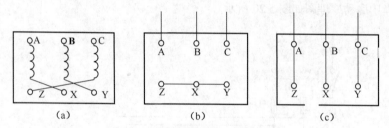

图 5.22 绕组判别及首、尾端的确定

当三相异步电动机出于检修或其他原因，出现不规则排列时，则要通过实验来判别各相绕组的首、尾端。其实验方法如下：用万用表将三相绕组确定下来后，把属于两个绕组的其中两个接线端短接，剩下两个端子接交流电压表，如图 5.23 所示。

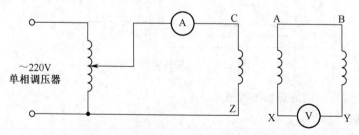

图 5.23 判断绕组首、尾端的实验电路图

把调压器的输出电压接在第三绕组两端，逐渐提高调压器的输出电压，使第三绕组中的电流

约等于电机额定电流的一半时为止。如果电压表的读数为零，则相短接的是两个绕组的同极性端，定为绕组的首端（或尾端）；如果电压表有读数，则是两个异极性端相接，即一相绕组为首端，另一相绕组为尾端。再换另外一相绕组，按上述方法再判断一次，即可确定出三相绕组的首、尾端。

2. 三相异步电动机的降压启动

由于三相异步电动机的启动电流较大，通常为额定电流的 4~7 倍，因此启动时间虽短，但可能使供电线路上的电流超过正常值，增大线路电压，使负载端电压降低，甚至造成同一电网上的其他用电设备不能正常工作或受到影响，这时应考虑降压启动。

（1）丫-△降压启动

按实验原理图连线，注意手动丫-△启动器内部触点的连接方法。线路接好无误后即可通电，丫接通电瞬间观测电流表指针偏转情况，与正常△运行时的稳定电流相比较，记录下来。

（2）自耦变压器降压启动

按实验原理图连线，注意操作手柄的操作方法。线路接好无误后即可通电，降压启动时用钳形电流表观测启动瞬间的指针偏转情况，与正常稳定运行情况下的指针偏转情况进行比较，记录下来。

五、思考题

1. 由实验观测到的数据，电动机启动电流是正常运转情况下电流的多少倍？

2. 对比两种降压启动方法，说一说各自的优、缺点。

3. 丫-△降压启动能否用于正常工作下丫接的电动机？

第5单元技能训练检测题（共100分，120分钟）

一、填空题（每空 0.5 分，共 18 分）

1. 根据工作电源的类型，电动机一般可分为＿＿＿＿电动机和＿＿＿＿电动机两大类；根据工作原理的不同，交流电动机可分为＿＿＿＿电动机和＿＿＿＿电动机两大类。

2. 异步电动机根据转子结构的不同可分为＿＿＿＿式和＿＿＿＿式两大类。＿＿＿＿式电动机调速性能较差，＿＿＿＿式电动机调速性能较好。

3. 三相异步电动机主要由＿＿＿＿和＿＿＿＿两大部分组成。电动机的铁心是由相互绝缘的＿＿＿＿片叠压制成的。电动机的定子绕组可以连接成＿＿＿＿或＿＿＿＿两种方式。

4. 分析异步电动机运行性能时，接触到的 3 个重要转矩分别是＿＿＿＿转矩、＿＿＿＿转矩和＿＿＿＿转矩。其中＿＿＿＿转矩反映了电动机的过载能力。

5. 旋转磁场的旋转方向与通入定子绕组中三相电流的＿＿＿＿有关。异步电动机的转动方向与＿＿＿＿的方向相同。旋转磁场的转速决定于电动机的＿＿＿＿。

6. 转差率是分析异步电动机运行情况的一个重要参数。转子转速越接近磁场转速，则转差率越＿＿＿＿。对应于最大转矩处的转差率称为＿＿＿＿转差率。

7. 若将额定频率为 60Hz 的三相异步电动机接在频率为 50Hz 的电源上使用，电动机的转速将会＿＿＿＿额定转速。改变＿＿＿＿或＿＿＿＿可改变旋转磁场的转速。

8. 电动机常用的两种降压启动方法是_____启动和_____启动。

9. 三相鼠笼式异步电动机名称中的三相是指电动机的_____，鼠笼式是指电动机的_____，异步指电动机的_____。

10. 降压启动是指利用启动设备将电压适当_____后加到电动机的定子绕组上进行启动，待电动机达到一定的转速后，再使其恢复到_____下正常运行。

11. 异步电动机的调速可以用改变_____、_____和_____3种方法来实现。其中_____调速是发展方向。

二、判断题（每小题1分，共10分）

1. 当加在定子绕组上的电压降低时，将引起转速下降，电流减小。（   ）

2. 电动机的电磁转矩与电源电压的平方成正比，因此电压越高，电磁转矩越大。（   ）

3. 启动电流会随着转速的升高而逐渐减小，最后达到稳定值。（   ）

4. 异步电动机转子电路的频率随转速而改变，转速越高，则频率越高。（   ）

5. 电动机的额定功率指的是电动机轴上输出的机械功率。（   ）

6. 电动机的转速与磁极对数有关，磁极对数越多，转速越高。（   ）

7. 鼠笼式异步电动机和绕线式异步电动机的工作原理不同。（   ）

8. 三相异步电动机在空载下启动，启动电流小，在满载下启动，启动电流大。（   ）

9. 三相异步电动机在满载和空载下启动时，启动电流是一样的。（   ）

10. 单相异步电动机的磁场是脉振磁场，因此不能自行启动。（   ）

三、选择题（每小题2分，共20分）

1. 二极异步电动机三相定子绕组在空间位置上彼此相差（   ）。

    A. 60°电角度　　　　B. 120°电角度　　　　C. 180°电角度　　　　D. 360°电角度

2. 工作原理不同的两种交流电动机是（   ）。

    A. 鼠笼式异步电动机和绕线式异步电动机　　B. 异步电动机和同步电动机

3. 三相绕线式异步电动机转子上的3个滑环和电刷的功用是（   ）。

    A. 连接三相电源　　　　　　　　　　B. 通入励磁电流

    C. 短接转子绕组或接入启动、调速电阻

4. 三相鼠笼式异步电动机在空载和满载两种情况下的启动电流的关系是（   ）。

    A. 满载启动电流较大　　　　　　　　B. 空载启动电流较大

    C. 二者相同

5. 三相异步电动机的旋转方向与通入三相绕组的三相电流（   ）有关。

    A. 大小　　　　　　B. 方向　　　　　　C. 相序　　　　　　D. 频率

6. 三相异步电动机旋转磁场的转速与（   ）有关。

    A. 负载大小　　　　　　　　　　　　B. 定子绕组上电压大小

    C. 电源频率　　　　　　　　　　　　D. 三相转子绕组所串电阻的大小

7. 三相异步电动机的电磁转矩与（   ）。

    A. 电压成正比　　B. 电压的平方成正比　　C. 电压成反比　　　　D. 电压的平方成反比

8. 三相异步电动机的启动电流与启动时的（   ）。

    A. 电压成正比　　　　　　　　　　　B. 电压的平方成正比

    C. 电压成反比　　　　　　　　　　　D. 电压的平方成反比

9. 能耗制动的方法就是在切断三相电源的同时（　　　）。

    A. 给转子绕组中通入交流电　　　　　　B. 给转子绕组中通入直流电

    C. 给定子绕组中通入交流电　　　　　　D. 给定子绕组中通入直流电

10. 在起重设备中常选用（　　　）异步电动机。

    A. 鼠笼式　　　　　　B. 绕线式　　　　　　C. 单相

四、简答题（每小题 4 分，共 24 分）

1. 三相异步电动机在一定负载下运行，当电源电压因故降低时，电动机的转矩、电流及转速将如何变化？

2. 三相异步电动机电磁转矩与哪些因素有关？三相异步电动机带动额定负载工作时，若电源电压下降过多，往往会使电动机发热，甚至烧毁，试说明原因。

3. 有的三相异步电动机有 380V/220V 两种额定电压，定子绕组可以接成星形或者三角形，试问何时采用星形接法？何时采用三角形接法？

4. 在电源电压不变的情况下，如果将三角形接法的电动机误接成星形，或者将星形接法的电动机误接成三角形，将分别出现什么情况？

5. 如何改变单相异步电动机的旋转方向？

6. 当绕线式异步电动机的转子三相滑环与电刷全部分开时，在定子三相绕组上加上额定电压，转子能否转动起来？为什么？

五、分析计算题（共 28 分）

1. 已知某三相异步电动机在额定状态下运行，其转速为 1430r/min，电源频率为 50Hz。求：电动机的磁极对数 p、额定运行时的转差率 s_N、转子电路频率 f_2 和转差速度 Δn。（8 分）

2. 某 4.5kW 三相异步电动机的额定电压为 380V，额定转速为 950r/min，过载系数为 1.6。求：① T_N、T_M；② 电压下降至 300V 时，能否带额定负载运行？（10 分）

3. 一台三相异步电动机，铭牌数据如下：丫接，P_N=2.2kW，U_N=380V，n_N=2970r/min，η_N=82%，$\cos\varphi_N$=0.83。试求此电动机的额定电流、额定输入功率和额定转矩。（10 分）

第6单元
直流电动机

直流电机包括直流发电机和直流电动机，二者具有相同的结构，只是直流发电机是由原动机拖动旋转而发电，是把机械能变为电能的装置；直流电动机则是通入直流电后拖动各种工作机械（机床、泵、电车等）运转，是把电能转换为机械能的设备。

直流电动机的最大弱点就是存在电流换向问题，消耗有色金属较多，成本高，运行中的检修和维护也比较复杂，因此其使用的广泛程度远比不上交流电动机。尽管如此，由于直流电动机的调速性能较好和启动转矩较大，因此仍然广泛应用在对调速要求较高的大型轧钢设备、大型精密机床、矿井卷扬机、市内电车及汽车拖拉机等电路中，在控制系统中，直流测速电动机、直流伺服电动机的应用也非常广泛。因此，对直流电动机进行讨论和研究，具有现实意义。

6.1 直流电动机的结构原理

直流电动机的结构组成

6.1.1 直流电动机的结构组成

直流电动机主要由定子和转子两大部分及一些辅件构成，产品外形及基本结构如图 6.1 所示。

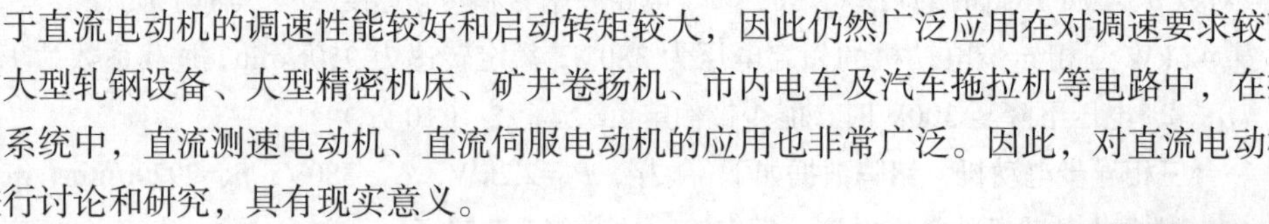

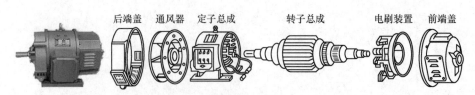

后端盖　通风器　定子总成　　转子总成　　　电刷装置　前端盖

图 6.1　直流电动机外形及基本结构图

1．定子

直流电动机的定子是电动机的机械支撑且用来产生电动机磁路。定子主要由机座、主磁极、换向极和电刷装置等组成。

（1）机座

直流电动机的外壳称为机座，机座既可用来作为安装电动机所有零件的外壳，又是联系各磁极的导磁铁轭。机座的作用主要有两个：一是起固定主磁极、换向极、端盖及整个电动机的机械支撑作用；二是作为电动机磁路的一部分。为保证机座具有足够的机械强度和良好的导磁性能，通常采用铸钢件制作，或者采用钢板焊接而成。

（2）主磁极

主磁极的作用是产生气隙磁场，由主磁极铁心和励磁绕组两部分组成，如图 6.2 所示。主磁极铁心一般用 0.5～1.5mm 厚的硅钢板冲片叠压后再用铆钉铆紧成一个整体。它分为极身和极靴两部分，套励磁绕组的部分称为极身，极靴宽于极身，既方便调整气隙中磁场的分布，又可起固定励磁绕组的作用。主磁极绕组用绝缘铜漆包线绕制而成，大中型直流电动机主磁极绕组用扁铜线绕制，并进行绝缘处理，然后套在主磁极铁心外面。整个主磁极用螺钉固定在机座内壁。

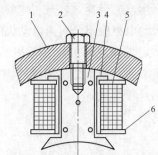

图 6.2　直流电动机的主磁极

1—机座　2—螺钉　3—主磁极铁心
4—框架　5—主磁极绕组　6—绝缘衬垫

（3）换向极

换向极又称为附加极，装在两个主磁极之间，用来改善直流电动机的换向。换向极由换向极铁心和换向极线圈构成。换向极铁心大多用整块钢加工而成。但在整流电源供电功率较大的电动机中，为了更好地改善电动机换向，换向极铁心也采用硅钢叠片结构。换向极绕组与主磁极绕组一样，也是用圆铜漆包线或扁铜线绕制而成，经绝缘处理后套在换向极铁心上，最后用螺钉将换向极固定在机座内壁，换向极的数目与主磁极数目相等。

（4）电刷装置

直流电动机的电刷装置是用来引入或引出直流电压和直流电流的。电刷装置一般由电刷、刷握、刷杆、刷杆座等组成。电刷一般用石墨粉压制而成，放在刷握内，用弹簧压紧在换向器上，刷握固定在刷杆上，刷杆装在圆环形的刷杆座上，相互之间绝缘。刷杆座装在端盖或轴承内盖上，圆周位置可以调整，调好以后加以固定，如图 6.3 所示。

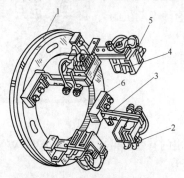

图 6.3　直流电动机的电刷装置

1—刷杆座　2—弹簧　3—刷杆
4—电刷　5—刷握　6—绝缘杆

2．转子

直流电动机的转子通常称为电枢，电枢主要由转轴、电枢铁心、电枢绕组和换向器等组成。

（1）转轴

转轴的作用是传递转矩，一般用合金钢锻压而成。

（2）电枢铁心

电枢铁心是电动机磁路的一部分，也是承受电磁力作用的部件。当电枢在磁场中旋转时，电枢铁心中将产生涡流和磁滞损耗，为了减小这些损耗的影响，电枢铁心通常用 0.5mm 厚的硅钢片叠压制成。电枢铁心固定在转子支架或转轴上，沿铁心外圆均匀地分布有槽，在槽内嵌放电枢绕组。电枢铁心及电枢铁心冲片如图 6.4 所示。

（3）电枢绕组

电枢绕组的作用是产生感应电动势和通过电流产生电磁转矩，实现机电能量转换。直流电动机的电枢绕组是直流电动机的主要电路部分，通常采用圆形或矩形截面的导线绕制而成，再按一定规律嵌放在电枢槽内，上下层之间以及电枢绕组与铁心之间都要妥善地绝缘。为了防止离心力将绕组边甩出槽外，槽口处需用槽楔将绕组压紧，伸出槽外的绕组端接部分用无纬玻璃丝带绑紧。

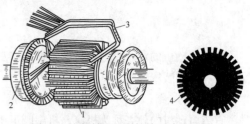

图 6.4　电枢铁心及电枢铁心冲片
1—电枢铁心　2—换向器
3—绕组元件　4—电枢铁心冲片

（4）换向器

换向器是直流电机的结构特征，其作用是机械整流。直流电动机通过换向器可将外加的直流电流逆变成绕组内的交流电流；直流发电机通过换向器将绕组内的交流电动势整流成电刷两端的直流电动势。换向器由许多换向片组成圆柱体，换向片之间用云母片绝缘。换向片凸起的一端称升高片，用来与电枢绕组端头相连，换向片下部做成燕尾形，利用换向器套筒、V 形压圈及螺旋压圈将换向片、云母片紧固成一个整体。在换向片与换向器套筒、压圈之间用 V 形云母环绝缘，最后将换向器压装在转轴上。换向器的结构如图 6.5 所示。

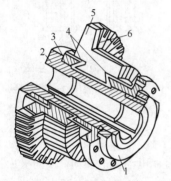

图 6.5　直流电机的换向器
1—螺旋压圈　2—换向器套筒　3—V 形压圈
4—V 形云母环　5—换向铜片　6—云母片

6.1.2　直流电动机的铭牌数据

每一台直流电动机上面都有一块铭牌，上面标注各种额定数据，说明该直流电动机的型号、规格、性能，是用户合理选择和正确使用直流电动机的参考依据。

铭牌数据都是生产厂家根据国家标准要求，通过设计和试验所得的一组反映电动机性能的重要数据，主要包括以下几个。

直流电动机的铭牌数据

1. 额定功率 P_N

额定功率指直流电动机按规定工作方式运行时，转轴上输出的有效机械功率，单位为 kW。直流电动机上额定功率 P_N、额定电压 U_N 和额定电流 I_N 的关系为

$$P_N = U_N I_N \eta_N \tag{6.1}$$

式中，η_N 为额定效率。

2. 额定电压 U_N

额定电压指额定输出时电动机接线端子间的电压，单位为 V。

3. 额定电流 I_N

额定电流指电动机按照规定的工作方式运行时，电动机绕组允许流过的最大安全电流，单位为 A。

4. 额定转速 n_N

额定转速指电动机在额定电压、额定电流和额定输出功率时，直流电动机的旋转速度，单位为 r/min。

5. 绝缘等级

绝缘等级根据直流电动机绝缘材料的耐热等级可分为 Y、A、E、B、F、H、C 7 级，其极限工作温度分别为 90℃、105℃、120℃、130℃、155℃、180℃及 180℃以上。

此外，直流电动机的额定数据还有工作方式、励磁方式、额定励磁电压、额定温升、额定效率等。

额定值是选用或使用电动机的重要依据，一般希望电动机按额定值运行。但实际上，电动机运行时的各种数据可能与额定值不同，它们由负载的大小来确定。若电动机的电流正好等于额定值，称为满载运行；若电动机的电流超过额定值，称为过载运行；若比额定值小得多，称为轻载运行。长期过载运行将使电动机过热，降低电动机寿命甚至使其损坏；长期轻载运行使电动机的容量不能充分利用。两种情况都将降低电动机的效率而不经济。所以，在选择电动机时，应根据负载的要求，尽可能使电动机运行在额定值附近。

【例 6.1】 一台 $Z_2 52$ 型直流电动机，已知其铭牌数据如下：P_N=13kW，U_N=220V，η_N=0.86，n_N= 3000r/min。试求该直流电动机的额定输入功率 P_{1N}、额定电流 I_N 和额定功率 T_N。

【解】 根据已知铭牌数据，可求得额定输入功率为

$$P_{1N} = \frac{P_N}{\eta_N} = \frac{13}{0.86} \approx 15.1 \, (\text{kW})$$

额定电流为

$$I_N = \frac{P_N}{U_N \eta_N} = \frac{13 \times 10^3}{220 \times 0.86} \approx 68.7 \, (\text{A})$$

额定转矩为

$$T_N = 9550 \frac{P_N}{n_N} = 9550 \frac{13}{3000} \approx 41.4 \, (\text{N} \cdot \text{m})$$

📖 问题与思考

1. 在直流电动机中，电枢所加电压已是直流，为什么还要加装换向器？如果直流电动机没有换向器，还能转动吗？

2. 直流电动机的定子包含哪几部分？各部分作用如何？

3. 直流电动机的转子包含哪几部分？各部分作用如何？

4. 何为直流电动机的铭牌数据？其中的额定功率是电功率还是机械功率？

6.2 直流电动机的工作原理

6.2.1 直流电动机的转动原理

直流电动机的工作原理也是建立在电磁力和电磁感应基础上的。为了便于分析问题，我们把复杂的直流电动机结构用图 6.6 所示的直流电动机简化模型来代替。图中 N 和 S 为直流电动机的一对定子磁极，电枢绕组用一个单匝线圈来表示，绕组的两个引出端分别连在两个换向片上，换向片上压着电刷 A 和 B。

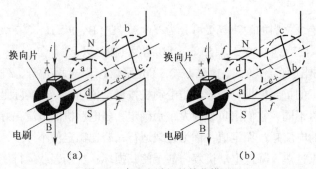

直流电动机的转动原理

图 6.6　直流电动机的简化模型

直流电动机的电刷 A 和 B 如果与直流电源相接，且电刷 A 接电源正极，电刷 B 接电源负极，就会在电枢线圈中有电流流过。图 6.6（a）中绕组的 a、b 与电刷 A 所压的换向片相接触，绕组的 c、d 与电刷 B 所压的换向片相接触，电流的流向为电刷 A→a→b→c→d→电刷 B；图 6.6（b）中绕组的 a、b 与电刷 B 所压的换向片相接触，绕组的 c、d 与电刷 A 所压的换向片相接触，电流的流向为电刷 A→d→c→b→a→电刷 B。即 N 极下绕组有效边中的电流方向总是同一个方向，S 极下绕组有效边中的电流方向总是另一个方向。

显然，无论是上述哪一种电流流向，绕组两个有效边上的电流方向总是相反的，因此可使两个有效边上受到的电磁力 f 构成一对力偶，驱动电枢绕轴转动。

当绕组 ab 边由图 6.6（a）中位置转动到 S 极下时，绕组中流过的电流方向必须随之发生改变，才能保证电磁力的方向不变。实现这一过程的元件是换向器。电枢绕组的每一匝都与换向片相连，电枢转动时，换向片随着电枢一起转动，外加电压的电流则通过压紧在换向片上的电刷流入电枢绕组内，由于两个电刷的位置不变，所以 ab 边转到 N 极下的电流流向为图 6.6（a）所示，转到 S 极下的电流方向为图 6.6（b）所示，即虽然电源提供的是直流电，但由于电刷、换向器的作用，流入电枢中的电流则是交变的了。

另外，电动机电枢在磁场中受力转动，转动过程中要与定子磁极的磁场相切割而产生感应电动势，电动势的方向可由右手定则来判断，感应电动势产生的电流显然与电枢中通过的外电源电流方向总是相逆的，因此把这个感应电动势称为反电动势。

电枢中感应的反电动势为

$$E_a = C_e n\Phi \tag{6.2}$$

式中：C_e 是电势常数，其大小取决于电动机的结构；n 是电枢相对于磁场的转速；Φ 是电动机每磁极下的磁通量。

直流电动机的电磁转矩可表示为

$$T = K_T \Phi I_a \tag{6.3}$$

直流电动机中的电磁转矩是驱动转矩，驱动电枢转动。因此，电动机的电磁转矩 T 必须与机械负载的阻转矩 T_2 及空载损耗转矩 T_0 相平衡。当轴上的机械负载发生变化时，则电动机的转速、电动势、电流及电磁转矩将自动进行调整，以适应负载的变化，保持新的平衡。例如，当负载增加时，轴上的机械转矩增大，原来的平衡被打破，动力矩小于阻力矩，因此电动机的转速下降，随着转速的下降，切割速度减小，反电动势减小，则电枢中的电流增大，电磁转矩增大，直至达到新的平衡为止，电动机的转速重新稳定在一个较低的数值上。

6.2.2　直流电动机的励磁方式

从直流电动机的基本工作原理可知，电动机将电能转换为机械能，其必要条件之一就是定子和转子之间必须具有气隙磁场。即必须在直流电动机主磁极的励磁绕组中通入励磁电流产生磁势，以形成气隙磁场，从而使电枢电流与气隙磁场相互作用而产生电磁转矩，实现机电能量转换。

直流电动机的励磁方式是指直流电动机励磁绕组和电枢绕组之间的连接方式。不同励磁方式的直流电动机，其机械特性有很大差异。因此，励磁方式是选择直流电动机的重要依据。直流电动机的励磁方式可分为他励、并励、串励、复励 4 类，如图 6.7 所示。

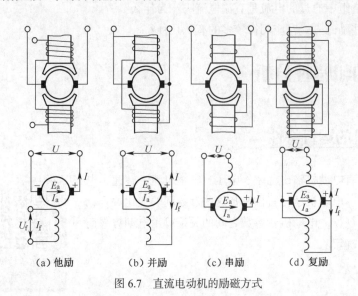

(a) 他励　　　(b) 并励　　　(c) 串励　　　(d) 复励

直流电动机的励磁方式

图 6.7　直流电动机的励磁方式

1.　他励电动机

他励电动机的励磁绕组与电枢绕组各自分开，励磁绕组由独立的直流电源供电，如图 6.7（a）

所示。励磁电流 I_f 的大小只取决于励磁电源的电压和励磁回路的电阻，而与电动机的电枢电压大小及负载无关。用永久磁铁作主磁极的电动机可当作他励电动机。

2. 并励电动机

并励电动机的励磁绕组与电枢绕组相并联，如图 6.7（b）所示。励磁电流一般为额定电流的5%，要产生足够大的磁通，需要有较多的匝数。所以并励绕组匝数多，导线较细。

3. 串励电动机

串励电动机的励磁绕组与电枢绕组相串联，如图 6.7（c）所示。励磁电流与电枢电流相同，数值较大，因此，串励绕组匝数很少，导线较粗。

4. 复励电动机

复励电动机至少有两个励磁绕组，其中之一是串励绕组，其他为并励（或他励）绕组，如图 6.7（d）所示。通常并励绕组起主要作用，串励绕组起辅助作用。若串励绕组和并励绕组所产生的磁势方向相同，称为积复励；若串励绕组和并励绕组所产生的磁势方向相反，则称为差复励。并励绕组匝数多，导线细；串励绕组匝数少，导线粗，外观上有明显的区别。

在上述励磁方式不同的直流电动机中，并励电动机和他励电动机应用得比较多。

📖 问题与思考

1. 为什么说直流电动机中的感应电动势是反电动势？这个反电动势与发电机中的感应电动势有何不同？

2. 直流电动机的电枢绕组中通过的电流是直流电流吗？为什么？

3. 直流电动机都有哪些励磁方式？应用得较多的有哪几种？

6.3 直流电动机特性分析

6.3.1 直流电动机的运行特性

直流电动机的主要参数有电动机输出功率、电压、电枢电流、转速、电磁转矩、输出转矩和效率等。电动机运行特性是指这些参数间的变化关系，或指这些参数随时间变化的规律。电动机各参数之间的关系可由电动势平衡方程式和转矩平衡方程式来确定。

直流电动机的特性
分析

1. 电动势的平衡方程式

电动机稳定运行情况下，电动机的电压应满足下面的关系式：

$$U = E_a + \Delta U \tag{6.4}$$

式（6.4）中的 ΔU 是直流电动机的电枢压降。对串励式直流电动机来讲，电流流过电枢时，引起的电压降为

$$\Delta U = I_a(R_a + R_m) \qquad (6.5)$$

式中的 R_a 是电枢电路的铜损耗电阻，R_m 是磁系统电路的电阻。对于永磁式直流电动机，则有

$$\Delta U = I_a R_a \qquad (6.6)$$

2. 转矩平衡方程式

电动机稳定运转情况下，电动机产生的电磁转矩为

$$T = T_2 + T_0$$

式中，电磁转矩 T 是由通过电枢电路的电流与电动机总磁通量相互作用而产生的。它使电枢和磁系统旋转，电磁转矩与磁通量 Φ 及电枢电路上的电流 I_a 成正比，即

$$T = C_T \Phi I_a \qquad (6.7)$$

式中的 C_T 为电动机常数，与电动机结构因素有关。

T_0 是因电动机上的轴承、电刷和整流环间的摩擦，电枢和磁系统的旋转以及铜损耗而形成的空载阻转矩。空载阻转矩 T_0 的数值可以用没有负载时的电动机功率 P_0（即空载损耗）来计算。空载功率是能保持额定转速时的最低电压与电流的乘积。

直流电动机的空载损耗 P_0 很小，只是额定输出功率的 2%～3%，故空载阻转矩也为输出转矩的 2%～3%。

输出转矩 T_2 是直流电动机轴上的负载阻转矩，其大小取决于直流电动机拖动的负载。

6.3.2　直流电动机的机械特性

直流电动机的机械特性是指电动机的转速 n 与电磁转矩 T 之间的关系，以常用的他励电动机为例，说明其机械特性。

他励直流电动机电枢中的反电动势 $E_a = C_e n \Phi = U - I_a R_a$，电动机转速为

$$n = \frac{E_a}{C_e \Phi} = \frac{U - I_a R_a}{C_e \Phi} \qquad (6.8)$$

将式（6.7）代入式（6.8）可得直流电动机的机械特性表达式为

$$n = \frac{U}{C_e \Phi} - \frac{R_a}{C_T C_e \Phi^2} T = n_0 - CT \qquad (6.9)$$

其中，$n_0 = \dfrac{U}{C_e \Phi}$ 为理想空载转速；$C = \dfrac{R_a}{C_T C_e \Phi^2}$ 是一常数，反映了电动机机械特性曲线的斜率。

图 6.8 所示是他励直流电动机的机械特性曲线，由于他励直流电动机的电枢电阻很小，当负载增大使电枢电流增大时，电枢电阻上的压降增加很少，因此转速下降很少。所以，他励直流电动机的机械特性曲线是一条略向下倾斜的直线，这种机械特性称为硬特性。

并励直流电动机通常和他励直流电动机的机械特性差别不大，可以认为其机械特性相同。

串励直流电动机的机械特性较软，因为串励直流电动机的励磁电流与电枢电流相同，当负载

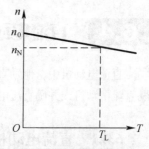

图 6.8　他励直流电动机的
机械特性曲线

增大时，励磁电流随之增大，在不考虑磁通量的饱和影响时，磁通量与励磁电流成正比增大，电磁转矩变化也较大，其机械特性曲线是一条随负载增大，转速下降很快的软特性曲线。如果串励直流电动机轻载，转速将很高，严重时还会造成飞车事故。因此，串励直流电动机不允许在空载或轻载下运行。

复励直流电动机的机械特性介于他励直流电动机和串励直流电动机之间。

【例 6.2】 一台并励直流电动机，已知其铭牌数据为 $P_N=15kW$，$U_N=110V$，$\eta_N=0.83$，$n_N=1800r/min$，$R_a=0.05\Omega$，$R_f=25\Omega$。试求该直流电动机的额定电流 I_N、励磁电流 I_f、电枢电流 I_a、反电动势 E_a 及额定电磁转矩 T_N。

【解】 根据已知铭牌数据，可求得额定输入功率为

$$P_{1N} = \frac{P_N}{\eta_N} = \frac{15}{0.83} \approx 18.1 \ (kW)$$

额定电流为

$$I_N = \frac{P_{1N}}{U_N} = \frac{18.1 \times 10^3}{110} \approx 165 \ (A)$$

额定电磁转矩为

$$T_N = 9550 \frac{P_N}{n_N} = 9550 \times \frac{15}{1800} \approx 79.6 \ (N \cdot m)$$

励磁电流为

$$I_f = \frac{U_N}{R_f} = \frac{110}{25} = 4.4 \ (A)$$

电枢电流为

$$I_a = I_N - I_f = 165 - 4.4 = 160.6 \ (A)$$

反电动势为

$$E_a = U_N - I_a R_a = 110 - 160.6 \times 0.05 \approx 102 \ (V)$$

📖 问题与思考

1. 何为直流电动机的运行特性？何为直流电动机的机械特性？
2. 各种励磁方式不同的直流电动机，其机械特性哪些属于硬特性？哪些属于软特性？

6.4 直流电动机的控制技术

直流电动机中，他励直流电动机和并励直流电动机在拖动中应用得最为广泛，因此我们以他励直流电动机或并励直流电动机为例介绍直流电动机的控制技术。

6.4.1 直流电动机的启动控制

生产机械对直流电动机的启动要求：①有足够大的启动转矩；②启动电流限制在允许范围内，通常为额定电流的 1.5～2.5 倍；③启动时间短；④启动设备简单、经济、可靠。为此，直

流电动机的启动根据需要一般有直接启动、电枢回路串电阻启动和降压启动
3 种方式。

直流电动机的启动
控制

1. 直接启动

直接启动是在不采取任何限流措施的情况下，电枢绕组直接接额定电压
的启动方法。

直接启动瞬间，由于电动机电枢转速 $n=0$，所以电动势 $E_a=0$，则此时加额定电压时电枢的启
动电流为

$$I_{st} = \frac{U - E_a}{R_a} = \frac{U}{R_a} \qquad (6.10)$$

由于电枢电阻的数值通常很小，此时启动电流可达额定电流的 $10 \sim 20$ 倍，超出额定电流这么
多的启动电流可能在换向器上产生火花而损坏换向器，因此是不允许的。

启动转矩正比于启动电流，所以直接启动时其启动转矩也很大，电动机的转轴在直接启动时
会受到较大的机械冲击作用，可能造成机械性损伤。因此，直接启动方法只允许用于容量很小的
直流电动机。

2. 电枢回路串电阻启动

为了限制启动电流，可在电枢回路中串入适当的限流电阻（阻值为 R_{st}）。启动瞬间电枢电流为

$$I_{st} = \frac{U}{R_a + R_{st}} \qquad (6.11)$$

在启动过程中，随着电动机转速的不断升高，可逐渐切除启动电阻，直到正常运行状态时全
部切除。

需要注意的是，并励直流电动机和他励直流电动机启动和运行时，其励磁绕组要可靠连接，
不允许开路情况发生，否则磁通就会接近于零值，造成反电动势等于零，使电枢电流骤增，绕组
会因此而烧损。

3. 降压启动

直流电动机在有可调电源的情况下，也可以采用降压启动，以限制启动电流。启动时，以较
低的电源电压启动电动机，启动电流便随电压的降低而正比减小。随着电动机转速的上升，反电
动势逐渐增大，再逐渐提高电源电压，使启动电流和启动转矩保持在一定的数值上，从而保证电
动机按需要的加速度升速。

降压启动虽然需要专用电源，设备投资较大，但它启动平稳，启动过程中能量损耗小，因而
在直流发电机-电动机组得到了广泛的应用。

6.4.2　直流电动机的反转控制

许多生产机械要求电动机做正、反转运行，如起重机的升、降，龙门刨床的前进与后退等。
要改变直流电动机的旋转方向，必须改变电磁转矩的方向，由 $T = C_T \Phi I_a$ 可知，电磁转矩的方向

由主磁通和电枢电流共同决定，只要其中任意一项改变方向，都能使电磁转矩反向，电动机反转。如果同时改变电枢电流和励磁电流的方向，则电动机的转向不会改变。

由于直流电动机的励磁绕组电感较大，换接时会产生很高的自感电压，使操作极不安全，因此，实际中采用的方法通常是改变电枢电流达到反转目的。

直流电动机的反转控制

6.4.3　直流电动机的调速控制

为了提高生产效率或满足生产工艺的要求，许多生产机械在工作过程中都需要调速。例如，车床切削工件时，精加工用高转速，粗加工用低转速；轧钢机在轧制不同品种和不同厚度的钢材时，也必须有不同的工作速度。

直流电动机的调速控制

电力拖动系统可以采用机械调速、电气调速或二者配合起来进行调速。通过改变传动机构速比进行调速的方法称为机械调速；通过改变电动机参数进行调速的方法称为电气调速。本节只介绍他励直流电动机的电气调速。

1.　降低电枢电压调速

电动机的工作电压不允许超过额定电压，因此电枢电压只能在额定电压以下进行调节。降低电枢电压调速（简称降压调速）的原理及调速过程可用图6.9说明。

降压调速过程中，负载转矩不变。当端电压下降时，电枢电流减小，电磁转矩随之减小，使负载转矩大于电磁转矩，转速下降。此时反电动势也随之减小，使电枢电流回升，直到与负载转矩重新平衡。

降压调速的优点如下。

① 机械特性硬度不变，调速时电动机运行的稳定性好，能在低速下稳定运行。

② 当电压平滑调节时，可达到无级调速。

③ 调速范围广。

④ 调压电源可兼作启动电源。

其缺点是需专用可调直流电源，设备投资较大。

鉴于上述优点，电枢回路串电阻的降压启动方法在直流拖动系统中应用很广。

2.　减弱磁通调速

额定运行的电动机，磁路已基本饱和，即使励磁电流增加很多，磁通也增加很少，从电动机的性能考虑不允许磁路过饱和。因此，改变磁通只能从额定值往下调，即弱磁调速。

在弱磁调速的过程中，负载转矩不变，当励磁电流减小使磁通量减小时，开始瞬间由于存在机械惯性，转速基本不变，但反电动势减小使电枢电流增大时，电磁转矩的增大远比磁通减小明显得多，使电磁转矩大于负载阻转矩，电动机转速上升。转子转速的上升使反电动势回升，电枢电流又减小，电磁转矩随之减小，直到与负载阻转矩重新达到平衡。

其调速原理及调速过程可用图6.10说明。

为保证电动机磁路不至于过饱和，改变励磁电流通常是从额定值向下调，即电动机转速升高的方向。设电动机拖动恒转矩负载 T_L 在固有特性曲线上 A 点运行，其转速为 n_A。若磁通由 Φ_0 减

小至 Φ_1，则达到新的稳态后，工作点将移到对应特性曲线上的 B 点，其转速上升为 n_B。从图 6.10 中可见，工作磁通越弱，稳态转速越高。

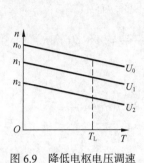

图 6.9　降低电枢电压调速　　　　　图 6.10　减弱磁通调速

弱磁调速方法的优点如下。

① 可在励磁回路中串电阻来调节励磁，因此控制方便，设备简单、经济。

② 能平滑调速，可达到无级调速。

③ 机械特性硬度较好，运行的稳定性较好。

但弱磁调速范围窄，受电动机机械强度和换向火花的限制，转速不能太高，否则易造成飞车现象。因此，弱磁调速一般以额定转速的 1.2 ~ 1.5 倍为限，对于特殊设计的弱磁调速电动机，允许达到额定转速的 3 ~ 4 倍。

3. 电枢回路串电阻调速

他励直流电动机保持励磁回路不变，在电枢回路串接不同电阻，改变人为机械特性实现调速的方法。其调速原理及调速过程可用图 6.11 说明。

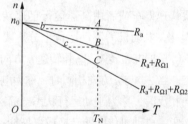

图 6.11　电枢回路串电阻调速

调速原理：假定电枢回路未串接电阻时，直流电动机在负载转矩 T_N 状态下稳定运行在机械特性曲线的 A 点。需要调速时，在电枢回路中串接调速电阻 $R_{\Omega 1}$，电动机由于机械惯性，转速并不马上发生改变，工作点从 A 点过渡到人为特性的 b 点，显然电动机的电磁转矩减小，$T=T_L$ 的平衡被打破，电动机转速沿人为特性下降，下降过程中，反电动势 E_a 减小，电枢电流增大，电磁转矩随之增大，当电磁转矩重新与负载阻转矩平衡时，电动机稳定在人为特性的 B 点运行。若进一步串入调速电阻 $R_{\Omega 2}$，电动机会以类似过程调速，最后稳定在更低的转速 C 点运行。

电枢回路串电阻调速的缺点是电阻一般是分段串入，因此是平滑性较差的有级调速；另外，串入电阻后转速只能降低，且人为特性变软，使电动机的转速波动加大，能耗也增大，调速范围受限。

电枢回路串电阻调速的优点是方法简单、设备投资少，适用于低速短时运行的小容量电动机调速。但调速电阻不能用启动电阻代替，因为启动电阻是短时工作，而调速电阻则是连续工作的。

【例 6.3】一台他励直流电动机的额定数据为 U_N=220V，I_N = 41.1A，n_N=1500r/min，R_a=0.4Ω，保持额定负载转矩不变，求：①电枢回路串入 1.65Ω 电阻后的稳态转速；②电源电压降为 110V 时的稳态转速；③磁通减弱为 90% Φ_N 时的稳态转速。

【解】 根据题目数据可计算出

$$C_e \Phi_N = \frac{U_N - R_a I_N}{n_N} = \frac{220 - 0.4 \times 41.1}{1500} \approx 0.136 \text{（Wb）}$$

① 因为负载转矩不变，且磁通不变，所以电枢电流 I_a 不变，有

$$n = \frac{U_N - (R_s + R_a)I_a}{C_e \Phi_N} = \frac{220 - (1.65 + 0.4) \times 41.1}{0.136} \approx 998 \text{（r/min）}$$

② 与①相同，$I_a = I_N$ 不变，所以

$$n = \frac{U_N - R_a I_a}{C_e \Phi_N} = \frac{110 - 0.4 \times 41.1}{0.136} \approx 688 \text{（r/min）}$$

③ 因为 $T_m = C_T \Phi_N I_N = C_T \Phi_N' I_a' =$ 常数，所以

$$I_a' = \frac{\Phi_N}{\Phi_N'} I_N = \frac{1}{0.9} \times 41.1 \approx 45.7 \text{（A）}$$

$$n = \frac{U_N - R_a I_a'}{C_e \Phi_N} = \frac{220 - 0.4 \times 45.7}{0.9 \times 0.136} \approx 1648 \text{（r/min）}$$

6.4.4 直流电动机的制动控制

在电力拖动系统中，电动机经常需要工作在制动状态。例如，许多生产机械工作时，往往需要快速停车或者由高速运行迅速转为低速运行，这就要求电动机进行制动。因此，电动机的制动运行十分重要。

根据电磁转矩 T_{em} 和转速 n 方向之间的关系，可以把电动机分为两种运行状态。当 T_{em} 与 n 方向相同时，称为电动运行状态，简称电动状态；当 T_{em} 与 n 方向相反时，称为制动运行状态，简称制动状态。电动状态时，电磁转矩为驱动转矩，电动机将电能转换成机械能；制动状态时，电磁转矩为制动转矩，电动机将机械能转换成电能。直流电动机的制动方法与交流电动机类似，可采用机械制动，也可采用电气制动，其中电气制动的方法有能耗制动、反接制动和回馈制动。这 3 种制动方法的共同点就是在不改变原励磁方向的情况下，只改变电枢电流的方向，来获得与电动机转向相反的制动性质的电磁转矩。

直流电动机的制动控制

1. 能耗制动

所谓能耗制动，就是在制动时让电枢绕组从电网中断开，并立即接到一个制动电阻上。此时电动机的励磁不变，电动机因惯性继续旋转，并在电枢绕组中产生感应电动势，感应电动势的电流向制动电阻反向供电，产生反向的电磁转矩即制动转矩。在整个制动过程中，电动机储存的动能转换成电能全部消耗在电枢电阻和制动电阻上，故称为能耗制动。

【例 6.4】 一台他励直流电动机的铭牌数据为 P_N=10kW，U_N=220V，I_N=53A，n_N=1000r/min，R_a=0.3Ω，电枢电流最大允许值为 $2I_N$。①电动机在额定状态下进行能耗制动，求电枢回路应串接的制动电阻值。②用此电动机拖动起重机，在能耗制动状态下以 300 r/min 的转速下放重物，电枢电流为额定值，求电枢回路应串入多大的制动电阻。

【解】 ①制动前电枢电动势为

$$E_a = U_N - R_a I_N = 220 - 0.3 \times 53 = 204.1\text{（V）}$$

应串入的制动电阻值为

$$R_B = \frac{E_a}{2I_N} - R_a = \frac{204.1}{2 \times 53} - 0.3 \approx 1.625\text{（Ω）}$$

② 因为励磁保持不变，则

$$C_e \Phi_N = \frac{E_a}{n_N} = \frac{204.1}{1000} = 0.2041\text{（Wb）}$$

下放重物时，转速为 $n = -300\text{r/min}$，由能耗制动的机械特性

$$n = -\frac{R_a + R_B}{C_e \Phi_N} I_a$$

可得

$$R_B = -\frac{nC_e \Phi_N}{I_a} - R_a$$

$$= \frac{-(-300) \times 0.2041}{53} - 0.3$$

$$\approx 0.855\text{（Ω）}$$

2. 反接制动

在正反转频繁、要求快速停车的生产设备中，常采用反接制动。所谓反接制动，就是在电动机制动时，电枢电压反向接在电枢两端，使其与反电动势同向，在电枢中就会立即产生很大的反向电流与相反的制动转矩，从而使电动机迅速停车，通常反接制动的时间由速度继电器控制。

反接制动分为电压反接制动和倒拉反接制动两种。倒拉反接制动指起重机下放较重物时，为防止物体下放过快出现事故而使用的一种制动方法。

3. 回馈制动

电动状态下运行的电动机，如电动机拖动机车下坡时，会出现运行转速 n 高于理想空载转速 n_0 的情况，此时 $E_a > U$，电枢电流反向，电磁转矩的方向也随之改变，由驱动转矩变成制动转矩。从能量传递方向看，电机处于发电状态，将机车下坡时失去的位能变成电能回馈给电网，因此这种状态称为回馈制动状态。

6.4.5　直流电动机的常见故障处理

1. 换向故障

换向器是直流电动机中的关键部件，也是观察直流电动机故障的主要窗口，直流电动机的故障很多，但最常见也最难处理的是换向故障。换向器工作状况好坏直接影响直流电动机的工作状况，因此必须加强对换向器的维护保养。直流电动机的换向故障主要有换向时产生火花、严重时出现环火、使换向器受损、电刷损坏等。

直流电动机的常见
故障处理

（1）换向时产生火花

火花是电刷与换向器间的电弧放电现象，是换向不良的明显标志。微小火花不会损坏电动机，火花严重时能造成电枢绕组部分或全部短路而损坏电动机。产生火花的原因通常可分为3类：电磁原因、机械原因和负载与环境原因。

① 电磁原因：主要是由于换向元件合成电动势不等于零造成换向元件产生附加电流，在换向时使电刷电流密度增大，元件的电磁能以火花形式释放出来；也可能是电枢绕组开焊或匝间短路使电动机电枢电路不对称而造成火花产生；电刷不在几何中心线上也是换向元件换向时产生电火花的原因。

② 机械原因：主要有换向器偏心或变形；换向器表面粗糙；换向片凸出变形；片间绝缘件凸出等造成电刷与换向器的接触不良而产生电火花等。

③ 负载与环境原因：主要有严重过载，带冲击性负载时造成换向困难而产生的火花。同时环境湿度、温度过高或过低时造成的油雾、有害气体、粉尘等也能破坏换向器表面氧化膜的平衡而影响正常滑动接触，造成电火花的产生。

处理这类问题的方法通常如下。

① 电磁原因的处理方法：检查换向器的励磁绕组是否正常励磁；处理电枢绕组的短路开焊；将电刷移动至几何中性线上。

② 机械原因的处理方法：如果换向器表面出现轻微条纹或凹槽，这时可以采取研磨或抛光方式处理，然后采用干净绸布擦拭换向器表面，这样有利于形成和保护氧化膜，保证电刷与换向器的良好接触；校平衡消振；调整刷握间隙和弹簧压力；选择合适牌号的电刷。

③ 负载与环境原因的处理方法：使负载在电动机的额定范围内，或更换合适功率的电动机；改善环境条件，加强通风，避免温度过高；防止油雾、粉尘和潮气进入电动机，使换向器表面的氧化膜保持平衡。另外还要注意日常运行中对直流电动机的精心保养，必须保持换向器表面的清洁，要做到定期清扫。

（2）环火故障

环火是恶性事故，出现环火时，正、负极电刷之间有电弧飞越，换向器表面出现一圈弧光，此时电弧的高温和具有的能量不仅会严重损坏换向器和电刷，造成电枢电路的短路，严重时还会危及操作和维修人员的安全。

环火产生的主要原因有如下几种。

① 换向片的片间绝缘被击穿。

② 换向器表面不清洁。

③ 短路或带严重冲击性负载。

④ 换向器片间电压过高。

⑤ 换向严重不畅。

⑥ 电枢绕组开焊等。

处理这类问题的方法：更换片间绝缘件；注意维修保养，使换向器保持清洁；清除短路、开焊和过电压；改善换向。

2. 绕组故障

绕组中包含定子绕组和转子绕组。定子绕组中包含主极励磁绕组、换向极励磁绕组和补偿绕组；转子绕组就是电枢绕组。

运行时绕组常见故障有绕组过热、匝间短路、接地、绝缘电阻下降以及极性接错等。

造成这些故障的原因有如下几种。

① 绕组过热的主要原因是通风散热不良；过载或匝间短路。

② 匝间短路的主要原因是绝缘件老化；长期过载运行；过电压以及受到冲撞损坏使匝间绝缘件受损。

③ 定子绕组接地的原因主要是绝缘件受损；绕组、铁心等槽口的尖毛刺对地击穿；绕组受潮；绝缘电阻过低等。

④ 绝缘电阻下降的主要原因是绕组绝缘件受潮；绝缘件表面积有粉尘、油污；化学腐蚀气体影响等。

⑤ 励磁绕组极性接错，使电动机的电磁转矩减小，造成启动困难。换向极绕组极性接错，会造成换向困难，换向火花大。

📖 问题与思考

1. 直流电动机最常用的启动方法是什么？

2. 调速和电动机的速度变化是否为同一个概念？直流电动机的调速性能和交流电动机相比如何？共有哪几种调速方法？

3. 何为直流电动机的制动？起重机中常采用哪种制动方法？

4. 直流电动机的常见故障有哪些？其中换向故障又包括哪些？造成电动机绕组过热的原因有哪些？

技能训练

实验六　他励直流电动机的启动、调速及改变转向

一、实验目的

1. 了解他励直流电动机实验的基本要求与安全操作注意事项。

2. 认识他励直流电动机实验中所用的电动机、仪表、变阻器等组件。

3. 熟悉他励直流电动机（或并励电动机按他励方式）的接线、启动、改变转向与调速的方法。

二、实验相关知识要点

1. 他励直流电动机启动时，为什么在电枢回路中需要串接启动变阻器？不串接会产生什么严重后果？

2. 他励直流电动机启动时，励磁回路串接的磁场变阻器应调至什么位置？为什么？若励磁回路断开造成失磁，会产生什么严重后果？

3. 他励直流电动机调速及改变转向的方法。

三、实验项目

1. 了解 DD01 电源控制屏中的电枢电源、励磁电源、校正直流测功机、变阻器、多量程直流电压表、电流表及他励直流电动机的使用方法。

2. 用伏安法测他励直流电动机和直流发电机的电枢绕组的冷态电阻。

3. 他励直流电动机的启动、调速及改变转向。

四、实验设备及控制屏上挂件排列顺序

实验设备如表 6.1 所示。

表 6.1　　　　　　　　　　　　　　　实验设备

序号	型号	名称	数量
1	DD03	导轨、测速发电机及转速表	1 台
2	DJ23	校正直流测功机	1 台
3	DJ15	并励直流电动机	1 台
4	D31	直流数字电压表、毫安表、安培表	2 件
5	D42	三相可调电阻器	1 件
6	D44	可调电阻器、电容器	1 件
7	D51	波形测试及开关板	1 件
8	D41	三相可调电阻器	1 件

控制屏上挂件排列顺序为 D31、D42、D41、D51、D31、D44。

五、实验步骤

1. 了解实验装置和注意事项

由实验指导人员介绍 DDSZ-1 型电动机和电气技术实验装置各面板布置及使用方法，讲解电动机实验的基本要求、安全操作和注意事项。

2. 用伏安法测电枢的直流电阻

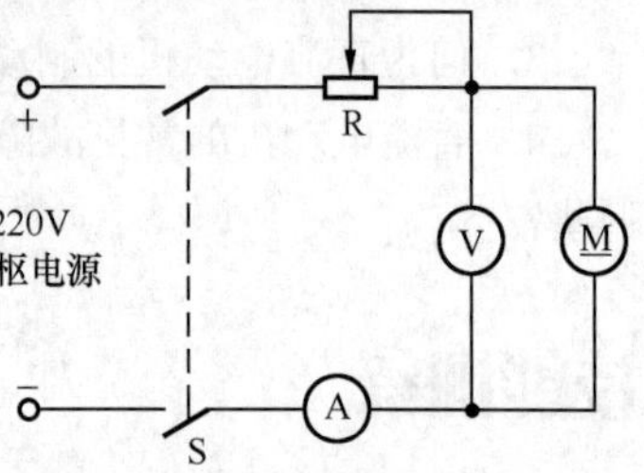

① 按图 6.12 接线，电阻 R 用 D44 中的 1800Ω 和 180Ω 电阻串联，共 1980Ω 阻值并调至最大。电流表 A 选用 D31 安培表，量程选用 5A 挡。开关 S 选用 D51 挂箱。

② 经检查无误后接通电枢电源，并调至 220V。调节电阻值 R 使电枢电流达到 0.2A（如果电流太大，可能由于剩磁的作用使电动机旋转，测量无法进行；如果此时电流太小，可能由于接触电阻产生较大的误差）。迅速测取电动机电枢两端电压 U 和电流 I。将电动机分别旋转 1/3 周和 2/3 周，同样测取 U、I，将 3 组数据列于表 6.2 中。

图 6.12　测电枢绕组直流电阻接线图

③ 增大 R 使电流分别达到 0.15A 和 0.1A，用同样方法测取 6 组数据列于表 6.2 中。取 3 次测量的平均值作为实际冷态电阻值，即

$$R_{a} = \frac{1}{3}(R_{a1} + R_{a2} + R_{a3})$$

表 6.2　　　　　　　　　　　　　　　实验数据　　　　　　　　　　　　室温＿＿＿＿℃

序号	U/V	I/A	R平均/Ω		Ra/Ω	Raref/Ω
1			$R_{a11}=$	$R_{a1}=$		
			$R_{a12}=$			
			$R_{a13}=$			
2			$R_{a21}=$	$R_{a2}=$		
			$R_{a22}=$			
			$R_{a23}=$			
3			$R_{a31}=$	$R_{a3}=$		
			$R_{a32}=$			
			$R_{a33}=$			

表 6.2 中：

$$R_{a1} = \frac{1}{3}(R_{a11} + R_{a12} + R_{a13})$$

$$R_{a2} = \frac{1}{3}(R_{a21} + R_{a22} + R_{a23})$$

$$R_{a3} = \frac{1}{3}(R_{a31} + R_{a32} + R_{a33})$$

④ 计算基准工作温度时的电枢电阻。由实验直接测得电枢绕组电阻值，此值为实际冷态电阻值。冷态温度为室温。按下式换算到基准工作温度时的电枢绕组电阻值：

$$R_{aref} = R_a \frac{235℃ + \theta_{ref}}{235℃ + \theta_a}$$

式中，R_{aref} 为换算到基准工作温度时电枢绕组电阻；R_a 为电枢绕组的实际冷态电阻；θ_{ref} 为基准工作温度，对于 E 级绝缘为 75℃；θ_a 为实际冷态时电枢绕组的温度。

3. 直流仪表、转速表和变阻器的选择

直流仪表、转速表量程是根据电动机的额定值和实验中可能达到的最大值来选择的，变阻器根据实验要求来选用，并按电流的大小选择串联、并联或串并联的接法。

① 电压量程的选择。如测量电动机两端为 220V 的直流电压，选用直流电压表的 1000V 量程挡。

② 电流量程的选择。因为并励直流电动机的额定电流为 1.2A，测量电枢电流的电表 A_3（见图 6.13）可选用直流电流表的 5A 量程挡；额定励磁电流小于 0.16A，电流表 A_1 选用 200mA 量程挡。

③ 电动机额定转速为 1600r/min，转速表选用 1800r/min 量程挡。

④ 变阻器的选择。变阻器选用的原则是根据实验中所需的阻值和流过变阻器最大的电流来确定，电枢回路电阻 R_1 可选用 D44 挂件的 1.3A 的 90Ω 与 90Ω 串联电阻，磁场回路电阻 R_{fl} 可选用 D44 挂件的 0.41A 的 900Ω 与 900Ω 串联电阻。

4. 他励直流电动机的启动准备

按图 6.12 接线。图中他励直流电动机 M 用 DJ15，其额定功率 P_N=185W，额定电压 U_N=220V，额定电流 I_N=1.2A，额定转速 n_N=1600r/min，额定励磁电流 $I_{fN} < 0.16A$。校正直流测功机 MG 作为测功机使用，TG 为测速发电机。直流电流表用 D31。R_{fl} 用 D44 的 1800Ω 阻值的电阻，作为他励直流电动机励磁回路串接的电阻。R_{f2} 选用 D42 的 1800Ω 阻值的电阻，作为 MG 励磁回路串接的电阻。R_1 选用 D44 的 180Ω 阻值的电阻，作为他励直流电动机的启动电阻，R_2 选用 D41 的 90Ω 电阻 6 只串联和 D42 的 900Ω 与 900Ω 并联电阻相串联，作为测功机 MG 的负载电阻。接好线后，检查 M、MG 及 TG 之间是否用联轴器直接连接好。

5. 他励直流电动机启动步骤

① 检查图 6.13 的接线是否正确，电表的极性、量程选择是否正确，电动机励磁回路接线是否牢靠。然后，将电动机电枢串联启动电阻 R_1、测功机 MG 的负载电阻 R_2 及 MG 的磁场回路电阻 R_{f2} 调到阻值最大位置，M 的磁场调节电阻 R_{fl} 调到最小位置，断开开关 S，并断开控制屏下方右边的电枢电源开关，做好启动准备。

② 开启控制屏上的电源总开关，按下其上方的"开"按钮，接通其下方左边的励磁电源开关，

观察 M 及 MG 的励磁电流值，调节 R_{f2} 使 I_{f2} 等于校正值（100mA）并保持不变，再接通控制屏右下方的电枢电源开关，使 M 启动。

③ M 启动后观察转速表指针偏转方向，应为正向偏转，若不正确，可拨动转速表上正、反向开关来纠正。调节控制屏上电枢电源"电压调节"旋钮，使电动机端电压为220V。减小启动电阻 R_1 阻值，直至短接。

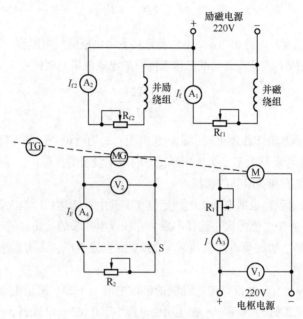

图 6.13　他励直流电动机接线图

④ 合上校正直流测功机 MG 的负载开关 S，调节 R_2 阻值，使 MG 的负载电流 I_F 改变，即直流电动机 M 的输出转矩 T_2 改变［按不同的 I_F 值，查对应于 I_{f2}=100mA 时的校正曲线 T_2=$f(I_F)$，可得到 M 不同的输出转矩 T_2 值］。

⑤ 调节他励直流电动机的转速。分别改变串入电动机 M 电枢回路的调节电阻 R_1 和励磁回路的调节电阻 R_{f1} 的阻值，观察转速变化情况。

⑥ 改变电动机的转向。将电枢串联启动变阻器 R_1 调回到阻值最大位置，先切断控制屏上的电枢电源开关，然后切断控制屏上的励磁电源开关，使他励直流电动机停机。在断电情况下，将电枢（或励磁绕组）的两端接线对调后，再按他励直流电动机的启动步骤启动电动机，并观察电动机的转向及转速表指针偏转的方向。

六、注意事项

1. 他励直流电动机启动时，须将励磁回路串联的电阻 R_{f1} 阻值调至最小，先接通励磁电源，使励磁电流最大，同时必须将电枢串联启动电阻 R_1 阻值调至最大，然后方可接通电枢电源，使电动机正常启动。启动后，将启动电阻 R_1 阻值调至零，使电动机正常工作。

2. 他励直流电动机停机时，必须先切断电枢电源，然后断开励磁电源。同时必须将电枢串联的启动电阻 R_1 阻值调回到最大值，励磁回路串联的电阻 R_{f1} 阻值调回到最小值，给下次启动做好准备。

3. 测量前注意仪表的量程、极性及其接法是否符合要求。

4. 若要测量电动机的转矩 T_2，必须将校正直流测功机 MG 的励磁电流调整到校正值 100mA，以便从校正曲线中查出电动机 M 的输出转矩。

七、思考题

1. 画出他励直流电动机电枢串电阻启动的接线图。说明电动机启动时，启动电阻 R_1 和磁场调节电阻 R_{f1} 应调到什么位置?为什么?

2. 在他励直流电动机轻载及额定负载时，增大电枢回路的调节电阻，电动机的转速如何变化? 增大励磁回路的调节电阻，转速又如何变化?

3. 用什么方法可以改变直流电动机的转向?

4. 为什么要求他励直流电动机磁场回路的接线要牢靠? 为什么启动时电枢回路必须串联启动变阻器?

第6单元技能训练检测题（共100分，120分钟）

一、填空题（每空 0.5 分，共 20 分）

1. 直流电动机主要由_____和_____两大部分构成。_____是直流电动机的静止部分，主要由_____、_____、_____和_____ 4 部分组成；旋转部分则由_____、_____、_____和_____ 4 部分组成。

2. 直流电动机按照励磁方式的不同可分为_____电动机、_____电动机、_____电动机和_____电动机 4 种类型。

3. _____电动机和_____电动机的机械特性较硬；_____电动机的机械特性较软；_____电动机的机械特性介于上述两种电动机之间。

4. 直流电动机的额定数据通常包括额定_____、额定_____、额定_____、额定_____和额定_____等。

5. 直流电动机的机械特性是指电动机的_____与_____之间的关系。

6. 直流电动机的启动方法有_____启动、_____启动和_____启动 3 种。直流电动机要求启动电流为额定电流的_____倍。

7. 直流电动机通常采用改变_____的方向来达到电动机反转的目的。

8. 直流电动机的调速方法一般有_____调速、_____调速和_____调速，这几种方法都可以达到_____调速性能。

9. 用_____或_____的方法使直流电动机迅速停车的方法称为_____。

10. 直流电动机常见的故障有_____故障和_____故障。

二、判断题（每小题 1 分，共 10 分）

1. 不论直流发电机还是直流电动机，其换向极绕组都应与主磁极绕组都串联。　　　　　（　　）

2. 直流电动机中换向器的作用是构成电枢回路的通路。　　　　　（　　）

3. 并励直流电动机和他励直流电动机的机械特性都属于硬特性。　　　　　（　　）

4. 直流电动机的调速性能较交流电动机的调速性能平滑。 （　　）

5. 直流电动机的直接启动电流和交流电动机一样，都是额定值的 4 ~ 7 倍。 （　　）

6. 直流电动机的电气制动包括能耗制动、反接制动和回馈制动 3 种方法。 （　　）

7. 串励直流电动机和并励直流电动机一样，可以空载启动或轻载启动。 （　　）

8. 直流电动机绕组过热的主要原因是通风散热不良、过载或匝间短路。 （　　）

9. 一般中、小型直流电动机都可以采用直接启动方法。 （　　）

10. 调速就是使电动机的速度发生变化，因此调速和速度改变概念相同。 （　　）

三、选择题（每小题 2 分，共 14 分）

1. 按励磁方式分类，直流电动机可分为（　　）种。

A. 2 　　　　　　　B. 3 　　　　　　　C. 4 　　　　　　　D. 5

2. 直流电动机主磁极的作用是（　　）。

A. 产生换向磁场 　　　　　　　　　B. 产生主磁场

C. 削弱主磁场 　　　　　　　　　　D. 削弱电枢磁场

3. 按定子磁极的励磁方式来分，直流测速发电机可分为（　　）两大类。

A. 有槽电枢和无槽电枢 　　　　　　B. 同步和异步

C. 永磁式和电磁式 　　　　　　　　D. 空心杯形转子和同步

4. 直流电动机中机械特性较软的是（　　）。

A. 并励直流电动机 　　　　　　　　B. 串励直流电动机

C. 他励直流电动机 　　　　　　　　D. 复励直流电动机

5. 使用中不能空载或轻载的电动机是（　　）。

A. 并励直流电动机 　　　　　　　　B. 串励直流电动机

C. 他励直流电动机 　　　　　　　　D. 复励直流电动机

6. 起重机制动的方法是（　　）。

A. 能耗制动 　　　　B. 反接制动 　　　　C. 回馈制动

7. 不属于直流电动机定子部分的器件是（　　）。

A. 机座 　　　　B. 主磁极 　　　　C. 换向器 　　　　D. 电刷装置

四、简答题（每小题 5 分，共 20 分）

1. 直流电动机中换向器的作用是什么？将换向器改成滑环后，电动机还能旋转吗？

2. 如何改变直流并励电动机的旋转方向？

3. 他励直流电动机，在负载转矩和外加电压不变的情况下若减小励磁电流，电枢电流将如何变化？

4. 换向产生火花的原因有哪几类？

五、分析计算题（共 36 分）

1. 一台直流电动机，已知其铭牌数据为 P_N=17kW，U_N=440V，n_N=1000r/min。试求额定状态下该直流电动机的额定输入电功率 P_{1N}、额定效率 η_N 和额定电磁转矩 T_N。（8 分）

2. 一台并励直流电动机，已知其铭牌数据为 P_N=40kW，U_N=220V，I_N=208A，n_N=1500r/min，R_a=0.1Ω，R_f=25Ω。试求额定状态下该直流电动机的额定效率 η_N、总损耗 P_0 和反电动势 E_a。（8 分）

3. 一台并励直流电动机，已知其铭牌数据为 P_N=7.5kW，U_N=220V，n_N=1000r/min，I_N=41.3A，R_a=0.15Ω，R_f=42Ω。保持额定电压和额定转矩不变，试求：

① 电枢回路串入 $R=0.4\Omega$ 的电阻时，电动机的转速和电枢电流；

② 励磁回路串入 $R=10\Omega$ 的电阻时，电动机的转速和电枢电流。（12 分）

4．一台并励直流电动机，已知其铭牌数据为 $P_N=10kW$，$U_N=220V$，$I_N=50A$，$n_N=1500r/min$，$R_a=0.25\Omega$。在负载转矩不变的条件下，如果用降压调速的方法将转速下降 20%，电枢电压应降到多少？（8 分）

第7单元

电力系统及低压电器控制电路

现代工厂企业中的机械运动部件，大多是由电动机拖动运转的。按照生产过程的要求，生产机械各部件的动作应按一定顺序进行，这就需要对电动机进行自动控制，以保证加工的产品符合预定要求。对电动机的自动控制主要包括启动、停止、正反转、调速和制动等。

电动机控制电路由一些基本的单元电路构成。因此，在分析电动机控制电路之前，必须了解控制电路中一些常见高、低压电气设备，熟悉它们的结构、工作原理以及在电路中的控制作用。

7.1 发、配电概述

7.1.1 电力工业发展概况及前景

电力工业起源于 19 世纪后期。经过 100 多年的发展，尤其是20 世纪 70 年代以来，世界各国的电力工业从电力生产、建设规模、发电能源构成到电源和电网的技术，都发生了较大的变化，如今电力工业既是资金和技术密集型产业，又是国民经济和社会发展先行性比较强的基础产业。

电力工业发展概况
及前景

世界上第一台火力发电机组是 1875 年建于巴黎北火车站的直流发电机，用于照明供电。1879 年，美国旧金山实验电厂开始发电，这是世界上最早出售电力的电厂。1882 年，美国纽约珍珠街电厂建成，装有 6 台直流发电机，总容量是 900马力（约 670kW），以 110V 直流为电灯照明供电。到 1980 年全世界发电装机总容量达到 20.24 亿千瓦，年发电量达到 82473 亿千瓦·时；根据联合国《统计月报》2000 年 3月提供的数据，1996 年底，世界发电总装机容量为 3117.68GW。

电力与国民经济的发展及人民生活水平密切相关，在经济发展中起着极其重要的支撑保障作用。我国电力工业的发展在 20 世纪 90 年代初期居世界第四位，在 1994 年和 1995 年分别超过俄罗斯和日本，上升到第二位。2016 年是我国"十三五"规划开局之年，截至 2016 年年底，全国全口径发电装机容量 165051 万千瓦，比上年增长 8.2%，增速比上年降低 2.4 个百分点。其中，非化石能源发电量占比已近 30%。我国电力工业的发展已经跃升世界第一位。

近年来，世界电力工业的发展呈现出以下 3 方面的特点。

① 由于产业结构的调整、燃料涨价及与电价无关的节能措施广泛使用等因素，造成了世界年发电量的低速增长现象，但一些发展中国家，特别是一些亚洲发展中国家仍维持较高的电力增长速度。

② 电力工业越来越依靠技术创新来满足提高效率和环保标准的可持续发展要求，能源过渡已经在全世界范围内展开。1990—1999 年，世界风力发电每年增长 24%，太阳能电池的生产量增长 17%，地热能增长 4%。相比之下，世界石油使用量在同一时期每年增长 1%，煤炭使用量则下降近 1%。电力技术的发展向效率、环保的更高目标迈进。

③ 电业管理体制和经营方式发生变革，由垄断经营逐步转向市场开放。实施解除管制、引入竞争和实现商业化、资本化运营已经成为世界各国电力工业体制改革的发展趋势。

目前，我国电力工业已开始进入"大机组""大电网""超高压""高自动化"的发展新阶段。电网科技创新方面，±1100kV 准东至皖南特高压直流输电工程，是目前世界上电压等级最高、输送容量最大、输送距离最远、技术水平最先进的特高压输电工程；鲁西背靠背直流工程是目前世界上首次采用我国自主研发的柔性直流与常规直流组合技术模式的背靠背工程，具有电能质量更高、控制更为灵活、配套换流站占地小等优势；世界首个特高压 GIL 综合管廊工程——苏通 GIL 综合管廊工程已开工建设；自主研发的世界首个 200kV 高压直流断路器投入工程应用。电源科技创新方面，核电、超超临界火电等重大电力装备自主研制和示范应用取得积极进展，100 万千瓦二次再热燃煤发电机组示范工程全面投产，机组发电效率超过 45%，达到国际先进水平；世界首台 60 万千瓦超临界循环流化床锅炉机组投入商业运行。CAP1400 通过国际原子能机构通用反应堆安全审评，"华龙一号"首堆示范工程建设有序，核岛安装工程已正式开始，模块化小型核反应堆技术成为世界小堆发展的一个重要里程碑；我国首座拥有完全自主知识产权的浙江仙居抽水蓄能电站，其机组的核心部件及自动控制系统，均由我国完全自主设计开发、制造。低风速风电技术和风机超长柔性叶片应用，实现了发电能力与载荷的最佳匹配，大幅提高了风电机组的技术经济性。科技水平不断提高，调度自动化、光纤通信、计算机控制等高新技术，已在电力系统中得到了广泛应用。

7.1.2　电力系统的基本概念

1. 电力系统的概念

电能是最重要、最方便的能源。电力系统是生产、输送、分配和消费电能的各种电气设备连接在一起而组成的整体，即电力系统=发电厂+变电所+输电线路+用户。

电力系统加上一次能源的动力装置，构成动力系统。

在电力系统中，发电厂是生产电能的环节；变电所和输电线路（包括升、

电力系统的基本概念

降压变压器和各种电压等级的输电线路）构成电力网，电力网是输送、分配电能的环节；用户则是消费、使用电能的环节。

2. 电力系统的优点

电力系统采取集中供电方式，其主要优点有以下几个。

① 电力系统中用户的最大负荷通常不是同时出现的，因此采取集中供电有利于调配，相对减少了系统的总装机容量。

② 电力系统采取远距离输电，各种能源形式的发电厂互相配合和调节，能够充分利用动力资源。

③ 由于电力系统容量足够大，负荷波动时不会引起频率和电压的显著变化，从而提高了电能质量。

④ 同一电力系统中，可以根据各发电厂的发电成本高低，经济合理地分配各机组的负荷。

⑤ 电力系统中总发电机数量较多，且各机组并网运行，即使个别机组因发生故障检修退出运行，其余机组仍然可以在容许的范围内多带负荷，对用户的正常供电不会受到影响，提高了供电的可靠性。

7.1.3　电力系统供电

1. 电力系统供电的特点

① 电能不能大量储藏。
② 暂态过程迅速。
③ 与国民经济关系密切。

2. 对电力系统供电的要求

① 电力生产要有计划性，不能盲目上马。
② 广泛采用自动装置，保证供电的安全可靠性，减少事故率。
③ 生产和供电过程不仅要安全、可靠、优质、经济，还要保证电能质量，生产的电能波形应为严格的正弦波；频率应符合我国规定的额定频率 50Hz，大容量系统允许频率偏差±0.2Hz，中小容量系统允许频率偏差±0.5Hz；电压可随时调整。

对电力系统供电的
要求

④ 完成足够的发生功率和发电完成量。
⑤ 保证电力系统运行的经济性，重视对生态环境的保护。

3. 电力线路和变电所

电力线路是将变、配电所与各电能用户或用电设备连接起来，由电源端向负荷端输送和分配电能的导体回路。电力线路按电压高低分，有低压线路、中压线路、高压线路和超高压线路。低压线路指 1kV 以下的电力线路；1kV 至 10kV 或 35kV 的电力线路称为中压线路；高压线路指 35kV

以上至 110kV 或 220kV 的电力线路；220kV 或 330kV 以上的电力线路称为超高压线路。电力线路按结构形式分为架空线路、电缆线路和室内线路等。

电力系统对电力线路的基本要求：供电安全可靠，操作方便，运行灵活，经济性好，有利于发展。

发电厂发出的电一般电压不超过 10kV，如果直接远距离输送，线路电流很大，造成线路上电能损耗很大，不经济。因此要用变压器将电压升高至几十万伏甚至几百万伏，以减小线路电流。高压危险，为了保证电力用户的用电安全和适应不同用户的电压需求，需将电力系统输送的高压降低到 10.5kV、6.3kV、400V 等。所以电力系统需要大量的变电所或变电站，以实现对电能的变换和对电能的集中与分配。变电所按用途可分为电力变电所和牵引变电所，电力变电所又可分为输电变电所、配电变电所和变频所；按照在电力系统中地位的不同，变电所还可划分为枢纽变电所、中间变电所和终端变电所。变电所一般都装有 2~3 台三相变压器的主变压器（简称主变），其容量可按投入 5~10 年的预期负荷进行选择。变电所中最重要的组成部分就是主接线。

7.1.4　电力主接线及运行方式

电气主接线是汇集和分配电能的通路，它决定了配电装置设备的数量，并表明以什么方式来连接发电机、变压器和输电线路，以及怎样与系统连接，来完成输配电任务。

主接线的确定对电力系统的安全、经济运行，对系统的稳定和调度的灵活性，以及对电气设备的选择、配电装置的布置、继电保护及控制方式的拟订都有密切关系。因此，研究各种不同电气主接线方式的运行特点，具有十分重要的意义。

电力主接线及运行方式

1. 对电气主接线的基本要求

在选择发电厂或变电所的主接线时，应注意发电厂或变电站在系统中的地位、回路数、设备特点及负荷性质等条件，并考虑下列基本要求。

① 供电的可靠性。
② 运行上的安全性和灵活性。
③ 接线简单、操作方便。
④ 建设及运行的经济合理性。
⑤ 电气主接线将来扩建的可能性。

2. 带有母线的电气主接线基本形式

常用的主接线形式可分为有母线和无母线两大类。有母线的主接线形式中包括以下几种。

（1）单母线接线

单母线接线如图 7.1 所示。它只有一组母线，每台发电机和引出线的电路都是通过隔离开关和断路器接在母线上的，当某电源线路发生故障时，该电源线路上的断路器能够及时切断该电路，不影响其他电源和线路的继续工作。

单母线接线的优点是接线简单清晰，设备用量少，经济实用，且有利于电源互为备用及负荷间的合理分配，正常投切与故障投切互不干扰。缺点是母线范围内发生故障或母线及母线需要检修时，需中断整个发电厂（站）的工作以断电检修。

事实上，由于运行过程中的母线很少发生故障，这种主接线方式仍广泛应用于不太重要的中、小型电站。

（2）单母线分段

用断路器分段的单母线接线如图 7.2 所示。这种主接线方式，当一段母线发生故障时，母线分段断路器即可继电保护动作跳闸，而另一段母线仍可继续工作。

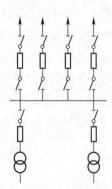

图 7.1　单母线接线

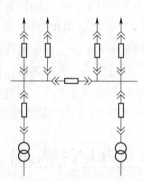

图 7.2　用断路器分段的单母线接线

在正常运行时，母线分段断路器也可处于分闸位置。这时，重要用户可采用由不同母线段分别引出的双回路供电方式，以保证供电的可靠性。当母线分段断路器在分闸位置时，可装设备用电源自动投入装置。当任一电源发生故障跳闸时，备用电源自动投入，保证继续供电。

单母线分段也存在一定的缺点。当任一母线或母线上隔离开关需要检修时，必须将分段母线上的电源切除，从而减少了电站的供电，致使部分用户停电；当检修引出线断路器时，该线路也必须停电。

这种主接线方式主要应用于总装机量在 10 万千瓦及以下的不太重要的中型电站。

（3）带旁路母线的单母线分段

这种主接线方式如图 7.3 所示。

110 ~ 220kV 线路停电影响面大，一般可装设旁路母线，以便在不中断供电的情况下检修断路器。但如果条件允许可停电检修断路器，或采用可靠性高、检修周期长的六氟化硫全封闭电器时也可不装设旁路母线。

带旁路母线的单母线分段主接线方式，主要组成部件有工作母线、两个出线隔离开关和两个出线断路器，旁路母线及出线、出线旁路隔离开关和断路器，两个旁路隔离开关。母线分段断路器兼作旁路开关，节省了投资。当各配出线正常工作时，两段母线的隔离开关均闭合，旁路母线的各隔离开关均断开。

母线正常工作时不经过旁路母线。当检修出线断路器时，先闭合旁路隔离开关和断路器，再闭合出线旁路隔离开关，然后断开两个出线隔离开关，这样使发电机的供电线路发生改变。检修完毕，恢复正常供电时，要先闭合出线上的两个高压隔离开关，再闭合出线断路器，拉开出线旁路隔离开关，再拉开旁路断路器和隔离开关，发电机的供电线路则恢复正常。

（4）双母线接线

某些发电厂或水电站，在系统中居重要地位，而且水电站 110kV 及以上的高压母线上出线回路数较多，负荷大，即使发生少见的母线故障也要迅速恢复送电，以免造成电力系统的重大事故，这种情况下可以采用双母线接线，如图 7.4 所示。

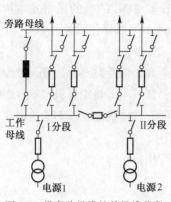

图 7.3　带旁路母线的单母线分段

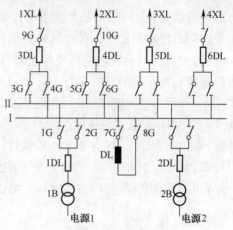

图 7.4　双母线接线

双母线接线时两条母线可同时运行，电源和引出线可适当分配在两组母线上。由于继电保护的要求，一般引出线以固定连接方式运行，以保证用户供电的可靠性。图 7.4 所示双母线接线，每回引出线经一台断路器和两组隔离开关分别接到两组母线上，并装有一组母线联络断路器，简称母联。

采用双母线接线的优点是可以提高运行的可靠性和灵活性；轮流检修母线时，不会停止对用户的供电；工作母线发生故障时，能利用备用母线使无故障电路迅速恢复正常工作。主要缺点是隔离开关容易误操作；当工作母线故障时，转移母线时该母线上的全部装置仍将短时停电。

双母线接线在我国大容量的重要水电站和变电所中已广泛应用。

3.　单元接线

单元接线的特点是几个元件直接单独连接，其间没有任何横向接线联系。单元接线的基本类型通常有单元接线和扩大单元接线，如图 7.5 所示。

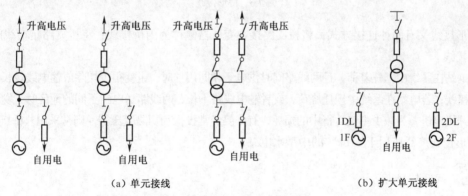

（a）单元接线　　　　　　　　　　　　　（b）扩大单元接线

图 7.5　单元接线和扩大单元接线

在水电站中，发电机与变压器直接连成一个单元，称为发电机-变压器单元接线。单元接线大多应用在将发电机发出的全部电能以升高电压（35kV 以上）输入电网的水电站中。

单元接线具有接线简单清晰、不设发电机母线、发电机或主变低压侧故障时短路电流小、电气设备少、投资较小、操作简便、继电保护简化等优点；缺点是一组单元故障或检修时，整个单元都将停止工作。

采用两台或 3 台发电机与一台变压器的接线称为扩大单元接线。在这种接线中，为了适应机组开停的需要，每一发电机回路都装设断路器，并在每个断路器和主变之间装设隔离开关，以保证停机检修的安全。装设发电机出口断路器 1DL 和 2DL 的目的是将发电机 1F 或 2F 投入运行或者当一台发电机需要停止运行或发生故障时，可以操作该断路器，而不影响另一台发电机和变压器的正常运行。

扩大单元接线与单元接线相比，优点是减少了主变和主变高压侧断路器的数量，减少了高压侧连线回路数，从而简化了高压侧接线，节省了投资和场地；任一发电机组停机都不会影响自用电的供给。缺点是当变压器发生故障或检修时，扩大单元的所有发电机电能都不能送出，同时，这种扩大单元接线中扩大单元的容量会受到限制。

扩大单元接线在我国许多大中型水电站中获得了广泛的应用。

4．桥形接线

当电站只有两台主变和两条输电线路时，为增加供电的可靠性，在两个单元之间接一条桥支路，即构成桥形接线，如图 7.6 所示。

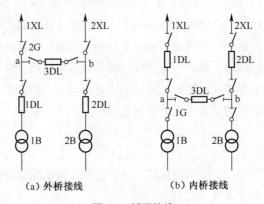

图 7.6　桥形接线

桥形接线又有两种连接方式：将桥支路接在变压器侧称为内桥接线；将桥支路接在线路侧称为外桥接线。

当电站在系统中担任基荷，且两线路同时供电于相同用户时，主变很少切除或输电线较长，多采用内桥接线；若电站在系统中担任峰荷，或者输电线路不长，两线路送电给不同的地区时，发电机组会经常开机停机，为减少主变运行中的损耗，有必要经常投入和切除变压器，则常采用外桥接线。

桥形接线广泛应用于 110kV 的中型水电站。

问题与思考

1．什么是发电厂、变电站、电力系统及电力网？
2．电气主接线的基本形式有哪些？各有何特点？
3．电力系统的供电要满足哪些基本要求？

技能训练

组织参观当地的电厂或电站，了解实际发、配电过程。

7.2　电气设备

7.2.1　常用高压电气设备

1. 电力系统的一次设备和二次设备

（1）一次设备

电力系统的一次设备是指直接生产、输送和分配电能的高压电气设备。它包括发电机、变压器、断路器、隔离开关、自动开关、接触器、刀开关、母线、输电线路、电力电缆、电抗器、电动机等。

常见高压电气设备

由一次设备相互连接，构成发电、输电、配电或进行其他生产的电气回路称为一次回路或一次接线系统。

（2）二次设备

电力系统的二次设备是指对一次设备的工作进行监测、控制、调节、保护以及为运行、维护人员提供运行工况或生产指挥信号所需的低压电气设备。二次设备包括熔断器、控制开关、继电器、控制电缆等。

由二次设备相互连接，构成对一次设备进行监测、控制、调节和保护的电气回路称为二次回路或二次接线系统。

2. 高压电气设备

一般将额定电压在 1000V 及以上的电气设备称为高压电气设备。常用的高压设备有高压断路器、高压隔离开关和高压熔断器。

（1）高压断路器

能够接通和断开高压电路中的工作电流，又能自动切断高压电路中短路电流的高压开关设备称为高压断路器。高压断路器是电力网中的重要设备。尽管随形式、结构及其工作原理的不同，不同的高压断路器的功能特性和经济性也有很大差异，但是它们的作用都是一样的，都能够可靠地切断工作电流和短路电流，顺利完成熄灭电弧和分、合电路的任务。

高压断路器的种类很多，按放置场所的不同可分为户外式和户内式；按灭弧介质又分为油断路器、空气断路器、真空断路器和六氟化硫断路器。

（2）高压隔离开关

高压隔离开关也是高压开关设备的一种，用来将高压电路中需停电部分与带电部分可靠地分离开来，并留有可见间隙，以保证停电时检修人员的安全。

高压隔离开关的动、静触头都是敞露的，不像高压断路器那样有灭弧装置，因此它也不能像高压断路器一样用来切断工作电流和短路电流。

在同一高压电路中，特别是在各种类型的电气主接线中，高压隔离开关和高压断路器总是串联在一起配合工作的。当高压线路需要接通时，应先闭合高压隔离开关，然后再闭合高压断路器；而高压线路需要断开时，则必须先断开高压断路器，切断工作电流后，再断开高压隔离开关，把高压线路中停电部分和带电部分可靠隔离。

实际应用中，上述倒闸操作过程的顺序必须严格遵守，否则将由于顺序不对而出现误操作，其结果会造成严重事故。

（3）高压熔断器

高压熔断器是一种结构简便、价格较低的高压电路中必不可少的保护电器。高压熔断器与被保护电气设备串联，当电路发生短路故障或严重过载时，大电流的热效应将熔断器的熔体熔断，切断高压电路，从而保护了接在其后的电气设备。在 35kV 以下的高压电路中，常用熔断器作为电压互感器和小容量变压器的保护电器。

高压熔断器由熔体、连接熔体的触头和熔管等部分构成，其熔体通常用镀锡铜线或银线制成。高压熔断器分为户外跌落式和户内管式两大类。

7.2.2 常用低压开关电器

1. 刀开关

刀开关的主要作用是隔离电源，或用于不频繁接通和断开电路。它是结构简单、应用广泛的一种低压电器。刀开关的基本结构主要由静夹座、触头、操作手柄和绝缘底板组成。图 7.7 所示为 HK 系列瓷底胶盖刀开关。

刀开关的种类很多。按刀的极数可分为单极刀开关、双极刀开关和三极刀开关；按灭弧装置可分为带灭弧装置的刀开关和不带灭弧装置的刀开关；按刀的转换方向又可分为单掷刀开关和双掷刀开关等。

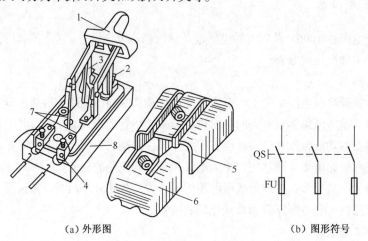

（a）外形图　　　　　　　　　　（b）图形符号

图 7.7　HK 系列瓷底胶盖刀开关

1—瓷质手柄　2—进线座　3—静夹座　4—出线座　5—上胶盖　6—下胶盖　7—熔丝　8—瓷底座

2. 组合开关

组合开关又称为转换开关。常用的组合开关有 HZ 系列，其结构如图 7.8 所示。

三极组合开关有 3 对静触头和 3 个动触头，分别装在 3 层绝缘底板上。静触头一端固定在胶木盒内，另一端伸出盒外，以便和电源或负载相连接。3 个动触头是两个磷铜片或硬紫铜片和消弧性能良好的绝缘钢纸板铆合而成，和绝缘垫板一起套在附有手柄的绝缘方杆上，每次可使绝缘方杆按正或反方向做 90° 转动，带动 3 个动触头分别与 3 对静触头接通或断开，完成电路的通断动作。组合开关的结构紧凑，安装面积小，操作方便，广泛应用于机床设备的电源引入开关，也可用来接通或分断小电流电路，控制 5kW 以下电动机。其额定电流一般选择为电动机额定值的 1.5 ~ 2.5 倍。由于组合开关通断能力较低，因此不适于分断故障电流。

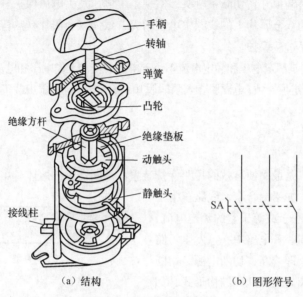

（a）结构　　　　　　　　　　（b）图形符号

图 7.8　HZ 系列组合开关

3. 断路器

断路器又称为自动空气开关，分为框架式 DW 系列和塑壳式 DZ 系列两大类，主要控制局部照明线路或在电路正常工作条件下用于线路的不频繁接通和分断，有时也对电路的某些部分做通、断控制。

断路器在电路发生过载、短路及失电压或欠电压时，均能自动分断电路，具有操作安全、分断能力较高、兼有多种保护功能、动作值可调等优点，而且当电路中一旦发生故障触头自动分离，故障排除一般不需要更换部件，因此应用极为广泛。图 7.9 所示为 DZ 断路器工作原理示意图。

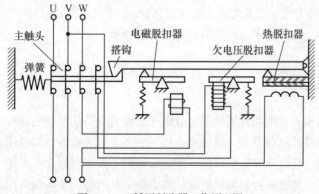

图 7.9　DZ 低压断路器工作原理图

其工作原理：低压断路器的3对主触头串联在被保护的三相主电路中，搭钩钩住弹簧，使主触头保持闭合状态。当线路正常工作时，电磁脱扣器中线圈所产生的吸力不能将它的衔铁吸合。如果线路发生短路和产生较大过电流，电磁脱扣器中线圈所产生的吸力增大，将衔铁吸合，并撞击杠杆，把搭钩顶上去，在弹簧的作用下切断主触头，实现了短路保护和过流保护。当线路上电压下降或突然失去电压时，欠电压脱扣器的吸力减小或失去吸力，衔铁在支点处受右边弹簧拉力而向上撞击杠杆，把搭钩顶开，切断主触头，实现了欠电压及失电压保护。当电路中出现过载现象时，绕在热脱扣器的双金属片上的线圈中电流增大，致使双金属片受热弯曲向上顶开搭钩，切断主触头，从而实现了过载保护。

选择断路器的原则是额定电压和额定电流不小于电路的正常工作电压和电流；热脱扣器的整定电流应与所控制的电器额定值一致；电磁脱扣器瞬时脱扣，整定电流应大于负载正常工作时的峰值电流。

7.2.3 熔断器

熔断器俗称保险，是最简便有效的短路保护装置。熔断器中的熔体（熔丝或熔片）用电阻率较高的易熔合金制成，如铅锡合金。线路正常工作时，流过熔体的电流小于或等于它的额定电流，熔断器的熔体不应熔断。若电路中一旦发生短路或严重过载时熔体应立即熔断，切断电源。熔断器有管式、插入式、螺旋式等几种结构形式，如图7.10所示。

选择熔断器主要是选择熔体的额定电流，选用的原则如下。

熔断器

① 一般照明线路：熔体额定电流≥负载工作电流。

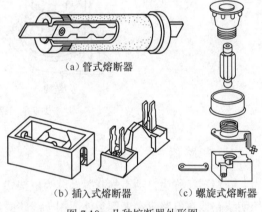

（a）管式熔断器

（b）插入式熔断器　　（c）螺旋式熔断器

图7.10 几种熔断器外形图

② 单台电动机：熔体额定电流≥1.5~2.5倍电动机额定电流；但对不经常启动而且启动时间不长的电动机系数可选得小一些，主要以启动时熔体不熔断为准。

③ 多台电动机：熔体额定电流≥1.5~2.5倍最大电动机I_N+其余电动机I_N。

其中I_N为电动机额定电流。使用熔断器过程中应注意：安装或更换熔丝时，一定要切断电源，将闸刀拉开，不要带电作业，以免触电。熔丝烧坏后，应换上和原来同样材料、同样规格的熔丝，千万不要随便加粗熔丝，或用不易熔断的其他金属去替换。

7.2.4 交流接触器

接触器是一种适用于远距离频繁接通、分断交直流主电路和控制电路的自动控制电器。其主要控制对象是电动机，也可用于其他电力负载，如电热器、电焊机等。接触器还具有欠电压保护、零电压保护、控制容量大、工作可靠、寿命长等优点，是自动控制系统中应用最多的一种电器。按其触头控制方式，可分为交流接触器和直流接触器，两者之间的差异主要是灭弧方法

交流接触器

不同。我国常用的 CJ10-20 型交流接触器的结构示意图如图 7.11 所示。

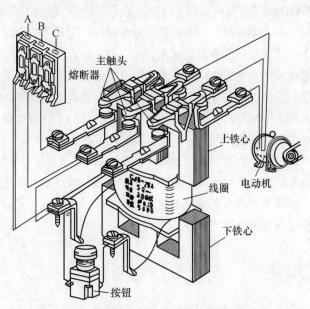

图 7.11　CJ10-20 型交流接触器的结构示意图

交流接触器主要结构由两大部分组成：电磁系统和触头系统。电磁系统包括铁心、衔铁和线圈；触头系统包括 3 对常开主触头、两对辅助常开触头和两对辅助常闭触头。

交流接触器的工作原理：当线圈通电时，铁心被磁化，吸引衔铁向下运动，使得常闭触头打开，主触头和常开触头闭合。当线圈断电时，磁力消失，在反力弹簧的作用下，衔铁回到原来的位置，所有触头恢复原态。

选用接触器时，应注意它的额定电压、额定电流及触头数量等。

7.2.5　热继电器

热继电器是利用电流的热效应原理来切断电路以保护电器的设备，其结构原理图如图 7.12 所示。

热继电器

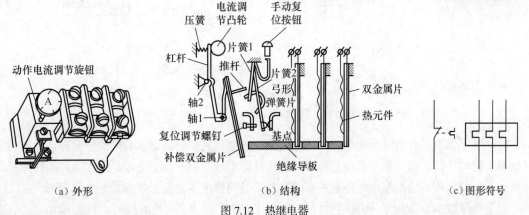

　　（a）外形　　　　　　　　　　　（b）结构　　　　　　　　（c）图形符号

图 7.12　热继电器

热继电器由热元件、双金属片和触头及动作机构等部分组成。双金属片是热继电器的感测元件，由两种不同膨胀系数的金属片压焊而成。3个双金属片上绕有阻值不大的电阻丝作为热元件，热元件串接于电动机的主电路中。热继电器的常闭触头串接于电动机的控制电路中。当电动机正常运行时，热元件产生的热量虽然能使双金属片弯曲，但不足以使热继电器动作。当电动机过载时，热元件上流过的电流大于正常工作电流，于是温度增高，使双金属片更加弯曲，经过一段时间后，双金属片弯曲的程度使它推动导板，引起连动机构动作而使热继电器的常闭触头断开，从而切断电动机的控制电路，使电动机停转，达到过载保护的目的。待双金属片冷却后，才能使触头复位。复位有手动复位和自动复位两种方式。

热继电器的选择原则：长期流过而不引起热继电器动作的最大电流称为热继电器的整定电流，通常与电动机的额定电流相等或是在（1.05～1.10）I_N的范围。如果电动机拖动的是冲击性负载或电动机启动时间较长，选择的热继电器整定电流应比I_N稍大一些；对于过载能力较差的电动机，所选择的热继电器的整定电流值应适当小些。

7.2.6　时间继电器

时间继电器是电路中控制动作时间的设备，它利用电磁原理或机械动作原理来实现触头的延时接通和断开。按其动作原理与构造的不同可分为电磁式、电动式、空气阻尼式和晶体管式等类型。图7.13所示为JS7-A系列时间继电器结构原理图。

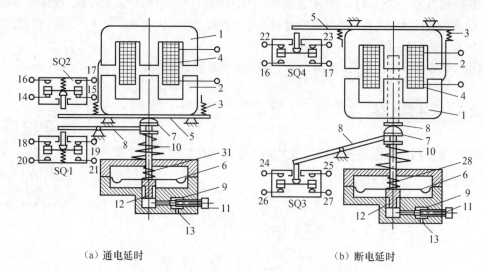

（a）通电延时　　　　　　　　（b）断电延时

图7.13　JS7-A系列时间继电器结构原理图

1—衔铁　2—铁心　3、10、28—弹簧　4—线圈　5—推板　6—橡皮膜　7—重锤　8—杠杆
9—螺钉　11—螺母　12—活塞　13—进气孔　14～27—微动开关

时间继电器有通电延时和断电延时两种类型。通电延时型时间继电器的动作原理：线圈通电时使触头延时动作，线圈断电时使触头瞬时复位。断电延时型时间继电器的动作原理：线圈通电时使触头瞬时动作，线圈断电时使触头延时复位。时间继电器的图形符号如图7.14所示。

空气阻尼式时间继电器是利用空气阻尼作用获得延时的。此类时间继电器结构简单，价格低廉，但准确度低，延时误差大［±（10%～20%）］，一般只用于要求延时精度不高的场合。目前交流电路中应用较多的是晶体管式时间继电器。利用 RC 电路中电容器充电时电容电压逐渐上升的原理作为延时基础，其特点是延时范围广、体积小、精度高、调节方便和寿命长。

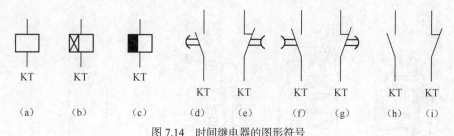

KT   KT   KT   KT   KT   KT   KT   KT   KT

（a）   （b）   （c）   （d）   （e）   （f）   （g）   （h）   （i）

图 7.14　时间继电器的图形符号

7.2.7　主令电器

主令电器

主令电器主要用来切换控制电路，即用它来控制接触器、继电器等设备的线圈得电与失电，从而控制电力拖动系统的启动与停止，以此改变系统的工作状态。主令电器应用广泛，种类繁多，本节只介绍常用的控制按钮和位置开关。

1. 控制按钮

控制按钮是一种结构简单、应用广泛的主令电器。其结构原理如图 7.15 所示。它不直接控制主电路，而是在控制电路中发出手动"指令"控制接触器、继电器等，再用这些电器去控制主电路。控制按钮也可用来转换各种信号线路与电气联锁线路等。

控制按钮由按钮帽、复位弹簧、桥式触头和外壳构成。可动连接导片和上面的静触头组成常闭触头，和下面的静触头组成常开触头。按下按钮时，常闭触头断开，常开触头闭合；松开按钮时，在弹簧的作用下各触头恢复原态，即常闭触头闭合，常开触头断开。

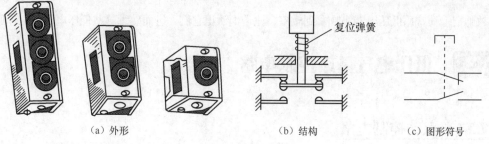

复位弹簧

（a）外形　　　　　　　　（b）结构　　　　　（c）图形符号

图 7.15　控制按钮

2. 位置开关

位置开关又称行程开关或限位开关，其作用是将机械位移转换成电信号，使电动机运行状态发生改变，即按一定行程自动停车、反转、变速或循环。用来控制机械运动或实现安全保护。位置开关包括行程开关、限位开关、微动开关及由机械部件或机械操作的其他控制开关。

位置开关有直动式（按钮式）和旋转式两种类型，其结构基本相同，由操作头、传动系统、触头系统和外壳组成，主要区别在传动系统。直动式行程开关的产品外形如图 7.16（a）所示。单轮旋转式行程开关的产品外形如图 7.16（b）所示。图 7.16（c）为位置开关的结构原理图。当运动机构的挡铁压到位置开关的滚轮上时，转动杠杆连同转轴一起转动，凸轮推动撞块使得常闭触头断开，常开触头闭合。挡铁移开后，复位弹簧使其复位。位置开关的图形符号如图 7.16（d）所示。

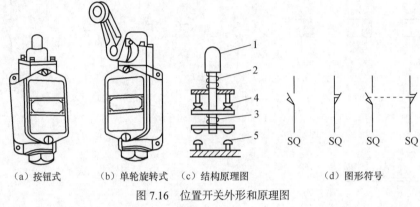

（a）按钮式　　（b）单轮旋转式　（c）结构原理图　　　　　（d）图形符号

图 7.16　位置开关外形和原理图

1—顶杆　2、3—支撑弹簧　4—常闭触头　5—常开触头

问题与思考

1. 高压断路器和高压隔离开关是如何配合操作的？
2. 低压断路器有哪些保护功能？
3. 熔断器用于电动机控制时，熔体的额定电流应如何选择？
4. 热继电器主要由哪几部分构成？各部分应连接在电路的什么地方？
5. 试述接触器的主要组成及各部分功能，画出各部分的图形符号，标出相应文字符号。

技能训练

教师把上述常用低压电器实物拿到教室，让学生认识它们，进而熟悉这些低压电器的工作原理。

7.3　低压电气基本控制电路

7.3.1　点动控制电路

点动控制是电动机最简单的控制方式，其控制电路如图 7.17 所示。

由图 7.17 可知，点动控制电路的主回路由三相空气开关 QF、交流接触器 KM 主触头、热继电器的热元件 FR 及三相电动机 M 组成；控制回路由按钮 SB、交流接触器 KM 线圈及热继电器的辅助常闭触头 FR 组成。

点动控制电路

工作原理：当电动机需要点动运转时，先合上空气开关 QF，再按下启动按钮 SB，接触器 KM 的线圈得电，吸引衔铁动作，带动接触器的 3 对主触头向下运动闭合，电动机 M 得电运转；松开控制按钮 SB，接触器线圈失电，主触头断开，电动机停转。

点动控制电路虽然简单，但在实际中应用很普遍。

7.3.2　电动机单向连续运转控制电路

大多数生产机械都需要拖动电动机能够实现连续运转，因此电动机单向连续运转控制电路的工作过程应熟练掌握。图 7.18 所示为电动机单向连续运转控制电路。

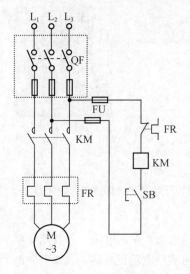
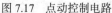
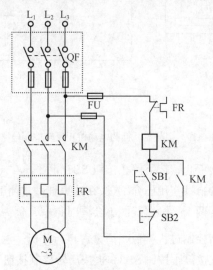
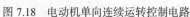

电动机单向连续运转控制电路

图 7.17　点动控制电路　　　　图 7.18　电动机单向连续运转控制电路

操作过程与工作原理：合上空气开关 QF，为电动机启动做好准备；按下启动按钮 SB1，接触器 KM 线圈得电，3 对主触头闭合，主电路接通，电动机启动运转；同时 KM 的辅助常开触头闭合自锁，松开控制按钮 SB1，电动机仍能连续运转。

利用接触器本身的辅助常开触头使接触器线圈保持通电的作用称为自锁，为此常把接触器辅助常开触头称为自锁触头。

若要电动机停止转动，按下停止按钮 SB2，KM 线圈失电，KM 主触头和自锁触头均断开，电动机停转。

7.3.3　电动机的正反转控制电路

电梯的上下升降、机床工作台的移动、横梁的升降，其本质都是电动机的正反转控制的。实现电动机的正反转，只需把电动机与三相电源连接的 3 根火线任调两根的连接位置即可。图 7.19 所示为接触器联锁的正反转控制电路。

闭合空气开关 QF，为电动机启动做好准备。

正转控制过程：按下正转启动按钮 SB1，正转控制回路线圈 KM1 得电，串接在反转控制电路的辅助常闭触头打开，使电动机正转时反转电路不能接通，避免了两相短路发生，KM1 辅助常开触头闭合自锁，同时正转主电路中 3 对主触头闭合，正转控制回路接通，电动机正转启动运行。

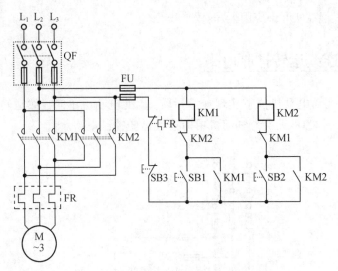

电动机的正反转
控制电路

图 7.19　接触器联锁的电动机正反转控制电路

要让电动机正转停止，按下停止按钮 SB3 即可。

辅助常开触头的自锁作用已介绍过，在这里辅助常闭触头分别相互串接在对方的控制回路中，其作用是保证正反转两个接触器线圈不会同时得电，称为互锁。

反转控制与正转控制过程类似，请读者自行分析。这种类型的正反转控制电路，若要改变电动机的转向，必须先按停止按钮 SB3，再按反转控制按钮 SB2 才可实现电动机反转。如果要使电动机直接由正转切换至反转，就需要在电路中再加上按钮互锁环节，比只有接触器互锁的正反转控制电路要安全可靠和操作方便。请读者自己来设计一下此控制电路。

7.3.4　工作台自动往返控制电路

有些生产机械，如万能铣床，要求工作台在一定距离内能自动往返，而自动往返通常是利用行程开关来控制电动机的正反转，以实现工作台的自动往返运动。图 7.20（a）所示为机床工作台自动往返运动示意图；图 7.20（b）所示为工作台自动往返控制电路的主电路和控制电路。

工作台自动往返控
制电路

在机床的床身两端固定有行程开关 SQ1 和 SQ2，用来限定加工的起点和终点。其中 SQ1 是后退转前进的行程开关，SQ2 是前进转后退的行程开关。工作台上安装有撞块 A 和 B。当工作台移动至终点或起点处时，工作台带动生产机械碰撞撞块，使撞块压下行程开关 SQ1 或 SQ2 的滚轮，使 SQ1 或 SQ2 的常闭触头打开、常开触头闭合，从而改变控制电路的状态，使电动机由正转运行状态改变为反转运行状态，或由反转运行状态改变为正转运行状态。控制电路中的限位开关 SQ3 和 SQ4 分别安装在 SQ2 和 SQ1 的外侧，起到前进或后退时的极限保护作用。

控制过程如下：按下启动按钮 SB2，接触器 KM1 线圈得电并自锁，串联在电动机主电路中 KM1 的 3 对主触头闭合，电动机正转前进，工作台向右移动，当到达右移预定位置后，撞块 B 压下 SQ2，SQ2 常闭触头打开使 KM1 断电，SQ2 常开触头闭合使 KM2 得电，电动机由正转变为反转，工作台后退向左移动。当到达左移预定位置后，撞块 A 压下 SQ1，使 KM2 断电，同时 SQ1

并在左移控制回路按钮两端的辅助常开触头闭合使 KM1 得电，电动机由反转变为正转，工作台又向右移动。如此周而复始地自动往返工作。若要电动机停车，按下停止按钮 SB1 时，电动机停转，工作台停止移动。若行程开关 SQ1 或 SQ2 失灵，电动机往返运动无法实现，工作台会继续沿原方向移动，移动到 SQ4 或 SQ3 位置时，工作台上的撞块会压下位置开关 SQ4 或 SQ3 的滚轮，它们串联在控制回路中的常闭触头就会打开而使电动机停车，起到了极限保护的作用，避免了运动部件因超出极限位置而发生事故。

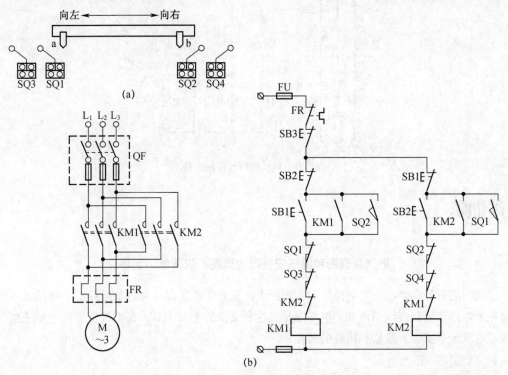

图 7.20　工作台自动往返控制电路

7.3.5　多地控制电路

多地控制是指能在两地或多地同时控制一台电动机的控制方式。图 7.21 所示为电动机两地控制电路原理图。图中 SB1 和 SB3 为安装在甲地的启动按钮和停止按钮，SB2 和 SB4 是安装在乙地的启动按钮和停止按钮。线路的特点：启动按钮应并联在一起，停止按钮应串联在一起。这样就可以分别在甲、乙两地控制同一台电动机，达到操作方便的目的。对于三地或多地控制，只要按照将各地的启动按钮并联、停止按钮串联的连线原则即可实现。多地控制的操作过程读者可自己写出来。

多地控制电路

问题与思考

1. 简述电动机点动控制、单向运转控制和正反转控制电路的工作过程。

2. 什么是自锁、互锁？它们在控制电路中各起什么作用？

3. 试设计一个电动机控制电路，要求既能点动，又能单向启动、停止及连续运转。

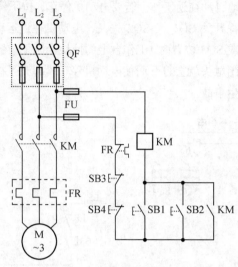

图 7.21　电动机两地控制电路

技能训练

电气原理图和电气安装图的读图、识图能力训练

用规定的符号和画法，将电路绘制在图纸上，就是工程实际中用到的电路图。电路图一般分为电气原理图和安装接线图两种。电路图是表达和交流的重要工具，是电气施工的主要依据，也是进行电气设备安装、维修和检查的前提。

1. 电气原理图

电气原理图是用来表明设备电气的工作原理及各电气元件的作用、相互之间关系的一种表示方式。运用电气原理图的方法和技巧，对于分析电气线路、排除机床电路故障十分有益。电气原理图一般由主电路、控制电路、保护电路、配电电路等几部分组成，它们依据电气动作原理按展开法绘制。展开法就是将某个电气设备的一条或多条电路按水平和垂直位置来画，并按电路的先后顺序排列。

电气原理图中各电气设备的元件不按它们的实际位置画在一起，而是按在电路中的作用画在不同的地方，但同一元件应用同一文字符号表示。电动机控制电路原理图分为主电路和控制电路两部分，主电路包括电动机、接触器的主触头、热继电器的发热元件及连接导线，主电路的电流较大，一般画在图纸的左边；控制电路包括接触器线圈、辅助触头，按钮，热继电器的常闭触头和连接导线等，一般画在主电路的右边，如图 7.22 所示。

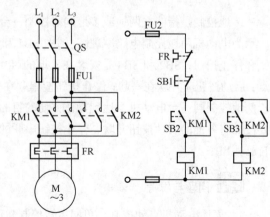

图 7.22　电气原理图实例

识读电气控制原理图时一般要先看主电路，再看辅助电路，并用辅助电路的回路去研究主电路的控制程序。

　　（1）看主电路的步骤

　　① 首先要看清楚主电路中有几个用电设备，弄明白这些用电设备的类别、用途、接线方式及一些不同要求等。

　　② 搞清楚各用电设备与电路中控制电器之间的关系。控制电气设备的方法很多，比如直接控制、顺序控制、点动控制、连动控制等；还有直接用开关控制，用各种启动器控制，或是用接触器控制等。

　　③ 了解主电路中所用的控制电器及保护电器。控制电器是指除常规接触器以外的其他控制元件，如电源转换开关或是空气断路器等。保护电器是指短路保护器件（如熔断器）、过载保护器件（如热继电器）或是失压保护器件（如接触器）等。

　　④ 看电源。要了解电源电压等级是 380V 还是 220V，是从母线汇流排供电还是配电屏供电，或是直接从发电机组接出来。

　　主电路识读清楚后，接下来就可以读辅助电路了。

　　（2）看辅助电路的步骤

　　辅助电路包含控制电路、信号电路和照明电路。

　　根据主电路中各电动机和执行电器的控制要求，逐一找出控制电路中的其他控制环节，将控制线路"化整为零"，按功能不同划分成若干个局部控制线路来进行分析。如果控制线路较复杂，则可先排除照明、显示等与控制关系不密切的电路，以便集中精力进行分析。

　　① 看电源。首先看清电源的种类，是交流还是直流。其次要看清辅助电路的电源是从什么地方接来的以及其电压等级。电源一般是从主电路的两条相线上接出，其电压为 380V；也有从主电路的一条相线和一条零线上接来，电压为单相 220V；此外，也可以从专用隔离电源变压器接来，电压有 140V、127V、36V、6.3V 等。辅助电路为直流时，直流电源可从整流器、发电机组或放大器上接来，其电压一般为 24V、12V、6V、4.5V、3V 等。辅助电路中的一切电气元件的线圈额定电压必须与辅助电路电源电压一致。否则，电压低时电气元件不动作；电压高时，则会把电气元件线圈烧坏。

　　② 了解控制电路中所采用的各种继电器、接触器的用途，如采用了一些特殊结构的继电器，还应了解这些特殊电器的动作原理。

　　③ 根据辅助电路来研究主电路的动作情况。

　　分析了上面这些内容再结合主电路中的要求，即可全面分析辅助电路的动作过程。

　　控制电路总是按动作顺序画在两条水平电源线或两条垂直电源线之间的。因此，也就可从左到右或从上到下来进行分析。对复杂的辅助电路，在电路中整个辅助电路构成一条大回路，在这条大回路中又分成几条独立的小回路，每条小回路控制一个用电器或一个动作。当某条小回路形成闭合回路有电流流过时，在回路中的电气元件（接触器或继电器）则动作，把用电设备接入或切除电源。在辅助电路中一般是靠按钮或转换开关把电路接通的。对于控制电路的分析必须随时结合主电路的动作要求来进行，只有全面了解主电路对控制电路的要求以后，才能真正掌握控制电路的动作原理，不可孤立地看待各部分的动作原理。除此之外，还应注意各个动作之间是否有相互制约关系，如电动机正反转之间是否设置联锁等。

　　④ 研究电气元件之间的相互关系。电路中的一切电气元件都不是孤立存在的，而是相互联系、

相互制约的。这种互相控制的关系有时表现在一条回路中，有时表现在几条回路中。

⑤ 研究其他电气设备和电气元件，如整流设备、照明灯等。

2. 安装接线图

电气控制线路安装接线图也称为电气装配图，是为了安装电气设备和电气元件进行配线或检修电器故障服务的。电气装配图依合理经济等原则布置电器位置，可显示出电气设备中各元件的空间位置和接线情况，通常在安装或检修控制线路时对照原理图使用。安装接线图表示机床电气设备各个单元之间的接线关系，并标注出外部接线所需的数据。根据机床设备的安装接线图就可以进行机床电气设备的安装接线。对某些较为复杂的电气设备，电气安装板上元件较多时，还可画出安装板的接线图。对于简单设备，仅画出安装接线图就可以了。实际工作中，安装接线图常与电气原理图结合起来使用。由于安装接线图线条交叉重叠较多，读图比较困难，因此主要在安装控制线路时作参考。

安装接线图上的符号往往是电路实物元件的形状图，供原理和实物对照时使用。图7.23所示为吊扇的安装接线图实例。

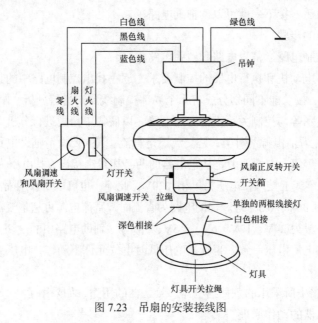

图 7.23　吊扇的安装接线图

实验七　三相异步电动机的点动、单向连续运转控制电路实验

一、实验目的

1. 了解三相异步电动机的继电器-接触器控制系统的控制原理，观察实际交流接触器、热继电器、自动空气断路器及按钮等低压电器的动作过程，学习其使用方法。

2. 掌握三相异步电动机的点动、单向连续运转控制电路的连接方法。

3. 能够熟记三相异步电动机点动和单向连续运转控制电路的控制过程。

二、实验主要器材与设备

1. 三相异步电动机　　　　　　　一台

2. 低压控制电器配盘　　　　　　一套

3. 其他相关设备及导线　　　　　若干

三、实验电路原理控制图及控制过程

1. 电动机的点动控制

在工程实际应用中，经常需要对电动机进行启动、制动、点动、单向连续运转控制及正反转控制等，以满足生产机械的要求。

三相异步电动机点动控制原理电路如图 7.24 所示。控制过程如下。

① 先闭合主回路中的电源控制开关，为电动机的启动做好准备。

② 按下启动按钮 SB，接触器 KM 线圈得电，KM 的 3 对主触头闭合，电动机主电路接通，电动机启动运转。

③ 松开按钮 SB，接触器 KM 线圈失电，KM 的 3 对主触头随即恢复断开，电动机主电路断电，电动机停止运行，实现了三相异步电动机的点动控制。

2. 电动机单向连续运转控制

实际应用中，大多电动机的控制电路中都要求满足连续运转的控制要求。电动机的单向连续运转控制电路如图 7.25 所示。与点动控制电路相比，电路中多了一个在控制电路中起自锁作用的接触器 KM 的辅助常开触头，另外增加一个停止按钮 SB1。

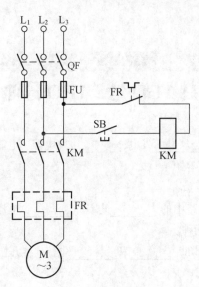

图 7.24　点动控制电路

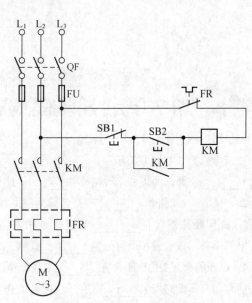

图 7.25　单向连续运转控制电路

控制过程如下。

（1）闭合主回路中的电源控制开关，为电动机的启动做好准备。

（2）按下常开按钮 SB2，接触器 KM 线圈得电，辅助常开触头闭合自锁，三对主触头闭合，电动机主电路接通，电动机单向运转。

（3）需要电动机停下时，按下停止按钮 SB1，控制回路电流由 SB1 处断开，造成接触器 KM 线圈断电，主触头打开，电动机停转。

四、实验步骤

1. 连线前首先要把电路图与实物相对照，方能照图进行连线。

2. 连接三相异步电动机的点动控制电路的主回路。注意电动机丫接，连接主回路的顺序应从

上往下连线，热继电器的发热元件应串接在 KM 主触头的后面。

3. 连接点动控制电路的辅助回路。点动按钮 SB 连接复合按钮的一对常开触头，一端与一相电源相连，另一端与 KM 线圈相连，KM 线圈另一端与热继电器的常闭触头相连，热继电器的另一端连接到另一相电源线上。控制回路一定要接在 KM 主触头的上方，否则电动机永远不会运转。

4. 连线结束经检查无误后通电操作，观察电器及电动机的动作。

5. 三相异步电动机的主回路不变。对控制回路作如下改动：停止按钮 SB1 连接复合按钮的一对常闭触头，一端与一相电源相连，另一端与启动按钮 SB2 的一端相连，在二者连接处引出一根导线与 KM 辅助常开触头的一端相连，SB2 的另一端与 KM 线圈相连不变，相连处引出一根导线与 KM 辅助常开触头的另一端相连，其余部分不变。

6. 连线结束检查无误后通电操作，观察电器及电动机的动作。

五、思考题

1. 你在实验过程中遇到了什么问题，如何解决的？

2. 你能用万用表判断交流接触器和按钮的好坏吗？如何判断？

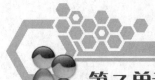

第 7 单元技能训练检测题（共100分，120分钟）

一、填空题（每空 0.5 分，共 20 分）

1. 电能生产的主要形式有_____发电、_____发电、_____发电、_____发电等。电能被称为_____能源，而煤和水等被称为_____能源。

2. _____线路和_____线路合称为输电线路。

3. 高压断路器含有_____装置，是用来切断高压线路中的_____电流和_____电流的高压电气设备。按放置场所可分为_____式和_____式两种。

4. 高压隔离开关由于不含有_____装置，所以不能用来切断_____和_____电流。高压隔离开关通常和高压断路器_____联在一起配合工作。

5. _____开关、_____开关和_____都是低压开关电器。

6. 电力系统的_____设备是指直接生产、输送和分配电能的高压电气设备。

7. 交流接触器中包含_____系统和_____系统两大部分。它不仅可以控制电动机电路的通断，还可以起_____和_____保护作用；交流接触器在控制电路中的文字符号是_____。

8. 在电路中起过载保护的低压电气设备是_____。其串联在电动机主电路中的是它的_____元件；串接在控制电路中的部分是其_____。

9. 控制按钮在电路图中的文字符号是_____；行程开关在电气控制图中的文字符号是_____；时间继电器在电气控制图中的文字符号是_____。

10. 熔断器在电路中起_____保护作用。熔断器在电气控制图中的文字符号是_____。

11. 低压断路器在电路中有多种保护功能，除_____保护和_____保护外，还具有_____及_____保护。

12. 多地控制电路的特点：启动按钮应_____在一起，停止按钮应_____在一起。

二、判断题（每小题 1 分，共 10 分）

1. 电力系统主接线的形式都是具有母线的。（　　）

2. 二次设备都是低压的，所以电动机属于二次设备。（　　）

3. 高压断路器可以用来切断和接通高压电路的工作电流。（　　）

4. 高压电气设备和低压电气设备的分界线是 380V，即 380V 以上均属高压。（　　）

5. 高压隔离开关和高压断路器一样，也是用来切断和接通高压电路工作电流的。（　　）

6. 低压断路器不仅具有短路保护、过载保护功能，还具有失压保护功能。（　　）

7. 交流接触器的辅助常开触头在控制电路中主要起自锁作用。（　　）

8. 热继电器在电路中起的作用是短路保护。（　　）

9. 同一电动机多地控制时，各地启动按钮应按照相并联原则来连接。（　　）

10. 任意对调电动机两相定子绕组与电源相连的顺序，即可实现反转。（　　）

三、选择题（每小题 2 分，共 20 分）

1. 刀开关的文字符号是（　　）。
    A. SB　　　　　　　B. QS　　　　　　　C. FU

2. 自动空气开关的热脱扣器用于（　　）。
    A. 过载保护　　　　　　　　　　B. 断路保护
    C. 短路保护　　　　　　　　　　D. 失压保护

3. 交流接触器线圈电压过低将导致（　　）。
    A. 线圈电流显著增大　　　　　　B. 线圈电流显著减小
    C. 铁心涡流显著增大　　　　　　D. 铁心涡流显著减小

4. 热继电器作电动机的保护时，适用于（　　）。
    A. 重载启动间断工作时的过载保护　　B. 轻载启动连续工作时的过载保护
    C. 频繁启动时的过载保护　　　　　　D. 任何负载和工作制的过载保护

5. 行程开关的常开触头和常闭触头的文字符号是（　　）。
    A. QS　　　　　　　B. SQ　　　　　　　C. KT

6. 自锁环节的功能是保证电动机控制系统（　　）。
    A. 有点动功能　　B. 有定时控制功能　　C. 启动后有连续运行功能

7. 自锁环节应将接触器的（　　）触头并联于启动按钮两端。
    A. 辅助常开　　B. 辅助常闭　　C. 主

8. 当两个接触器形成互锁时，应将其中一个接触器的（　　）触头串进另一个接触器的控制回路中。
    A. 辅助常开　　B. 辅助常闭　　C. 辅助常开和辅助常闭均可

9. 交流接触器和按钮组成的控制电路具有（　　）保护作用。
    A. 短路　　　　B. 过载　　　　C. 零压或欠电压

10. 时间继电器具有的控制功能是（　　）。
    A. 定时　　　　B. 定位　　　　C. 速度或温度控制

四、简答题（每小题 3 分，共 12 分）

1. 何为电力系统、电力网、动力系统？

2. 试述交流接触器的结构组成与各部分功能。

3. 试述低压熔断器的选用原则。

4. 接触器除具有接通和断开电路的功能外，还具有什么保护功能？

五、分析与设计题（共 38 分）

1. 图 7.26 所示各控制电路中存在哪些错误？会造成什么后果？试分析并改正。（8 分）

2. 设计两台电动机顺序控制电路：M1 启动后 M2 才能启动；M2 停转后 M1 才能停转。（10 分）

3. 试分析图 7.27 所示电动机控制电路是否合理。如不合理，请改正。（10 分）

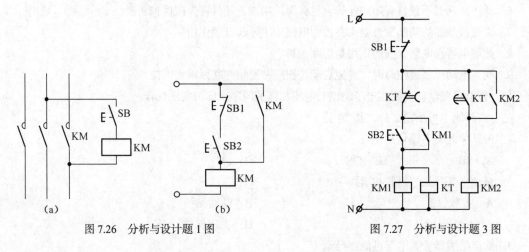

图 7.26　分析与设计题 1 图　　　　　　　　　　图 7.27　分析与设计题 3 图

4. 试设计一个电动机控制电路，要求既能实现点动控制，也能实现连续运转控制。（10 分）

第 8 单元
安全用电与防雷

随着我国国民经济持续高速稳定地发展，电的应用越来越广泛，现代生活更是离不开电。电，一方面可以造福人类，给生产和生活带来极大方便；另一方面又可对人类构成威胁，严重时还会造成触电伤亡。因此，在用电的过程中，读者必须树立"安全第一、预防为主"的思想，熟悉人身触电事故发生的原因及后果，掌握简单可行的触电急救措施；了解电气设备事故发生的因果关系，着重掌握保护接零、保护接地和漏电保护措施；了解雷电形成的原因，掌握一定的雷电防护措施。

8.1 家庭安全用电

8.1.1 安全用电基本知识

用电安全包括人身安全和设备安全两个方面，人身安全是指人在生产与生活中防止触电及其他电气危害。

安全用电基本知识

1. 触电

日常生活中的触电事故多种多样，大多是由于人体直接接触带电体，或者设备发生故障，或者人体过于靠近带电体等引起的。当人体触及带电体，或者带电体与人体之间闪击放电，或者电弧触及人体时，电流通过人体进入大地或其他导体，形成导电回路，这种情况就叫触电。

触电时人体会受到某种程度的伤害，按其触电伤害形式的不同可分为以下两种。

（1）电击

电击指电流流经人体内部，引起疼痛发麻、肌肉抽搐，严重的会引起强烈痉挛、心脏颤动，甚至由于对人体心脏、呼吸系统以及神经系统的致命伤害而造成死亡。绝大部分触电死亡事故都是电击造成的。

（2）电伤

电伤是指触电时人体与带电体接触不良部分发生的电弧灼伤，或者是人体与带电体接触部分的电烙印，或由于被电流熔化和蒸发的金属微粒等侵入人体皮肤引起的皮肤金属化。电伤会给人体留下伤痕，电伤严重时同样可以致人死亡。电伤通常是由电流的热效应、化学效应或机械效应造成的。

电击和电伤有时也可能同时发生，这种现象在高压触电事故中比较常见。

2. 触电伤害程度与各种成因的关系

（1）伤害程度与通电时间及电流大小的关系

触电时间越长，人体电阻因多方面原因会降低，导致通过人体的电流增加，触电的危险性亦随之增加。引起触电危险的工频电流和通过电流的时间长度关系为

$$I = \frac{165}{\sqrt{t}}$$

式中：电流 I 指引起触电危险的电流，单位是 mA（毫安）；t 是通电时间，单位是 s（秒）。

通过人体的电流越大，人体的反应就越明显，感应就越强烈，对人致命的危害就越大。对于工频交流电，按照人体对所通过大小不同的电流所呈现的反应，通常可将电流划分为 3 种。

① 感知电流：指引起人知觉的最小电流。实践证明，一般成年男性的平均感知电流约为 1.1mA，成年女性约为 0.7mA。

② 摆脱电流：指人体触电后能自主摆脱电源的最大电流。实践表明，一般成年男性的平均摆脱电流约为 16mA，成年女性约为 10mA。

③ 致命电流：指在较短时间内危及生命的最小电流。实践证明，一般当通过人体的电流达到 30～50mA 时，中枢神经就会受到伤害，使人感觉麻痹、呼吸困难；如果通过人体的电流超过 100mA，人在极短的时间内就会失去知觉而死亡。

（2）伤害程度与电流路径之间的关系

电流通过头部可使人昏迷，通过脊髓可导致瘫痪，通过心脏会造成心跳停止及血液循环中断，通过呼吸系统会造成窒息。因此，从左手到胸部是最危险的电流路径，从手到手、从手到脚也是很危险的电流路径，从脚到脚是危险性较小的电流路径。

（3）伤害程度与电流种类的关系

一般认为 40～60Hz 的交流电对人最危险。随着频率的增加，危险性略有降低。高频电流不伤害人体，有时还能起到治病的作用。

（4）伤害程度与人体电阻的关系

在一定电压的作用下，通过人体的电流大小与人体电阻有关。人体电阻主要是皮肤电阻，表皮 0.05～0.2mm 厚的角质层的电阻很大，皮肤干燥时，人体电阻为 6～10kΩ，甚至高达 100kΩ；但角质层容易被破坏，去掉角质层的皮肤电阻为 800～1200Ω；内部组织的电阻为 500～800Ω。人体电阻因人而异，与人的体质、皮肤的潮湿程度，触电电压的高低，人的年龄、性别以及工种职业都有关系。

8.1.2　触电形式及其急救

1. 触电形式

触电可发生在有电线、电器、用电设备的任何场所。触电后会引起人体全身或局部的损伤，损伤轻者可造成痛苦，损伤重者可迅速死亡。触电形式通常分为以下 3 种。

触电形式及其急救

（1）单相触电

当人体在地面或其他接地导体上，而人体的某一部分触及三相导线的任何一相而引起的触电事故称为单相触电。单相触电对人体的危害与电压的高低、电网中性点接地方式等有关。

单相触电又可分为中性点接地和中性点不接地两种情况。图 8.1（a）为电源中性点接地系统的单相触电，图 8.1（b）为电源中性点不接地系统的单相触电。

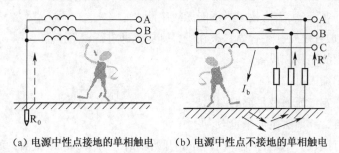

（a）电源中性点接地的单相触电　　（b）电源中性点不接地的单相触电

图 8.1　单相触电形式

（2）两相触电

两相触电也叫相间触电，是指在人体与大地绝缘的情况下，同时接触到两根不同的相线，或者人体同时触及电气设备的两个不同相的带电部位时，电流由一根相线经过人体到另一根相线形成闭合回路，如图 8.2 所示。

两相触电比单相触电更危险，因为此时加在人体心脏上的电压是线电压。

（3）跨步电压触电

高压输电线路发生火线断线落地时，会有强大的电流流入大地，在落地点周围产生电压降，而落地点的电位即高压输电线的电位。离落地点越远，电位越低。根据实际测量，在离导线落地点 20m 以外的地方，由于入地电流非常小，地面的电位近似等于零。如果有人走到导线落地点附近，由于人的两脚电位不同，则在两脚之间就会产生电位差，这个电位差就是跨步电压。离电流入地点越近，跨步电压越大；离电流入地点越远，跨步电压越小。通常认为距离火线断落处地点 20m 以外时，跨步电压的数值很小，可近似视为零。跨步电压触电情况如图 8.3 所示。

当发现跨步电压威胁时，应赶快把双脚并在一起，或赶快用一条腿跳着离开危险区，否则，触电时间一长，会导致触电死亡。

2. 触电急救方法

发生触电事故时，在保证救护者本身安全的同时，必须首先设法使触电者迅速脱离电源，然后进行以下抢修工作。

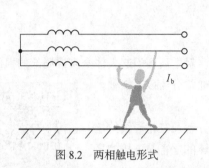

图 8.2 两相触电形式

图 8.3 跨步电压触电形式

① 解开妨碍触电者呼吸的紧身衣服。

② 检查触电者的口腔，清理口腔的黏液，如有假牙，则取下。

③ 立即就地进行抢救，如呼吸停止，采用口对口人工呼吸法抢救；若心脏停止跳动或不规则颤动，可进行人工胸外挤压法抢救。绝不能无故中断。

如果现场除救护者之外，还有第二人在场，则应立即进行以下工作。

① 提供急救用的工具和设备。

② 劝退现场闲杂人员。

③ 保持良好的空气流通及足够的照明。

④ 向上级报告，并请医生前来抢救。

实验研究和统计表明，如果从触电后 1min 开始救治，则 90%可以救活；如果从触电后 6min 开始抢救，则仅有 10%的救活机会；而从触电后 12min 开始抢救，则救活的可能性极小。因此当发现有人触电时，应争分夺秒，采用一切可能的办法进行救治。

8.1.3 家庭安全用电常识

随着家用电器的普及应用，正确掌握安全用电知识，确保用电安全至关重要。

家庭安全用电常识

1. 防止烧损家用电器的措施

家用电器额定电压一般是 220V，正常的供电电压在 220V 左右。若供电线路因雷击等自然灾害造成供电电压瞬时升高，三相负荷不平衡的接户线年久失修发生断零线，或因人为错接线引起相电压升高等现象，都会造成家用电器的电压升高，使电流增大导致家用电器因过热而烧损。要防止烧损家用电器，需注意以下几个方面。

① 用电设备不使用时应尽量断开电源。

② 改造陈旧失修的接户线。

③ 安装带过电压保护的漏电开关。

2. 家庭用熔断器的正确选择

家庭用的熔断器（保险丝）应根据用电容量的大小来选用。如使用容量为 5A 的电表时，熔断器熔断电流应在 6～10A；如使用容量为 10A 的电表时，熔断器熔断电流应在 12～20A，也就是说，选用的熔断器熔断电流应是电表容量的 1.2～2 倍。选用的熔断器应是符合规定的一根，而不能以小容量的熔断器多根并用，更不能用铜丝代替熔断器使用。现代家庭目前选用比较多的是不必更换熔丝的熔断器，选择熔断器时应注意额定电流的合理性和增容性。

3. 防止电气火灾事故

在安装电气设备的时候，必须保证质量，并应满足安全防火的各项要求，要用合格的电气设备，淘汰破损的开关、灯头和破损的电线。电线的接头要按规定牢靠连接，并用绝缘胶带包好。对接线桩头、端子的接线要拧紧螺钉，防止因接线松动而造成接触不良。用户在使用过程中，如发现灯头、插座接线松动、接触不良或有过热现象，要找电工及时处理。

不要在低压线路和开关、插座、熔断器附近放置油类、棉花、木屑、木材等易燃物品。电气火灾前，都有一种前兆，要特别引起重视，就是电线因过热首先会烧焦绝缘外皮，散发出一种烧胶皮、烧塑料的难闻气味。所以，当闻到此气味时，应首先想到可能是电气方面原因引起的，如查不到其他原因，应立即拉闸停电，直到查明原因，妥善处理后才能合闸送电。

万一发生了火灾，不管是否是电气方面引起的，首先要想办法迅速切断火灾范围内的电源。因为如果火灾是电气方面引起的，切断了电源，也就切断了起火的火源；如果火灾不是电气方面引起的，火也会烧坏电线的绝缘，若不切断电源，烧坏的电线会造成碰线短路，引起更大范围的电线着火。发生电气火灾后，应使用盖土、盖沙或灭火器灭火，但绝不能使用泡沫灭火器，因为此种灭火剂是导电的。

4. 照明开关必须接在火线上

如果将照明开关装设在零线上，虽然断开时电灯也不亮，但灯头的相线仍然是接通的，这种情况下人们以为灯不亮，就是处于断电状态，而实际上灯具上各点的对地电压仍是 220V 的危险电压。如果灯灭时人们触及这些实际上带电的部位，就会造成触电事故。所以各种照明开关或单相小容量用电设备的开关，只有串接在火线上，才能确保安全。

5. 单相三孔插座的正确安装

家庭用电设备都是单相的。通常单相用电设备特别是移动式用电设备，都应使用三芯插头和与之配套的三孔插座。三孔插座上有专用的保护接零（地）插孔，在采用接零保护时，有人常常仅在插座底内将此孔接线柱头与引入插座内的那根零线直接相连，这是极为危险的。因为万一电源的零线断开，或者电源的火（相）线、零线接反，其外壳等金属部分也将带上与电源相同的电压，极易导致触电。

因此，接线时专用接地插孔应与专用的保护接地线相连。采用接零保护时，接零线应从电源端专门引来，而不应就近利用引入插座的零线。

无数触电事故的教训告诉我们，思想上的麻痹大意往往是造成人身事故的重要因素，因此必须加强安全教育，使人们懂得安全用电的重大意义，从而尽量避免人身触电事故的发生。

📖 问题与思考

1. 何为触电？触电事故分哪两大类？各类触电伤害的形式有何特点？

2. 触电的形式有哪几种？哪一种触电形式最为危险？

3. 在照明电路的安装中，为什么一定要遵循"火线进开关"的原则？

4. 把家用电气设备外壳连接的保护零线接在水管上，这种使用方法合适吗？为什么？

8.2　保护接地和保护接零

为了人身安全和电力系统工作的需要，要求电气设备采取接地措施。按接地目的的不同，主要分为工作接地、保护接地和保护接零。

保护接地和保护接零

8.2.1　工作接地

为保证电气设备（如变压器中性点、电压互感器中性点）正常工作而进行的接地措施称为工作接地。

电力系统和电气装置的中性点，电气设备的外露导电部分通过导体与大地相连称为接地。工作接地的目的就是保证电力系统正常、稳定运行。电气设备实施工作接地后，可达到以下几个目的。

① 降低触电电压。

② 迅速切断故障。在中性点接地的系统中，一相接地后的电流较大，保护装置能够迅速动作，断开故障点。

③ 降低电气设备对地的绝缘水平。

8.2.2　保护接地

电气设备在使用中，若设备绝缘损坏或击穿而造成外壳带电，人体触及外壳时就有触电的可能。保护接地就是把电气设备的金属外壳用导线和埋在地中的接地装置连接起来。

为保证接地效果，接地电阻应小于 4Ω。采取保护措施后，即使外壳因绝缘不好而带电，工作人员碰到外壳就相当于人体与接地电阻并联，而人体的电阻远比接地电阻大，因此，流过人体的电流极为微小，从而保证了人身安全。此种安全措施适用于系统中性点不接地的低压电网。保护接地原理如图 8.4 所示。

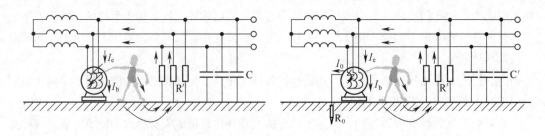

（a）电气设备外壳未进行保护接地时　　　　　　（b）电气设备外壳已进行保护接地时

图 8.4　保护接地示意图

图 8.4（a）所示为电气设备未进行保护接地时的情况。如果电气设备内部绝缘损坏发生一相

碰壳，由于外壳带电，当人触及外壳时，就会有电流通过人体，此电流的路径是由设备外壳到人体，经其他两相对地绝缘电阻及分布电容回到电源。当 R 值较低、C 值较大时，通过人体的电流将达到或超过危险值。

图 8.4（b）所示为电气设备已进行保护接地时的情况。因为人体电阻和接地电阻是并联的，而人体电阻最小为 800Ω，远大于接地电阻 4Ω，所以利用接地电阻的分流作用，使故障电流绝大部分通过接地电阻构成回路，只有极微小的电流经过人体，从而保证了人身安全。

8.2.3　保护接零及其注意事项

1．保护接零

在电源中性点接地的三相四线制中，把电气设备的金属外壳与中线连接起来的措施称为保护接零。保护接零措施如图 8.5 所示。

采取保护接零措施后，如果电气设备的绝缘损坏而碰壳，由于中线的电阻小，所以短路电流很大，立即使电路中的熔丝烧断，切断电源，从而消除触电危险，此种安全措施适用于系统中性点直接接地的低压电网。

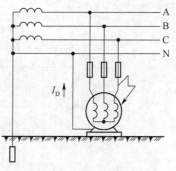

图 8.5　保护接零措施示意图

在中性点接地的系统中不允许采用保护接地，只能采用保护接零；且不允许保护接地和保护接零同时使用，否则会造成设备外壳长期带电。

2．保护接地和保护接零的注意事项

① 在低压设备中，与 380V/220V 或 220V/127V 中性线直接接地的三相四线制系统中的设备外壳，均应采用保护接零。

② 在低压设备中，凡与未接中性线的三相三线制系统中相连接的电气设备外壳，均应采取保护接地。

③ 由 380V/220V 或 220V/127V 中性线直接接地的同一发电机、同一台变压器或同一段母线供电的电气设备外壳，一般不允许一部分设备接地，另一部分设备接零的混用方式。这样混用的方式，当接地保护的设备绝缘损坏而熔丝又未熔断时，会使所有外壳接零的电气设备上都带上危险电压，若有人接触到接零保护设备的外壳就会触电。

8.2.4　重复接地的作用

1．重复接地

将零线上的一处或多处通过接地装置与大地再次连接，称为重复接地。

零线重复接地相当于在零线上多并联了接地点，这样可降低零线阻抗，而且当供电系统中发

生短路和有碰壳时，可以使零线对地电压减小，使故障的程度减轻。零线上不允许安装熔断器和开关，如果安装这些设备，当开关断开或熔丝熔断时，都将造成零线故障事故，失去保护接零的安全措施。重复接地是工作接地的后备保护，一般装在电源进线端。

重复接地的作用

日常用电中，如住宅用电，都有 5 根电线送到配电箱。但进入住户家中的输电线往往只有 3 条，一条是 220V 的相线，另外两条中有一条是零线，另一条是保护零线（也称 PE 线），即家庭用电是单相交流电。进入住户的零线和保护地线虽然也和供电变压器直接相连，但它们与火线不同，这两条线进入住户前还必须再进行一次接地。这样，由于在供电侧已有了一次接地，所以，从供电侧到实际进户前最少进行了 2 次接地，这样的接地就是重复接地，重复接地措施如图 8.6 所示。

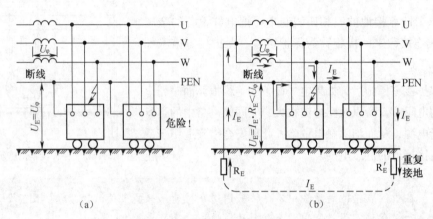

图 8.6　重复接地示意图

从图 8.6（a）可以看出，一旦中性线断线，设备外露部分带电，人体触及同样会有触电的可能。而在图 8.6（b）所示的重复接地系统中，虽然出现中性线断线，但外露部分因重复接地而使其对地电压大大下降，对人体的危害也大大下降，起到了安全保护作用。

实际中，应尽量避免中性线或接地线出现断线的现象。

2．三相五线制

在三相四线制供电系统中，从电源中性点引出两根零线，一根线作为工作零线（N），另一根作为专用保护零线（PE），这样的供电连线方式称为三相五线制。

三相五线制的特点是，工作零线（N）与保护零线（PE）除在变压器中性点共同接地外，两线不再有任何的电气连接。由于该种供电方式能用于单相负载、没有中性点引出的三相负载和有中性点引出的三相负载，因而得到广泛的应用。其三相五线制供电系统如图 8.7 所示。

在三相负载不完全平衡的运行状态下，工作零线（N）有电流通过，因此是带电的；但保护零线 PE 不带电。因此该供电方式的接地系统完全具备安全和可靠的基准电位。

（1）三相五线制供电原理

在三相四线制供电系统中，三相负载不平衡时和低压电网的零线过长且阻抗过大时，零线将有零序电流通过，过长的低压电网，由于环境恶劣、导线老化、受潮等因素都将导致线路的漏电电流通过零线形成闭合回路，致使零线也带一定的电位，显然这样的情况一旦发生，对安全运行将十分不利；而当零线断线时，单相设备和所有保护接零的设备均可能产生危险电压，这是不允许的。而三相五线制供电方式，用电设备上所连接的工作零线（N）和保护零线（PE）是分别敷设的，使工作零线上的电位不能传递到采取保护接零的用电设备外壳上，有效地隔离了三相四线制供电方式所造成的危险电压，让系统中所有用电设备外壳上的电位始终处在"地"电位，从而消除了设备产生危险电压的隐患。

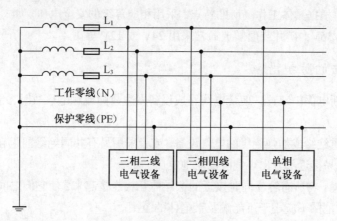

图 8.7　三相五线制供电方式

（2）三相五线制供电的应用范围

凡采用保护接零的低压供电系统，均是三相五线制供电的应用范围。国家有关部门规定：凡是新建、扩建、企事业、商业、居民住宅、智能建筑、基建施工现场及临时线路，一律实行三相五线制供电方式，做到保护零线和工作零线单独敷设。对现有企业应逐步将三相四线制改为三相五线制供电。

8.2.5　漏电保护

为防止因用电设备绝缘损坏发生漏电所引起的设备损坏及触电危害，相应的安全措施称为漏电保护。漏电保护又称为残余电流保护或接地故障电流保护。漏电保护仅能作为附加电路而不应单独使用，其动作电流最大不宜超过 30mA。

目前采取的漏电保护措施通常是在电路中使用漏电保护装置或带有漏电保护的开关设备。当电路中装有漏电保护设备时，一旦发生漏电故障，漏电保护设置就会立即动作，自动切断电源，从而防止了人体触电事故，保障了人身安全和用电仪器及设备的安全。只有排除故障后，漏电保护装置才能自动恢复正常。

漏电保护

8.2.6　直接电击和间接电击的防护措施

1.　直接电击的防护措施

① 绝缘：用绝缘材料将带电体封闭起来。良好的绝缘材料是保证电气设备和线路运行的必要条件，是防止触电的主要措施。

② 屏保：采用屏保装置将带电体与外界隔开。为杜绝不安全因素，常用的屏保装置有遮拦、护罩、护盖和栅栏等。

③ 间隔：保持一定间隔以防止无意触及带电体。凡易于接近的带电体，应保持在伸出手臂时所及的范围之外。正常操作时，凡使用较长工具者，间隔要加大。

④ 安全电压：根据具体工作场所的特点，采用相应等级的安全电压。如机床照明通常采用 36V；矿井或船舶上通常采用 24V 或 12V 等。

2. 间接电击的防护措施

① 安装自动断电保护装置，使带电线路或设备发生故障或触电事故时，能够自动断开电源，起到保护作用。

② 采用有双重绝缘或加强绝缘的电气设备，或者采用另有共同绝缘的组合电气设备，以防止工作绝缘损坏后在易接近部分出现危险的对地电压。

③ 等电位环境：将所有容易同时接近的裸导体互相连接起来，使它们之间的电位相同，防止接触电压。等电位范围不应小于可能触及带电体的范围。

📖 问题与思考

1. 何为工作接地？何为保护接地？何为保护接零？
2. 重复接地指的是什么？
3. 何为漏电保护？

8.3 防雷保护

8.3.1 雷电的形成及雷击形式

1. 雷电的成因

雷电是一种常见的大气放电现象。在夏天的午后或傍晚，地面的热空气携带大量的水汽不断地上升到高空，形成大范围的积雨云。积雨云的不同部位聚集着大量的正电荷或负电荷，形成雷雨云，而地面因受到近地面雷雨云的电荷感应，也会带上与云底相反符号的电荷。当云层里的电荷越积越多，达到一定强度时，电荷就会把空气击穿，打开一条狭窄的通道强行放电。当云层放电时，由于云中的电流很强，通道上的空气瞬间被烧得灼热，温度高达 6000～20000℃，所以发出耀眼的强光，这就是闪电。闪电的高温会使空气急剧膨胀，同时也会使水滴汽化膨胀，从而产生冲击波，这种强烈的冲击波活动形成了雷声。

所谓的雷击实际上就是一部分带电荷的云层与另一部分带异种电荷的云层，或者是带电荷的云层对大地之间迅猛的放电过程。而人们平常所说的雷击，指打雷时电流通过人、畜、树木、建筑物等而造成杀伤或破坏。

云层之间的放电主要对飞行器有危害，对地面上的建筑物和人、畜影响不大；但云层对大地的迅猛放电所形成的雷击，对地面建筑物、电子电气设备、人和畜所造成的危害很大，因此需要加以研究应对。

2. 雷击的形式

根据雷击破坏形式的不同，雷击通常可分为直击雷和感应雷两种形式。

（1）直击雷

落地雷是直击雷。当带电云层与地面突起物之间带电性质不同时，就会形成很强的电场把大气击穿，从而击坏放电通路上的建筑物与输电线，击死或击伤人、畜等。

由于这种云层与大地之间的迅猛放电直接击在建筑物上，其电效应、热效应和机械效应直接传递，因此称为直击雷。

（2）感应雷

感应雷是间接雷，是感应电荷放电时造成的。当直击雷发生以后，云层带电迅速消失，而地面某些范围由于散流电阻大，以致出现局部高电压，或者由于直击雷放电过程中，强大的脉冲电流对周围的导线或金属物产生电磁感应而引发高电压以致发生的雷击现象，叫作"感应雷"，又称作"二次雷"。

当金属物体或其他导体处于雷雨云和大地间所形成的电场中时，就会感应出与雷雨云相反的电荷，在雷雨云放电后，这些金属物体或其他导体与大地间的电场突然消失，而金属物体或导体上的感应电荷来不及流散，因而能引起很高的对地电压，产生火花放电。另外，雷雨云放电时，在雷电流的周围空间里，会产生强大的变化电磁场，足以使导体间隙产生火花放电。电磁感应还可以使闭合回路的金属物体产生感应电流，在导体接触不良的地方，造成局部发热，这时易燃易爆的物品将是十分危险的。

8.3.2　防雷的重要意义

1. 雷电的危害

雷电发生时，将产生强大的电压和电流，电压可高达几十万伏或几百万伏，电流一般也可达几千安，虽然经过的时间十分短暂，但足以使各种建筑物和电气设备受到破坏。

防雷的重要意义

当雷电击到人和各种生物的身体上时，强大的电流不但能使人和其他生物的神经麻痹，心脏停止跳动而死亡，同时还能将皮肤烧焦；雷电直接击中树木或电线杆时，强大的电流能使电线杆发生高热而燃烧，或将它们劈裂或劈倒；强大的雷电击中高大的砖石烟囱或房屋时，将造成倒塌或损坏；雷电击中电气设备和电力系统时，能产生热力和电磁的影响：热力通过的时间较短，仅有约 $40\mu s$，但可使各种导线熔化；雷电流的电磁作用，对电气设备和电力系统的绝缘物质的影响更大，它产生的直接雷击过电压和感应过电压很高、电流很大，能引起电网闪络、毁坏和击穿电气设备和电气线路上的绝缘，从而中断供电和损坏电气设备。

雷电以其巨大的破坏力给人类社会带来了惨重的灾难，尤其是近几年来，我国家用电器日渐普及，高层建筑日益增多，金属建材使用日益普遍，而雷电灾害也频繁发生，雷击对国民经济造成的直接和间接危害日趋严重。为此，我们有必要加强防雷意识，与气象部门积极合作，做好预防工作，将雷击损害造成的损失降到最低限度。

2. 雷灾的特点

目前，人类社会已经进入电子信息时代，雷灾出现的特点与以往相比也有极大的不同，可以概括为如下几个方面。

① 受灾面大大扩展。受灾面从电力、建筑这两个传统领域扩展到几乎所有行业，特别是与高新技术关系最密切的航天航空、国防、邮电通信、计算机、电子工业、石油化工、金融证券等领域。

② 从二维空间入侵变为三维空间入侵。雷电袭击从闪电直击和过电压波沿线传输变为空间闪电的脉冲电磁场，从三维空间入侵到任何角落，无孔不入地造成灾害，因而防雷工程已从防直击雷、感应雷进入防雷电电磁脉冲。

③ 雷灾的经济损失和危害程度大大增加了。雷电袭击的对象本身的直接经济损失有时并不太大，而由此产生的间接经济损失和影响难以估计。

④ 雷灾的主要对象已集中在微电子器件设备上。雷电本身并没有变，而是科学技术的发展使得人类社会的生产生活状况变了。微电子技术的应用渗透到各种生产和生活领域，微电子器件极端灵敏这一特点很容易受到无孔不入的雷击作用，造成微电子设备的失控或者损坏。

综上所述，当今时代防雷工作的复杂性会大大增加。防雷的重要性、迫切性显而易见，雷电的防御已从直击雷防护到系统防护，我们必须站到历史时代的新高度来认识和研究现代防雷技术，提高人类对雷灾防御的综合能力。

8.3.3 防雷措施

雷电的危害虽大，如果我们在思想上加强防雷意识，并且在生产和生活中，在各种电气设备和电气线路上采取有效的防雷措施，雷灾是完全可以预防的。

防雷措施

1. 电气设备和电气线路的防雷

目前，电气设备和电气线路常用的防雷措施概括为两点。

① 用避雷针和避雷线防止设备和线路受到直击雷的危害。

② 用各种不同形式的避雷器和放电间隙防止设备和线路受到感应雷的危害。

2. 常用避雷设施

（1）避雷针

避雷针是保护电气设备不受直击雷危害的一种有效设备，常用于各种电气设备、变电所、高大房屋和烟囱上。避雷针的构造很简单，由镀锌针、电杆、连接线和接地装置组成。落地雷到来时，高于被保护设施的避雷针会把雷电流引向自身，雷电流通过避雷针上的连接线直接流入接地装置，从而使设备免除了雷电流的侵害，起到了保护作用。

（2）避雷线

避雷线也是防止直击雷的一种设施，它和避雷针作用相同，只是构造和使用的场合不同而已。避雷线主要用在 35kV 以上的高压输电线上，防止直击雷对高压输电线的侵害。避雷线架设在架空线路的电力线上面，在每根高压电线杆处都把它用连接线和接地装置连接在一起，避雷线的位置应高于导线，当遇有雷电侵扰时，雷电流就会先被避雷线接收，把雷电流导入接地装置，从而有效地防止了雷电对高压输电线的危害作用。

（3）避雷器

避雷器也是一种防雷设备，只是它的作用和避雷线、避雷针不同。避雷器主要用来防止设备受到雷电波及雷电的电磁作用，即主要预防感应雷造成的危害。常用的避雷器有阀型避雷器和管型避雷器两种。

阀型避雷器是专门用来保护变压器和发电厂、变电所的电气设备；管型避雷器主要用来保护线路的绝缘弱点，同时也可作为变电所进出线的第一道保护。

3.　避雷常识

雷电来临时，应注意人身安全，采取一定的防雷措施，一般要做到以下几点。

① 关好室内门窗；在室外工作的人应躲入有防雷设施的建筑物内。

② 不宜使用无防雷措施或防雷措施不足的电视、计算机及音响等电器，不宜使用水龙头。

③ 切勿接触天线、水管、铁丝网、金属门窗、建筑物外墙，远离电线等带电设备或其他类似金属装置。

④ 雷区不宜使用无线电话。

⑤ 切勿在雷雨天游泳或从事其他水上运动或活动，也不宜进行室外球类运动，应离开水面以及其他空旷的场地，寻找有防雷措施的地方躲避。

⑥ 切勿站立于山顶、楼顶上或接近容易导电的物体。

⑦ 切勿处理开口容器盛载的易燃物品。

⑧ 在旷野无法躲入有防雷设施的建筑物内时，应远离树木和桅杆。

⑨ 在空旷场地不宜打伞，不宜把锄头、铁锹、羽毛球拍、高尔夫球杆等扛在肩上。

⑩ 不宜进入无防雷设施的临时铁棚屋、岗亭等低矮建筑物内。

⑪ 不宜开摩托车和骑自行车。

以上只是在雷雨时所采取的临时防范措施，要想彻底有效地防护和减少雷击事故的发生，必须在公共活动场所和建筑物安装防雷装置，采取内、外部的防雷措施。

问题与思考

1.　你能否说出雷电的成因？雷击一般有哪几种类型？你能说出它们的特征吗？

2.　雷雨天人在屋内会受到雷击吗？

3.　当前雷灾的特点与以往相比有哪些不同点？

第 8 单元技能训练检测题（共 60 分，80 分钟）

一、填空题（每空 0.5 分，共 22 分）

1. 工频电按通过人体电流的大小和人体所呈现的状态不同，大致可分为＿＿＿＿电流、＿＿＿＿电流和＿＿＿＿电流 3 种。其中＿＿＿＿电流一般成年男性的平均值约为＿＿＿＿mA，成年女性约为

0.7mA。

2. 触电伤害的程度通常与电流的_____、电流的_____、电流的_____及触电_____几种因素有关。

3. 电流通过人体时所造成的内伤叫作_____；电流对人体外部造成的局部损伤称为_____。触电的形式通常有_____触电、_____触电和_____触电3种。其中危险性最大的是_____触电形式。

4. 直接电击的防护措施包括_____、_____、_____和_____。

5. 按照接地的不同作用，可将接地分为_____接地、_____接地和保护接零3种形式。其中_____适用于系统中性点接地的场合；_____适用于系统中性点不直接接地的场合。

6. 雷电是一种_____现象，雷击形式分为_____和_____两种。

7. 能引起人的感觉的_____电流称为_____电流；人体触电后能自主摆脱电源的_____电流称为_____电流；在较短时间内危及生命的_____电流称为_____电流。

8. 当人体在地面或其他接地导体上，而人体的某一部分触及三相导线的任何一相而引起的触电事故称为_____触电。_____触电可分为_____和_____两种情况。

9. 家庭用的熔断器正确选用时，容量为5A的电表熔断器熔断电流应_____；容量为10A的电表熔断器熔断电流应_____。通常选用的熔断器熔断电流应是电表容量的_____倍。

10. 采取保护_____措施后，即使设备外壳因故障而带电，但由于此时相当于人体与接地电阻_____联，而人体的电阻最小_____Ω远比接地电阻_____Ω大，因此，流过人体的电流极为微小，从而保证了人身安全。

11. 照明灯的安装中，一定要注意_____进开关。

二、选择题（每小题2分，共20分）

1. 电流流过人体，使人体外部创伤的触电称为（   ）。

    A. 烧伤   B. 电伤   C. 电击

2. 50mA的工频电流通过心脏就有致命危险，人体电阻最小值一般为800Ω，那么机床、金属工作台上等处照明灯的安全电压值应为（   ）。

    A. 40V   B. 50V   C. 36V

3. 在三相三线制低压供电系统中，为防止触电事故，对电气设备应采取（   ）。

    A. 保护接地   B. 保护接零   C. 漏电保护

4. 保护接零线应用在（   ）低压供电系统中。

    A. 三相三线制   B. 三相四线制   C. 三相三线制或三相四线制

5. 一般成年男性的平均摆脱电流约为（   ）。

    A. 10mA   B. 16mA   C. 30mA

6. （   ）是最危险的电流路径。

    A. 从手到手，从手到脚   B. 从左手到胸部

    C. 从脚到脚

7. 触电伤害的程度与电流种类的关系是（   ）通常对人构不成伤害。

    A. 低频交流电   B. 高频交流电   C. 40～60Hz的交流电

8. 最为危险的触电形式是（   ）。

    A. 单相触电   B. 两相触电   C. 跨步电压触电

9. 发生电气火灾后，不能使用（　　）进行灭火。

　　A．盖土、盖沙　　　B．普通灭火器　　　C．泡沫灭火器

10. 实验研究和统计表明，如果从触电后（　　）开始救治，则仅有 10% 的救活机会。

　　A．1min　　　　　B．6min　　　　　C．12min

三、简答题（每小题 3 分，共 18 分）

1. 什么叫触电？导致触电的因素是电压还是电流？通过人体的电流大小取决于什么条件？

2. 高压触电和低压触电相比较，哪种触电机会多？为什么？

3. 何为单相触电？何为两相触电？何为跨步电压触电？哪种触电危险性最大？

4. 什么是电气设备的保护接地和保护接零？各适用于什么场合？

5. 人体的感知电流、摆脱电流、致命电流分别为多少？

6. 同一供电系统中，零线和保护零线能用同一根线吗？它们有什么区别？

第 **9** 单元
照明电路

在能源日益短缺的形势下，高效节能绿色照明电光源及其绿色照明工程成为当前照明电路的最大改革课题。"绿色照明"旨在发展和推广高效照明产品，节约用电、保护环境的节能环保行动，是国际社会实施可持续发展战略普遍推行并取得成功的范例。为此，改善照明质量，节约照明用电，建立优质高效、经济舒适、安全可靠的照明环境，促进经济社会可持续发展，已成为全球照明电路设计中必须遵循的规则。

"绿色照明"采用什么样的电光源？电光源采用什么样的照明电路？照明电路又如何提高照明质量和减少对电源及环境的污染？这些是本单元内容的核心。

9.1 电气照明和电光源

9.1.1 电气照明发展概况

电气照明由于具有灯光稳定、控制调节方便和安全经济等优点，因而成为现代人工照明中应用最为广泛的一种照明方式。随着科学技术水平的迅猛发展，人民的生活日益改善，电气照明水平和照明质量也在不断提高。

电气照明发展概况

1. 电气照明的发展方向

长期以来，无论是民用建筑照明或是工矿企业照明，在一个地点设计安装灯具以后，灯的位置就固定下来了，随之灯的亮度和使用时间也就确定下来。这种灯的位置、亮度和控制一经确定就成为固定不变的"刚性"照明方式，在"绿色照明"对节约能源要求的今天，已经不相适应。

传统电气照明系统中电源线路的敷设与灯具是分开的。照明电源线路敷在钢管、塑料管、蛇皮软管或线槽内，然后引入到每一套灯具。尤其在商场、多层厂房、停车场等，由于照度要求高，所需要的荧光灯数量很多，施工管线纵横交错，安装麻烦，工期长，既不美观，又浪费了大量管线，造成金属消耗量大，综合投资额高。

近年来，人们越来越重视节能，而且意识到了节能不单是节省有限的自然资源，还可以减少因耗能而引起的环境污染，高效节能成为当今照明光源开发的主题。为此，一种新型"柔性"照明应运而生。所谓"柔性"照明，就是指电气照明中灯的位置、亮度和控制都可以随着周围环境的变化而改变的照明。例如，"线槽型轨道式组合荧光灯具"就是新型的"柔性"照明装置，它打破了单纯的传统"灯具"概念，把配线的线槽与灯具融为一体，并且在实际中可以按用户的需要及工艺要求，组成千姿百态的集功能与装饰为一体的新颖灯具。

这种新型线槽体内部每隔 1m 左右就有一个可开启的塑料线夹，电源线路可以放在其内部。当然也可以敷设少量其他用途的电源线路，如机床、插座、信号灯的电源线路，这样灯具既起到了原来灯架的作用，又起到了线槽的作用。而且，线槽型轨道式组合荧光灯具配以细管径荧光灯和小型高效镇流器，比传统荧光灯节电 30%。

随着"绿色照明"工程的进展，研究适合"柔性"照明的电气照明设备已成为当前人们研究和设计的主题，"柔性"照明的高效、节能、美观、价廉、方便等特点，必然得到越来越广泛的应用。

2. "绿色照明"的发展对灯具的要求

① 选择使用电子镇流器的节能型灯具设备。

② 选用的照明灯具要易于进行清扫灰尘和更换光源等维护，同时考虑照明设备的设置场所和设置方法对维护保养的方便性。

③ 对灯具的选择不仅要考虑光源的发光效率，还要考虑包含照明电路和灯具的效率、照射到照明场所的照射效率等综合照明效率。

3. "绿色照明"对照明设备电能效率的要求

① 照明设备要求使用高频点灯方式的荧光灯管和氙气灯（HID）等高发光效率的光源。发展"绿色照明"需要研究最佳照明设备，要有包含利用系数的综合照明效率。该利用系数除了包含光源的发光效率外，还要由照明灯具及其场所的大小以及室墙面的装修（光的反射率）来决定。

② 根据节能要求，"绿色照明"既要采用能调光的照明灯具，又要进一步研制出用户需求的各种照明自动控制装置。

③ 在有时不需要照明以及在某个时间要熄灭光源或减光的场所，需要使用带有人体感应传感器和定时器的照明灯具。

4. "绿色照明"发展中的建筑电气

建筑电气主体设计需要结构、设备和电气等诸方面的配合，结构可实现可靠的硬件设施和搭架；设备和电气方面完成软件设施，赋予钢筋混凝土"人情味"。建筑电气的任务是以现代电工学和电子学为理论和技术基础，人为地创造和改善并合理保持建筑物内外的电、光、热、声的环境。建筑装饰中的建筑电气是建筑电气在建筑装饰中的延伸。在室外装饰装潢中，建筑电气主要是完成立面照明、广告照明、环境及道路照明等，而在室内环境设计中，建筑电气的功能应用就复杂得多。

我国电气照明实施"绿色照明"工程以来，在住宅室内环境设计中，突出了装饰主题和理念，建筑电气专业对所采用的照明方案，包括照度、电光源、配光方式等的准确选择和照明器具的合理应用，有效地加强了装饰效果，渲染了空间的环境气氛。同时，随着各种装饰材料的不断更新以及新型材料的不断涌现，大批具有装饰表现力的开关，各种用途的终端插座以及其他暴露于室内的电气附件也朝着美观、安全、安装维修方便和多功能的方向发展。这些新型的电气照明设备，既能满足电气系统内对它们的功能要求，又能在室内起到一定的点缀作用。

另外，随着人们对建筑现代化要求的不断提高，包括通信、有线广播、有线电视、防盗保安以及火灾自动报警装置在内的弱电，还有计算机多媒体以及网络技术的发展和应用，都增强了现代电气照明设计的适用性、安全性、现代性和可拓展性，向着符合以人为本的宗旨稳步发展。

9.1.2　照明技术的有关概念

照明按光源方式可分为自然照明（天然采光）和人工照明两类。

照明技术的有关概念

1. 光和光通量

（1）光

光是物质的一种形态，是一种波长比无线电波短，但比 X 射线长的电磁波，具有辐射能。

在电磁波的辐射谱中，光谱的大致范围包括以下几种。

① 红外线：波长为 780nm ~ 1mm。

② 可见光：波长为 380 ~ 780nm。

③ 紫外线：波长为 1 ~ 380nm。

可见光又可分为红、橙、黄、绿、青、蓝和紫 7 种单色光。

人眼对各种波长的可见光，具有不同的敏感性。实验证明：正常人眼对于波长为 555nm 的绿色光最敏感，也就是说这种绿色光的辐射能引起人眼的最大视觉。因此，波长越偏离 555nm 的光辐射，可见度越小。

（2）光通量

光源在单位时间内向周围空间辐射出的使人眼产生光感的能量，称为光通量，符号为 Φ，单位为 lm（流明）。通俗地讲，光通量是人眼能够感觉到的光亮。

光通量等于单位时间内某一辐射能量和该波段的相对视见率的乘积。即 1lm=1cd•1sr。

式中，cd 是 candela（坎德拉）的简称，是发光强度的单位，简称"坎"；sr 是 steradian（球面度）的简称，是立体角的国际单位。因此可解释如下。

① 光通量是每单位时间到达、离开或通过曲面的光能量。

② 光通量是灯泡发出亮光的比率。

例如：当波长为 555nm 的绿光与波长为 650nm 的红光辐射功率相等时，前者的光通量为后者的 10 倍。

2. 电光源的发光强度和发光效率

（1）发光强度

发光强度简称光强，是光源在给定方向上的辐射强度。对于向各个方向均匀辐射光通量的光源，其各个方向的发光强度均等。

（2）发光效率

发光效率指电光源消耗 1W 电功率发出的光通量。

3. 照度和亮度

（1）照度

受照物体表面单位面积投射的光通量，称为照度。

（2）亮度

发光体（不只是光源，受照物体对人眼来说也可以看作间接发光体）在视线方向单位投影面上的发光强度称为亮度。

4. 光源的色温和显色性

（1）光源的色温

光源的色温是指光源辐射的光的颜色与"黑体"所辐射的光的颜色相同时黑体的温度。

（2）光源的显色性

光源的显色性能是光源对被照物体颜色显现的性能。物体的颜色以日光或与日光相当的参考光源照射下的颜色为准。如表征光源的显色性能，特引入光源的显色指数。一般显色指数，按国家标准定义，指由国际照明委员会（CIE）规定的 8 种试验色样，在由被测光源照明时与由参考光源照明时其颜色相符程度的度量。被测光源的一般显色指数越高，说明该光源的显色指数越好，物体颜色在该光源照明下的失真度越小。白炽灯的显色指数一般为 97% ~ 99%，荧光灯的显色指数通常为 75% ~ 90%。

9.1.3　工厂常用的照明电光源

工厂常用的照明电光源按发光原理可分为热辐射光源和气体放电光源两大类。

工厂常用的照明电光源

1. 热辐射光源

热辐射光源是利用物体加热时辐射发光的原理制成的，包括白炽灯、卤钨灯等。

（1）白炽灯

白炽灯自发明到现在已有 100 多年的历史，尽管相继出现了许多新的电光源，但它仍然在人们的日常生活中、在工厂照明中占据着重要的地位，是最常见的照明光源之一。

白炽灯又称钨丝灯泡，主要由灯丝、支架、泡壳、灯头 4 部分组成。白炽灯的灯泡里面被抽成真空或充入其他惰性气体，利用钨材料熔点高的特点，将钨制造成丝状作为白炽灯的灯丝，当电流通过灯泡中的钨丝时，灯丝高温到白炽程度而发光。白炽灯又分有真空灯泡和充气灯泡两种。25W 以下的一般为真空灯泡，40W 以上的充气式灯泡较多。灯泡充气除了增加压力使灯丝的蒸发和氧化较为缓慢外，还能提高灯丝使用温度和发光效率。

白炽灯的使用寿命和使用电压有关，在额定电压下使用，白炽灯的平均寿命为 1000h 左右。当使用电压超过额定电压的 20%时，发光效率可增加 17%，但其寿命将缩短 28%。

白炽灯安装时应考虑光源的位置，使灯光照射要均匀明亮，并且要保证使用安全、维护方便。安装时在吊线盒和灯座中的软线要打结。如果灯座是螺口的，应把电源的零线与灯头的螺旋铜圈相连；把火线由开关引入接到灯头的中心铜片上，灯头及灯泡金属部分不得外露，以保安全。白炽灯安装在特别潮湿的危险场所时，电灯高度应距地面 2.5m 以上；生产车间内白炽灯应距地面 2m 以上；干燥地面的一般车间、办公室、商店和居民住宅处的电灯高度，应距地 1.5m 以上。电灯开关应串联在火线上，离地高度一般在 1.3m 以上，插座至少离地 15cm。

白炽灯的主要优点如下。

① 成本低，结构简单，制造容易，品种规格多，安装使用维护方便。

② 适应性强，可分别采用交、直流供电，对电网电压无过高要求。

③ 发出的光具有连续光谱，即具备红、橙、黄、绿、青、蓝、紫 7 种颜色光的成分。

④ 具有热惰性，因此在工频供电时发出的光具有连续性，无频闪现象。

⑤ 光强度可连续改变。

白炽灯的缺点是光电转换效率低，输入电能大部分变成热能散发到空气中去，只能把小部分电能转换成光通，且寿命短。

发光效率和使用寿命相互矛盾，白炽灯在改造上针对这一对矛盾，采用充气方法，加大充入气体的压力，在一定程度上提高了白炽灯的性能。

随着我国绿色照明工程的深入发展，推进照明节电、严格限制使用低光效的普通白炽灯，推广 LED 高效节能照明灯，已成为灯具研究的目标。

（2）卤钨灯

卤钨灯和白炽灯一样，都是利用电能使灯丝发热到白炽状态而发光的电光源。卤钨灯属于新型电光源，它较好地解决了白炽灯所存在的发光效率与寿命之间的矛盾，具有较高的发光效率和较长的寿命。

卤钨灯当灯管点亮后，灯丝温度很高，一般在 1700～2800℃。从灯丝蒸发出来的钨分子积聚在温度较低的管壁附近（250～1200℃），并与卤族元素化合成挥发性的卤化钨分子。当卤化钨分子扩散到温度极高的灯丝附近，就会被分解成钨分子和卤素分子，钨分子沉积在灯丝上，使灯丝不因蒸发而变细。卤素分子扩散到温度较低的泡壁附近，再继续与从灯丝蒸发出来的钨分子化合。这个过程便完成了钨分子的再生循环。这样既有效地消除了泡壁上钨的沉积物所引起的泡壳发黑现象，又延长了灯丝的使用寿命，提高了发光效率。

目前，工厂使用较多的是线光源管式照明卤钨灯。

卤钨灯和白炽灯相比优点很多，主要有以下几方面。

① 卤钨灯体积小，是同功率白炽灯体积的 0.5%～3%。

② 卤钨灯由于很好地克服了泡壳发黑，所以最终的光通量仍为开始时的 85%～98%，而白炽灯只为初始时的 60%，故卤钨灯光通量稳定，常称之为恒流明光源。

③ 卤钨灯发光效率是白炽灯的 3～4 倍。

④ 寿命长。

2. 气体放电光源

气体放电光源包括日光灯、高压汞灯等。

（1）日光灯

日光灯是一种典型的热阴极弧光放电型低压汞灯。日光灯有发光效率高、寿命长、光线柔和、光色好、品种规格多、使用方便等优点，因此广泛应用在家庭和工矿企业中作为照明光源。

（2）高压汞灯

高压汞灯属第二代光源，特点是具有较高的光效和较长的寿命，且结构简单，价格低廉，省电经济，因此广泛应用于工厂照明、仓库照明、街道照明、安全照明等。高压汞灯的缺点是启动时间长而且显色性较差。

高压汞灯是普通荧光灯的改进产品，其玻壳内表面涂有荧光粉，发出柔和的白色灯光，可直接取代普通白炽灯。高压汞灯属于高气压（压强可达 10^5Pa）的汞蒸气放电光源。其结构有 3 种类型：GGY 型荧光高压汞灯，也是最常用的一种高压汞灯；GYZ 型自镇流高压汞灯，利用自身的灯丝兼作镇流器；GYF 型反射高压汞灯，采用部分玻壳内壁镀反射层的结构，使光线集中均匀地定向反射。

普通高压汞灯不需要启辉器来预热灯丝，但它必须与相应功率的镇流器串联使用（自镇流式除外）。当接通电源时，辅助电极与靠近的主电极之间产生辉光放电，立即使主电极和辅助电极之间引燃点亮。由于放电管内温度上升，使汞在数分钟内全部蒸发，汞气压上升到设计值（0.133 ~ 1.33MPa）。这个过程中灯泡的工作电压从零上升到设计值；电流从启动电流值随着灯泡工作电压从零上升到稳定值，再逐步减小到稳定值。当电流在额定工作电流附近时启动过程结束。

当高压汞灯熄灭后，必须等到放电管逐步冷却，汞蒸气压降下来后，才能重新点燃。从熄灭到再点燃的时间，称为再启动时间。

3. 工厂用的电光源类型的选择

照明光源宜采用荧光灯、白炽灯、高强气体放电灯等，不宜采用卤钨灯、升弧氙灯等。

为了节约电能，当灯具悬挂高度在 4m 以下时，宜采用荧光灯；在 4m 以上时，宜采用高强气体放电灯（高压汞灯等）；若不宜采用高压汞灯时，可考虑采用白炽灯。

① 局部照明场所：因局部照明一般需要经常开关、移动和调节，白炽灯比较适合。

② 防止电磁波干扰的场所：这些场所不能选用气体放电灯，因为气体放电灯存在高次谐波辐射，会产生电磁干扰。

③ 因频闪效应影响视觉效果的场所：气体放电灯均有明显的频闪效应，故不宜用在这种场合。

④ 开关频繁及需要调光的场所：由于气体放电灯启动较慢，频繁开关会影响寿命，而且调光不好，因此不能选用，应选用白炽灯类。

⑤ 照度不高且照明时间较短的场所：这种场所一般也是选用热辐射光源。

⑥ 道路照明和室外照明的光源，一般优先选择气体放电类的高压钠灯。因为这类灯比热辐射光源的白炽灯和气体放电高压汞灯的光效都好得多，采用它可大大节约能源，且此类灯使用寿命长，光色为黄色，分辨率高，透雾性好。

⑦ 应急照明光源通常采用瞬时可靠点燃的白炽灯或荧光灯。

9.1.4 家庭的常用照明灯具

家庭的常用照明
灯具

家庭是构成社会的重要单元，家庭住宅电气设计方案中，室内外照明灯
具的选择是重要环节之一。

1. 吸顶灯

吸顶灯朴实无华，价格比较便宜，照明范围大，相对样式简朴一些，适合于客厅、卧室、厨房、卫生间等处的照明。吸顶灯常用的有方罩吸顶灯、圆球吸顶灯、半圆球吸顶灯、半扁球吸顶灯、小长方形罩吸顶灯等。

2. 花灯

花灯样式繁多，视觉效果好，亮度也较高，缺点是自身价格较高，由于通常功率都很高，因此比较浪费电能，而且一些大型花灯不适合用于层高较矮的房间。

3. 吊灯

吊灯适用于跃层的户型，灯的高度可以根据实际条件调节，比较灵活，通常也比较费电。吊灯的最低安装高度应该离地面不小于 2.2m。

4. 壁灯

壁灯一般作为辅助照明，用在客厅、卧室、走廊等场所，适于营造氛围，以造型美观为首要要求，不需要太亮。壁灯的灯泡高度离地面应大于 1.8m。

5. 射灯

射灯适合于做室内吊顶的用户，功率不高，但由于属于点光源，所以显得比较明亮。射灯的直径一般在 15～17.5cm，嵌入深度为 10cm 左右。射灯可配置彩色灯泡，普通灯泡不宜超过 40W，彩色灯泡不宜超过 25W。

6. 台灯

台灯可用来作为书房或卧室中的照明灯具，选用时应找光线柔和的电光源台灯，能够保护使用者的视力为最佳。

7. 落地灯

落地灯多在客厅及书房中使用，方便阅读报纸杂志。落地灯的高度应离地面大于 1.8m，灯泡功率大多为 45W 左右。

📖 问题与思考

1. 简述日光灯的工作原理。

2. 白炽灯由哪几部分组成？具有哪些特点？

3. 卤钨灯与白炽灯相比，具有哪些优点？

4. 高压汞灯的特点是什么？自镇流式高压汞灯和普通高压汞灯有何不同？

9.2　工厂照明简介

9.2.1　工厂照明概述

工厂电气照明对提高生产效率和产品质量、减少事故和保护工人视力等有着密切关系，因此研究工厂照明问题具有十分重要的现实意义。

工厂常用的照明方式有两种。

工厂照明概述

1. 局部照明

局部照明是指直接安装在接近工作面的部位，保证能够清楚地观察工作面情况的电光源设置，例如机床照明灯。

在局部照明中，由于易受机械损伤和冷却液或其他液体的腐蚀而产生漏电现象，造成不安全因素，因此按照规程要求，局部照明通常选用安全电压及特殊电光源。

2. 一般照明

一般照明不仅要求照亮工作面，还要照亮整个房间。在一般照明中，为了使强烈的光源发射出来的光线不直接射入人眼，让光线能在各个方向均匀散射，成为柔和的照明，通常把光源安装在足够高的地方或是用磨砂灯罩或乳白灯罩罩上。

9.2.2　工厂照明注意点

1. 工厂照明的目的

工厂照明的目的有两点：一是能直接见到对象物，二是了解对象物周围的环境。

2. 照明的必要条件

工厂照明注意点

从节能的观点来看，在进行精密工作的地方，不仅要在整个空间具有理想的照度，同时还要使用局部照明。局部照明的最大照度应当选择为室内平均照度的 3 倍左右。另外，可视对象在垂直面的场所，水平照度以及垂直照度都是重要的。例如自动化生产线监视用阴极射线管（CRT）显示器，推荐用 100～500lx 照度。

在某些场合，需要注意发射光的方向性。发射光可使工作人员的手和头在可视对象的产品和监视用仪表上面产生出影子，高辉度光源的反射光映射到有光泽的产品表面上都会妨碍工作，因此不仅要注意照明灯具的配置，还应相应增加局部照明。

要减少眩光，应选好灯具的遮光角。一般情况下，普通照明用灯具的遮光角在 15° 以上，在人员视线附近的局部照明灯具的遮光角应达到 30° 以上。

着色或进行颜色检查的车间，由于检查颜色是一项重要的可视工作，要使用显色性高的照明，又要防止频闪现象，通常使用平滑波形的高频点灯型的电子镇流器。

9.2.3　工厂照明常用灯具

工厂合理采光照明对于满足生产要求、保护视力和确保安全具有重要作用。

工厂照明常用灯具

1.　工厂一般照明常用灯具

工厂的照明用灯具通常都是专用高效率灯具，使用反射率高的反射板进行配光控制。由于这种灯采用了高频荧光灯管，因此有较好的节能效果。

工厂专用高效率灯具的遮光角为 15°，因为有从顶棚表面发射出光线的结构，顶棚表面的亮度与工作场所的亮度差值较小，可形成舒适的照明环境。

2.　工厂局部照明荧光灯具

在使用机器人和自动化机械的无人化工厂，给予机器人的示教，改变金属模型的安排，对机器的检查、调整和监视等工作，仅仅用一般照明灯具是很难获得精密工作所必要的照度的，必须增加局部照明用工厂专用高效能灯具。这种灯具采用高频荧光灯管，有更好的节能效果。

引用局部照明的工厂专用高效能灯具是直射高照度型灯具，在灯具的正下方可获得较高的照度，庐灯具（庐灯属低压气体放电灯，使用时需用相应的镇流器和启辉器，或采用电子镇流器，要保持杀菌灯表面的清洁）又是均匀照度型灯具，在 1m 左右宽的工作台上获得均匀的照度，这种灯具的遮光角设为 30°，能抑制眩光，又能防止光线射到同一条直线上的指示板或 CRT 显示屏上。

3.　有传感器的照明灯具

近年来，人们开发了有内装传感器的照明灯具，这种灯具可适应工厂内环境的各种变化，例如，人员的有无、外来光线的变化、灯管光通量输出的变化等。因为能自动控制灯管的输出光通量，因此具有节能效果。这种灯具具有以下 4 个类型。

① 有亮度传感器的灯具。这类灯具内装亮度传感器能探测到灯具正下方的周边照度（即反　射光），它能自动调节灯管光通量的输出，超过设计照度时自动减光，又能按照外来光的亮度将工作面上的照度控制到一定的范围。该灯具的初期照度要增加 15%，外来光线的利用随着建筑物的结构情况而变化，具有相当的节能效果。这种灯具的传感器部分和控制部分是与照明灯具分开的。

② 红外线传感器灯具。由于灯具内装有红外线传感器能探测出人员的活动情况，可以判断人员是否在室内，从而决定是熄灯还是进行分段的调光控制，熄灯型灯具用于更衣室或热水房等公用房间；分段调光型灯具用于走廊和化妆间，当人员不在时，必须有某个照度。

③ 有亮度传感器和红外线传感器的灯具。这种灯具具有亮度传感器的功能，又有红外线传感器的分段调光控制功能，可用于人员离开座位次数较多的空间。

④ 有定时器的灯具。用灯具内装定时器的方法可用来校正累积的照明时间内自动输出的光通

量，由于初期照度大约增加了 15%，期望有较好的节能效果，上述有定时器的工厂专用高效能灯具已经规模生产。

9.2.4　照明电路对环境的影响

绿色照明工程不能简单地认为只是为了节能，更深远的是通过节约能源，达到保护环境的高度。绿色照明工程提出的宗旨不只是个经济效益问题，更主要是着眼于资源的利用和环境的保护这些重大课题。通过照明节电，减少发电量，以减少有害气体的排放，对于世界面临的环境与发展课题，具有深远的意义。

照明电路对环境的
影响

电磁干扰所造成的电磁污染、水污染以及空气污染，被称为当今人类社会的三大污染源。电磁干扰排在首位，足见对环境的影响之大。

电磁干扰以辐射和传导两种方式传播。能量通过磁场或电磁耦合，或以干扰源与受扰设备间的电磁波形式传播，称为辐射干扰。例如开了无环保的大功率灯，对灯附近的无线电中波段的广播节目起到干扰作用，电视机接收的图像质量也会受到影响，助听器的耳机里明显增加了噪声，严重时还会造成家用电器遥控装置的失灵等。

目前广泛使用的电子节能灯，一个一个地分散使用时工作可靠，当多个集中安装在大型灯具上时故障就增多了。这种现象的出现除了受电流谐波的影响之外，还受电磁干扰中传导干扰的侵害，灯与灯之间电源线并联连接，线与线之间通过传导，当干扰脉冲的峰值与电源正弦波的峰值同相叠加时就会造成电子节能灯的损坏；电磁干扰脉冲加至其他灯的电源线上，进入电子镇流器的输入端，也会引起灯用电路的损坏。

创造舒适的照明环境，不仅有利于人体的健康，而且有利于工作效率的提高。国际照明委员会的一份调查资料表明，工厂照明条件改善后，劳动生产效率上升 2%～10%，损耗降低 4%～8%，产品质量提高 10%～20%，交通运输事故减少 5%～10%。在绿色照明工程越来越普及的今天，我们要不断提高光源质量，使照明工程沿着环保、节能、舒适、健康的方向发展。

问题与思考

1. 工厂照明的形式分为哪几种？
2. 工厂照明的目的是什么？局部照明灯具的遮光角应达到多少度以上？
3. 路用照明灯对环境的影响如何？

第 9 单元技能训练检测题（共 35 分，50 分钟）

一、填空题（每空 0.5 分，共 17 分）

1. 光是物质的一种形态，是一种波长比＿＿＿＿短，但比＿＿＿＿长的电磁波，具有辐射能。
2. 光谱的大致范围包括＿＿＿＿、＿＿＿＿和＿＿＿＿。

3. 光源在单位时间内向周围空间辐射出的使人眼产生_____的能量，称为光通量，符号为_____，单位为_____。

4. 光源在给定方向上的辐射强度称为_____；受照物体表面单位面积投射的光通量，称为_____；发光体在视线方向单位投影面上的发光强度称为_____。

5. 白炽灯、卤钨灯等属于_____光源，它们是利用物体加热时_____的原理制成的。

6. 气体放电光源包括_____灯、_____灯和高压钠灯等。

7. 日光灯电路由_____、_____和_____3 部分组成。

8. 高压汞灯又称高压_____灯，属于高气压_____光源。其中_____自镇流式高压汞灯，是利用自身的_____兼作镇流器，并与_____管串起来使用。

9. 开关频繁及需要调光的场所应选用_____灯；照度不高且照明时间较短的场所应选用_____灯；应急照明光源通常采用瞬时可靠点燃的_____灯或_____灯。

10. 吊灯的最低点安装高度应该离地面不小于_____m；壁灯的灯泡高度离地面应大于_____m。落地灯的高度应离地面大于_____m，灯泡功率大多为_____W 左右。

11. 工厂常用的照明方式有_____照明和_____照明两种。机床照明电路属于_____照明方式。

二、简答题（每小题 3 分，共 18 分）

1. 电气照明具有什么优点？对工业生产有什么作用？

2. 可见光有哪些颜色？哪种颜色光的波长最长？哪种波长的光可引起人眼最大的视觉？

3. 什么叫光强、照度、亮度？

4. 何为热辐射光源？何为气体放电光源？

5. 试述日光灯电路中启辉器、镇流器的功能。

6. 工厂中的照明通常采用哪些类型的光源？

参 考 文 献

[1] 曾令琴. 电工技术基础[M]. 2 版. 北京：人民邮电出版社，2010.

[2] 孙旭东，王善铭. 电机学学习指导[M]. 北京：清华大学出版社，2007.

[3] 曾令琴. 供配电技术[M]. 北京：高等教育出版社，2008.

[4] 唐庆玉. 电工技术与电子技术[M]. 北京：清华大学出版社，2007.

[5] 刘永波. 电工技术[M]. 北京：机械工业出版社，2006.

[6] 曾建唐. 电工电子基础实践教程[M]. 北京：机械工业出版社，2002.

[7] 李俊友，曹秀吉. 电工应用技术教程[M]. 北京：机械工业出版社，2002.

[8] 李忠波. 电工技术[M]. 北京：机械工业出版社，2000.